◆职业教育国家在线精品课程配套教材◆

◆高等职业教育"互联网+"新形态融媒体教材（土建系列）◆

建设工程招投标与合同管理

（第二版）

主　编　武永峰　年立辉　袁明慧

副主编　李高锋　郑卫锋　齐　威

　　　　张　波

主　审　郭起剑

南京大学出版社

内容简介

本书从职教改革背景出发,基于项目化教学需要编制,是职业教育国家在线精品课程《工程招投标与合同管理》课程配套教材。全书共分为 9 个项目、31 个学习任务、9 个技能训练和 7 个专题实训。全书结构以实际工程项目报建→招标→投标→评标→定标→签订合同→合同管理与索赔为主线;项目任务以知识目标→能力目标→素质目标→思维导图→案例引入→理论学习→思政引入→技能训练→专题实训→习题巩固为脉络。全书根据工程招投标与合同管理工作的典型环节,设置了建设工程招投标概述、建筑市场、招标范围及招标方式、招标准备工作、招标项目备案与登记、招标公告编制、资格审查、资格预审公告编制、资格预审文件编制、资格预审申请文件编制、招标文件编制、招标文件获取、投标文件编制、开标、评标、定标、合同管理与索赔等学习任务。

本书可作为职业院校工程造价、建设工程管理等专业的教材,也可作为相关技术人员的学习参考书。

图书在版编目(CIP)数据

建设工程招投标与合同管理 / 武永峰,年立辉,袁
明慧主编. —2 版. —南京 : 南京大学出版社,2024.2
　　ISBN 978 - 7 - 305 - 27460 - 2

　　Ⅰ. ①建…　Ⅱ. ①武…　②年…　③袁…　Ⅲ. ①建筑工
程-招标-高等职业教育-教材 ②建筑工程-投标-高等
职业教育-教材 ③建筑工程-合同-管理-高等职业教育
-教材　Ⅳ. ①TU723

中国国家版本馆 CIP 数据核字(2023)第 243221 号

出版发行　南京大学出版社
社　　址　南京市汉口路 22 号　　　邮　　编　210093
书　　名　建设工程招投标与合同管理
　　　　　JIANSHE GONGCHENG ZHAOTOUBIAO YU HETONG GUANLI
主　　编　武永峰　年立辉　袁明慧
责任编辑　朱彦霖　　　　　　　编辑热线　025 - 83597482
照　　排　南京开卷文化传媒有限公司
印　　刷　南京玉河印刷厂
开　　本　787 mm×1092 mm　1/16　印张 16.25　字数 437 千
版　　次　2024 年 2 月第 2 版　2024 年 2 月第 1 次印刷
ISBN 978 - 7 - 305 - 27460 - 2
定　　价　49.80 元

网　　址:http://www.njupco.com
官方微博:http://weibo.com/njupco
微信服务号:njuyuexue
销售咨询热线:(025)83594756

随着我国招投标制度的不断规范和完善,相关法律法规的制定、废止与修订,为反映我国招投标领域发展趋势及职业教育国家在线精品课程《工程招投标与合同管理》的建设成果,应广大读者需求,本书在第一版的基础上完成了再版的修订编写。本次修订延续了前版的编写特色,同时调整了内容结构,新增了思政案例、专题实训及教学资源等相关内容。教材内容全面贯彻党的教育方针,依据党的二十大报告要求,落实立德树人根本任务,培养学生爱岗敬业、遵纪守法的职业精神。

本书特色主要包括:

1. 以工作过程为导向

本书背景案例来源于实际工程项目,能展示真实工作情境,书中设置的技能训练与专题实训环节符合岗位能力要求,可与实际工作项目对接。

2. 以岗位需求为目标

本书依据招标投标与合同管理工作中的岗位职业需求,设置了31个典型学习任务和7个专题实训,体现了产教融合,双元育人的目标。

3. 项目化教学模式

本书以模块化项目为教学模式,全书共分为9个项目,项目设置注重理实结合、任务驱动,实现了理论与实践的融合,学与用的衔接。

4. 数字化教学资源

本书以二维码形式提供微课、视频动画、在线题库、电子课件、表单、实训手册以及现行招标投标法、示范文本、标准规范等书中所需学习资料。

本书由江苏建筑职业技术学院武永峰、年立辉、袁明慧担任主编,广联达科技股份有限公司郑卫锋、张波与江苏建筑职业技术学院李高锋、齐威担任副主编。

全书分工如下:袁明慧编写项目一和项目二,年立辉编写项目三和项目四,李高锋编写项目五和项目六,武永峰编写项目七和项目八,齐威编写项目九,郑卫锋和张波编写技能训练与专题实训内容。全书由武永峰统稿,郭起剑审稿。

本书在编写过程中,得到了一些企业和学校领导、同事的支持与帮助,参考了有关工程实例、标准、规范和教材,全书电子资源由张卫伟、周慧芳、孙园园、赵盈盈、陈秀杰、邹佳红、潘泱波、杨柳等共同参与制作,在此一并致谢。

由于编者水平有限,书中难免有错误与不足之处,敬请读者批评指正并提出修改意见,以便修订完善。

编者

2023 年 12 月

扫码查看配套职业教育国家在线精品课程

目 录
Contents

（续表）

（续表）

项目7 建设工程合同管理						
任务	**资源名称**	**页码**	**任务**	**资源名称**	**页码**
任务一	微视频:合同及相关概念	175	任务四	微思政:合同的谈判和履约	186
	微视频:施工合同的类型	175		微视频:发包人的权利与义务	186
任务二	微视频:施工合同的谈判策略	178		微视频:承包人的权利与义务	187
	微视频:施工合同类型的选择			微视频:工程质量	189
	微视频:不可抗力	180		微视频:安全施工与环境保护	195
	微视频:争议解决	181		微视频:材料与设备	
	微视频:违约	183		微视频:工期和进度	
任务三	微思政:施工合同示范文本	184		微视频:变更	
	微视频:《示范文本》中相关词语定义与解释	184		微视频:合同价格、计量与支付	
	微视频:施工合同文本的组成			微视频:竣工结算	198
	微视频:施工合同文件的组成及解释顺序			微视频:缺陷责任期与保修	199
				云测试:在线答题	204

项目8 建设工程施工索赔						
任务	**资源名称**	**页码**	**任务**	**资源名称**	**页码**
任务一	微视频:索赔	206	任务三	微视频:索赔的计算	218
	微视频:索赔的概念及分类				
	微思政:施工索赔与管理	206	任务四	微视频:索赔与合同管理的关系	223
任务二	微视频:索赔的程序与索赔的证据	211			
	微视频:索赔文件的组成	214		云测试:在线答题	230
	微视频:索赔的技巧	216			

项目9 国际工程招投标与FIDIC合同简介						
任务	**资源名称**	**页码**	**任务**	**资源名称**	**页码**
任务一	微思政:国际工程招投标	232		云测试:在线答题	246

项目1 建设工程招投标基础知识

知识目标

1. 了解工程招投标制度的发展历程;
2. 掌握工程招投标的作用和特点;
3. 了解我国招投标法律法规体系;
4. 掌握工程招投标的程序;
5. 熟悉建筑市场的基本知识;
6. 掌握建设工程发承包的概念、内容和方式。

能力目标

1. 能够确定合理的建设工程发承包方式;
2. 能够在建筑市场中开展招标投标工作。

素质目标

1. 从重大工程建设看中国特色社会主义制度优势,培育学生的家国情怀和民族自豪感;
2. 引导学生树立正确的人生观、价值观、世界观,维护市场秩序,遵守行业规则,广泛践行社会主义核心价值观。

思维导图

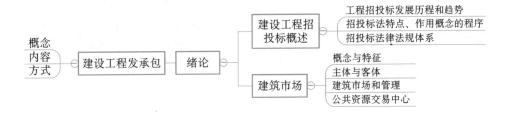

 案例导入

鲁布革水电站引水工程国际招标

从 1949 年新中国成立以来,我国大型工程建设一直采用自营制方式:由国家拨款,国营工程局施工,建成后移交管理部门生产运行,收益上交国家。20 世纪 80 年代初,我国决定鲁布革水电站部分建设资金利用世界银行贷款。1983 年成立鲁布革工程管理局,第一次引进了业主、工程师、承包商的概念。鲁布革局部工程进行国际竞争性招标,将竞争机制引入工程建设领域,日本大成公司中标进入中国水电建设市场,夺走了原本已定在中国工程局的工程,形成了一个工程两种体制并存的局面。鲁布革冲击波及全国,人们在经历改革阵痛的同时,通过对比和思考,看到了比先进的施工机械背后更重要的东西,很多人开始反思在计划经济体制下建设管理体制的弊端,探求"工期马拉松,投资无底洞"的真正症结所在。

鲁布革水电站位于云南罗平和贵州兴义交界处。电站由三部分组成:第一部分首部枢纽拦河大坝为堆石坝,最大坝高 103.5 米;第二部分为引水系统,由电站进水口、引水隧洞、调压井、高压钢管四部分组成,引水隧洞总长 9.38 千米,开挖直径 8.8 米,差动式调压井内径 13 米,井深 63 米;第三部分为厂房枢纽,主体厂房设在地下,总长 125 米,宽 18 米,最大高度 39.4 米,安装 15 万千瓦的水轮发电机 4 台,总容量 60 万千瓦,年发电量 28.2 亿千瓦每小时。

鲁布革引水系统工程进行国际招标和实行国际合同管理,在当时具有很大的超前性,这是在 20 世纪 80 年代初我国计划经济体制还没有根本改变,建筑市场还没形成的情况下进行的。鲁布革的国际招标实践和一个工程两种体制的鲜明对比,在中国工程界引起了强烈的反响。鲁布革水电站引水工程国际公开招标程序见表 1-1。

表 1-1　鲁布革水电站引水工程国际公开招标程序

时　间	工作内容	说　明
1982 年 9 月	刊登招标通告及编制招标文件	
1982 年 9 月～12 月	第一阶段资格预审	13 个国家 32 家公司选定 20 家公司
1983 年 2 月～7 月	第二阶段资格预审	与世界银行磋商第一阶段预审结果,中外公司为组成联合投标公司进行谈判
1983 年 11 月 8 日	发售招标文件	15 家外商公司及 3 家国内公司购买标书
1983 年 11 月 8 日	当众开标	共 8 家公司投标,其中一家为废标
1983 年 11 月～1984 年 4 月	评标	确定大成(日)、前田(日)和英波吉洛(意美联合)3 家公司为评标对象。最后确定大成(日)中标
1984 年 11 月	引水工程正式开工	
1988 年 8 月 13 日	正式竣工	工程师签署了工程竣工移交证书,工程初步结算价 9 100 万元,实际工期 1 475 d

一个 60 万千瓦的水电站在当时的中国称不上很大的工程,然而鲁布革的建设受到全国工程界的关注,到鲁布革参观考察的人们几乎遍及全国各省市。人们从鲁布革究竟看到了什么?

一是把竞争机制引入工程建设领域,实行招标投标制,评标工作认真细致。鲁布革首先给人的冲击是大型工程施工打破了历来由主管部门指定施工单位的做法,施工单位要凭实力进行竞争,由业主择优而定。鲁布革水电站是我国第一次采取国际招标程序授予外国企业承包权的工程。当时我国的两家公司也参加了投标,虽地处国内,而且享有 7.5% 的优惠,条件颇为有利,但却未能中标。

二是实行国际评标价低价中标惯例,评标时标底只起参考作用,从而为我国节约了大量建设资金。鲁布革引水系统进行国际竞争性招标标底价为 14 958 万元,工期为 1 597 天。15 家外商公司及 3 家国内公司购买了标书。有 8 家公司,包括我国与外资公司组成的两家公司参加投标。具体报价情况见表 1-2。

表 1-2 具体报价情况

公 司	折算报价/万元	公 司	折算报价/万元
大成公司	8 460	中国闽昆与挪威 FHS 联合公司	12 210
前田公司	8 800	南斯拉夫能源公司	13 220
英波吉洛公司	9 280	法国 SBTP 联合公司	17 940
中国贵华与西德霍尔兹曼联合公司	12 000	西德某公司	废标

三是我国公司的施工技术和管理水平与外国大公司相比,差距比较大。例如,当时国内隧洞开挖进尺每月最高为 112 米,仅达到国外公司平均功效的 50% 左右。日本大成公司是国际著名承包商,施工工艺先进,每立方米混凝土的水泥用量比国内公司少 70 千克。我国与挪威联合公司所用水泥比大成公司多 4 万以上,按进口水泥运达工地价计算,水泥用量的差额约为 1 000 万元。此外,国外施工管理严格,1984 年 7 月 31 日工程师发布开工令后,1984 年 10 月 15 日就正式施工,从下达开工令到正式开工仅用了两个半月时间。隧洞开挖仅用了两年半时间,于 1987 年 10 月全线贯通,比计划提前 5 个月,1988 年 7 月引水系统工程全部竣工,比合同工期提前了 122 天。实际工程造价按开标汇率计算约为标底的 60%。

四是国际招投标一般采用工程量清单计价,国外公司大多根据自己分部分项工程单价报价。我国公司对国内工程一般根据国家和地方定额报价,所以也是造成此次投标报价过高而未能中标的原因之一。因此,促使工程造价管理和投标报价逐步改革以适应国际竞争惯例。

五是催人奋起,促进改革。大成公司承包工程,在现场日本人仅二三十人,雇用的 400 多人都是十四局的职工,中国工人不仅很快掌握了先进的施工机械,而且在中国工长的带领下,创造了直径 8.8 米隧洞开挖头月进尺 373.5 米的优异成绩,超过了日本大成公司历史的最高纪录,达到世界先进水平。鲁布革的实践激发了人们对基本建设管理体制改革的强烈愿望。人们开始认真了解和学习国外在市场经济条件下实行的项目管理的机制、规则、程序和方法。

➤ **思考:**阅读案例后,你觉得鲁布革水电站引水工程国际招标值得借鉴的经验有哪些?该项目招标主要经历了哪些工作程序?

▶ 任务一　建设工程招投标概述 ◀

思政·工程招投标的
发展历程

1. 工程招投标机制的引入
2. 工程招投标的发展历程

一、建设工程招投标的发展历程和趋势

1. 建设工程招投标的发展历程

经过近 40 年的发展,我国建设工程招投标法律体系初步形成,建设工程招投标市场不断扩大。建设工程招投标制度的演变可以划分为以下四个阶段:

（1）探索阶段

追随改革开放的步伐,1980 年首次提出"对一些适于承包的生产建设项目和经营项目可以试行招标投标的办法"。1981 年,深圳特区和吉林市率先试行工程招投标,揭开了招投标工作的序幕。施工招投标开始逐步在全国推广。1983 年 6 月 7 日,城乡建设环境保护部印发《建筑安装工程招标投标试行办法》,这是建设工程招投标的第一个部门规章,是我国第一个较详尽的招投标办法。1984 年 9 月 18 日,国务院颁布《关于改革建筑业和基本建设管理体制若干问题的暂行规定》,提出"全面推行建设项目投资包干责任制","大力推行工程招标投标暂行规定","要改变单纯用行政手段分配建设任务的老办法,实行招标投标"。1984 年 11 月,国家计划委员会（现国家发展和改革委员会）制定了《建设工程招标投标暂行规定》,从此全面拉开建立招投标制度的序幕。

（2）立法阶段

1999 年 8 月 30 日第九届全国人民代表大会常务委员会第十一次会议审议通过了《中华人民共和国招标投标法》（以下简称《招标投标法》）,自 2000 年 1 月 1 日起施行。《招标投标法》是我国专门规范招投标活动的基本法律。《招标投标法》的制定和颁布标志着我国招投标事业步入法制化轨道。

（3）完善阶段

规范相关主体的行为。2007 年 5 月 13 日,国务院办公厅发布《关于加快推进行业协会商会改革和发展的若干意见》（国办发〔2007〕36 号）,明确要求"加快推进行业协会的改革和发展","行业协会改革与政府职能转变相协调","各级人民政府及其部门要进一步转变职能,把适宜于行业协会行使的职能委托或转移给行业协会"。

2008 年 6 月 18 日,为贯彻《国务院办公厅关于进一步规范招投标活动的若干意见》（国办发〔2004〕56 号）,促进招投标信用体系建设,健全招投标失信惩戒机制,规范招投标当事人行为,国家发展和改革委员会、工业和信息化部、监察部等十部委联合发布《关于印发〈招

标投标违法行为记录公告暂行办法〉的通知》(发改法规〔2008〕1531 号),自 2009 年 1 月 1 日起实行。

(4)成就阶段

2011 年 11 月 30 日,国务院第 183 次常务会议通过了《中华人民共和国招标投标法实施条例》(以下简称《招标投标法实施条例》)。认真总结了我国招投标实践过程中的各种问题,对工程建设项目的概念、招投标监管,具体操作等方面的问题进行了细化,更具备可操作性。

2013 年 2 月 4 日,国家发改委等八部委联合发布《电子招标投标办法》及其附件《电子招标投标系统技术规范》,自 2013 年 5 月 1 日起施行。推行电子招投标,是中央惩防体系规划、工程专项治理,以及《招标投标法实施条例》明确要求的一项重要任务,对于提高采购透明度、节约资源和交易成本、促进政府职能转变具有非常重要的意义,特别是在利用技术手段解决弄虚作假、暗箱操作、串通投标、限制排斥潜在投标人等招投标领域突出问题方面,有着独特优势。

2. 建设工程招投标的发展趋势

21 世纪是经济全球化、信息化的时代,建设工程招投标全面信息化是必然的发展趋势,招投标全面信息化应当是参与各方通过计算机网络完成招投标的所有活动,即实行网上招投标。网上招投标是利用网络实现招投标,即招标、投标、开标、评标、中标签约等程序都在网上进行。计算机与网络技术的不断发展,推动社会各行业的信息化步伐加快,但招投标信息化程度还相对滞后。

电子招投标将是建设工程招投标工作发展的主导方向,其意义主要有以下四个方面:

(1)解决招投标领域突出问题

推行电子招投标,为充分利用信息技术手段解决招投标领域突出问题创造了条件。例如,通过匿名下载招标文件,使招标人和投标人在投标截止前难以知晓潜在投标人的名称数量,有助于防止围标、串标;通过网络终端直接登录电子招投标系统,不仅方便了投标人,还有利于防止通过投标报名排斥潜在投标人,增强招投标活动的竞争性。此外,由于电子招投标具有整合信息、提高透明度、如实记载交易过程等优势,有利于建立健全信用惩戒机制、防止暗箱操作、有效查处违法行为。

(2)建立信息共享机制

由于没有统一的交易规则和技术标准,各电子招投标数据格式不同,也没有标准的数据交互接口,使得电子招投标信息无法交互和共享,甚至形成新的技术壁垒,影响了统一开放、竞争有序的招投标大市场的形成。因此,电子招投标应为招投标信息共享提供必要的制度和技术保障。

(3)转变行政监督方式

与传统纸质招标的现场监督、查阅纸质文件等方式相比,电子招投标的行政监督方式有了很大变化,其最大区别在于利用信息技术,可以实现网络化、无纸化的全面、实时和透明监督。

(4)降低招投标成本

普通招投标采用传统的会议、电话、传真等方式,而网络招投标利用高速且低廉的互联网,极大降低了通信及交通成本,还提高了通信效率。过去常见的招标大会、开标大会可改在网络上举行或者改为其他形式,特别是电子招投标的无纸化,减少了大量的纸质投标文件,这都有利于降低成本,保护生态环境。

二、建设工程招投标相关概念

工程招投标
的分类

1. 工程的概念

工程招投标中的"工程"根据《招标投标法实施条例》第二条的规定,是指建设工程,包括工程以及与工程建设有关的货物、服务。

建设工程是指包括建筑物和构筑物的新建、改建、扩建及其相关的装修、拆除、修缮等;工程建设有关的货物是指构成工程不可分割的组成部分,且为实现工程基本功能所必需的设备、材料等;工程建设有关的服务是指为完成工程所需的勘察、设计、监理等服务。

2. 工程招投标概念

招投标是招标投标的简称,招标投标是招标与投标两者的统称。招标投标是在市场经济条件下进行工程建设、货物买卖、财产出租、中介服务等经济活动的一种竞争形式和交易方式,是引入竞争机制订立合同的一种法律形式。

工程招投标是指招标人对工程建设、货物买卖、劳务承担等交易业务,事先公布选择采购的条件和要求,招引他人承接,若干或众多投标人做出愿意参加业务承接竞争的意思表示,招标人按照规定的程序和办法择优选定中标人的活动。

建设工程招标是指招标人在发包建设项目之前,公开招标或邀请投标人,根据招标人的意图和要求提出报价,择日当场开标,以便从中择优选定中标人的一种经济活动。

建设工程投标是建设工程招标的对称概念,指具有合法资格和能力的投标人根据招标条件,经过初步研究和估算,在指定期限内填写标书,提出报价,并等候开标,决定能否中标的经济活动。

从法律意义上讲,建设工程招标是建设单位(或业主)就拟建的工程发布通告,用法定方式吸引建设项目的承包单位参加竞争,进而通过法定程序从中选择条件优越者来完成工程建设任务的法律行为。建设工程投标一般是经过特定审查而获得投标资格的建设项目承包单位,按照招标文件的要求,在规定的时间内向招标单位填报投标书,并争取中标的法律行为。

三、工程招投标的作用

1. 提高经济效益和社会效益

我国社会主义市场经济的基本特点是要充分发挥竞争机制作用,使市场主体在平等条件下公平竞争,优胜劣汰,从而实现资源的优化配置。招投标是市场竞争的一种重要方式,通过招标采购,让众多投标人进行公平竞争,以最低或较低的价格获得最优的货物、工程或服务,从而达到提高经济效益和社会效益、提高招标项目的质量、推动各行业管理体制改革的目的。

2. 提升企业竞争力

促进企业转变经营机制,提高企业的创新活力,积极引进先进技术和管理,提高企业生产、服务的质量和效率,不断提升企业市场信誉和竞争力。

3. 健全建筑市场经济体系

维护和规范建筑市场竞争秩序,保护当事人的合法权益,提高建筑市场交易的公平、满意和可信度,促进社会和企业的法治、信用建设,促进政府转变职能,提高行政效率,建立健全现代市场经济体系。

4. 打击贪污腐败

有利于保护国家和社会公共利益,保障合理、有效使用国有资金和其他公共资金,防止其浪费和流失,构建从源头预防腐败交易的社会监督制约体系。在世界各国的公共采购制度建设初期,招投标制度由于其程序的规范性和公开性,往往能对打击贪污腐败起到立竿见影的效果。

四、工程招投标的特点

工程招投标的
概念及特点

1. 竞争性

工程招投标的核心是竞争,按规定每一次招标必须有 3 家以上的投标者,这就形成了投标者之间的竞争,他们以各自的实力、信誉、服务、质量、报价等优势,战胜其他的投标者。竞争是市场经济的本质要求,也是招投标的根本特点。

2. 程序性

招投标活动必须遵循严密规范的法律程序。《招标投标法》及相关法律政策,对招标人从确定招标范围、招标方式、招标组织形式直至选择中标人并签订合同的招投标全过程每一环节的时间、顺序都有严格、规范的限定,不能随意改变。任何违反法律程序的招投标行为,都可能侵害其他当事人的权益,必须承担相应的法律后果。

3. 规范性

《招标投标法》《招标投标法实施条例》等相关法律政策,对招投标各个环节的工作条件、内容、范围、形式、标准以及参与主体的资格、行为和责任都做出了严格的规定。

4. 一次性

一次性特点表现为三层意思:第一层意思是"一标一投",同一个工程,每一个投标人只能递交一份投标文件,不允许提交多份投标文件;第二层意思是"一次性报价",双方不得在招投标过程中就实质性内容进行协商谈判,讨价还价,这也是与询价采购、谈判采购以及拍卖竞价的主要区别;第三层意思是招标成功后,不得重新招标或二次招标,确定中标人后,招标人和中标人应及时签订合同,不允许反悔或放弃、剥夺中标权利。

5. 技术经济性

工程招投标都具有不同程度的技术性,包括标的使用功能和技术标准、建造、生产和服务过程的技术及管理要求等,特别是招标文件中与工程计价相关的术语和内容都需要工程造价专业人员草拟或掌控。工程招投标的经济性则体现在中标价格是招标人预期投资目标和投标人竞争期望值的综合平衡。

五、招标投标法律体系

1. 招标投标法律体系的构成

工程招投标法律
法规及政策体系

20 世纪 80 年代初,我国建筑领域就引入招标投标制度,国务院及其有关部门陆续发布了一系列招标投标方面的规定。一些地方人民政府及其有关部门也结合本地特点和需要,相继开始工程招标投标试点,并制定了招标投标方面的地方性法规、规章和规范性文件,逐步形成了覆盖全国各领域、各层级的招标投标法律体系。

招标投标法律体系,是指全部现行的与招标投标活动有关的法律法规和政策组成的有机联系的整体。招标投标法律体系的构成按照法律规范的渊源划分为 4 个方面。

（1）法律

全国人民代表大会及常务委员会所制定的以国家主席令的形式颁布执行，具有国家强制力和普遍约束力。一般以法、决议、决定、条例、办法、规定等为名称，如《招标投标法》《中华人民共和国政府采购法》（以下简称《政府采购法》）、《中华人民共和国合同法》（已于 2021 年 1 月废止）、《中华人民共和国民法典》（以下简称《民法典》）等。

（2）法规

① 行政法规：国务院制定的由总理签署国务院令的形式发布。一般以条例、规定办法、实施细则等为名称，如《招标投标法实施条例》《政府采购实施条例》等。

② 地方性法规：省、自治区、直辖市及较大的市（省、自治区政府所在地的市，经济特区所在地的市，经国务院批准的较大的市）的人民代表大会及其常务委员会制定颁布的，在本地区具有法律效力，通常以地方人大公告的方式公布，一般使用条例、实施办法等名称，如《北京市招标投标条例》。

（3）规章

① 国务院部门规章：是指国务院所属的部、委、局和具有行政管理职责的直属机构制定，通常以部委令的形式公布。一般用办法、规定等名称，如《必须招标的工程项目规定》（国家发改委第 16 号令）、《政府采购非招标采购方式管理办法》（财政部令第 74 号）等。

② 地方政府规章：由省、自治区、直辖市、省政府所在地的市、经国务院批准的主要城市制定，通常是以地方各级人民政府令的形式颁布的，一般以规定、办法等为名称，如《北京市建设工程招标投标监督管理规定》（北京市人民政府令第 122 号）。

（4）行政规范性文件

行政性规范性文件是指行政公署、省辖市人民政府、县（市、区）人民政府，以及各级政府所属部门根据法律、法规、规章的授权和上级政府的决定、命令，依照法定权限和程序制定的、以规范形式表述，在一定时间内相对稳定并在本地区、本部门普遍适用的各种决定、办法、规定、规则、实施细则的总称，如《国务院办公厅印发国务院有关部门实施招标投标活动行政监督的职责分工意见的通知》（国办发〔2000〕34 号）。

2. 招标投标法律体系的效力层级

招标投标方面的法律法规很多，在执行有关规定时应注意效力层级。

（1）纵向效力层级

在我国法律体系中，宪法具有最高的法律效力，之后依次是法律、行政法规、部颁规章与地方性法规、地方政府规章、行政规范性文件。在招标投标法律体系中，《招标投标法》是招标投标领域的基本法律，其他有关行政法规、国务院决定、各部委规章及地方性法规和规章都不得同《招标投标法》相抵触。使用政府财政性资金的采购活动采用招标方式的，不仅要遵守《招标投标法》规定的基本原则和程序，还要遵守《政府采购法》及其有关规定。政府采购工程进行招投标的，适用《招标投标法》。国务院各部委制定的部门规章之间具有同等法律效力，在各自权限范围内施行。省、自治区、直辖市的人大及其常委会制定的地方性法规的效力层级高于当地政府制定的规章。

（2）横向效力层级

在《中华人民共和国立法法》中规定："同一机关制定的法律、行政法规、地方性法规、规章,特别规定与一般规定不一致的,适用特别规定。"换而言之,就是同一机关制定的特别规定的效力层级应高于一般规定,同一层级的招标投标法律规范中,特别规定与一般规定不一致的应当采用特别规定。比如说,《民法典》中对合同的订立及签订等方面做出了一些规定;同样,在《招标投标法》中对招投标的程序及签订合同等方面也做出了些规定。我们在招投标活动中,应当遵守《民法典》的基本规定,但同时更应严格执行《招标投标法》中一些特别的规定,按照《招标投标法》中对招投标的程序及签订合同的具体要求完成中标合同的签订。

（3）时间序列效力层级

从时间序列来看,同一机关制定的法律、行政法规、地方性法规、规章,新的规定与旧的规定不一致的,适用新的规定。也就是"新法优于旧法"的原则,在招标投标活动中应执行新的规定。

（4）特殊情况处理原则

我国法律体系原则上是统一、协调的,但由于立法机关比较多,如果立法部门之间缺乏必要的沟通与协调,难免会出现一些规定不一致的情况。在招标投标活动遇到此类特殊情况时,依据《中华人民共和国立法法》的有关规定,应当按照以下原则处理。

① 法律之间对同一事项新的一般规定与旧的特别规定不一致,不能确定如何适用时,由全国人大常委会裁决。

② 地方性法规、规章新的一般规定与旧的特别规定不一致时,由制定机构裁决。

③ 地方性法规与部门规章之间对同一事项规定不一致,不能确定如何适用时,由国务院提出意见。国务院认为应当适用地方性法规的,应当决定在该地方适用地方性法规的规定;认为应当适用部门规章的,应当提请全国人大常委会裁决。

④ 部门规章之间、部门规章与地方政府规章之间对同一事项的规定不一致时,由国务院裁决。

3.《招标投标法》的立法目的和适用范围

《招标投标法》是由第九届全国人民代表大会常务委员会第十一次会议于1999年8月30日通过的,自2000年1月1日起正式施行,根据2017年12月27日第十二届全国人民代表大会常务委员会第三十一次会议关于修改《中华人民共和国招标投标法》《中华人民共和国计量法》的决定,自2017年12月28日起施行。这是一部标志着我国社会主义市场经济法律体系进一步完善的法律,是招标投标领域的基本法律。

《招标投标法》共六章,六十八条。第一章总则,主要规定了立法目的、适用范围、调整对象、必须招标的范围、招标投标活动必须遵循的基本原则等;第二章招标,主要规定了招标人定义、招标方式、招标代理机构资格认定和招标代理权限范围及招标文件编制的要求等;第三章投标,主要规定了投标主体资格、编制投标文件要求、联合体投标等;第四章开标、评标和中标,主要规定了开标、评标和中标各个环节具体规则和时限要求等内容;第五章法律责任,主要规定了违反招标投标活动中具体规定各方应承担的法律责任;第六章附则,规定了招投标法的例外情形及施行日期。

六、建设工程招投标程序

建设工程招投标程序,是指建设工程招标投标活动按照一定的时间和空间应遵循的先后顺序,是以招标单位、投标单位和其代理人为主进行的有关招标投标的活动程序。建设工程招标投标程序包含下列三个阶段：

1. 招标准备阶段

在招标准备阶段，招标单位或者招标代理人应当完成项目立项、规划报批等审批手续，落实所需的资金，选择招标方式、设立招标组织或委托招标代理人，编制与招标有关的文件，并履行招标文件备案手续。

思政·招标程序

（1）落实招标项目应当具备的条件

① 工程立项

新建工程项目凭项目可研报告和环评报告，向当地发展改革部门申请工程立项，根据招标人的性质和项目特征，立项分审批制和备案制。

② 规划报批

建设工程项目获得立项批准文件或者列入国家投资计划后，应按工程所在地建设行政主管部门的规定办理工程报建审批手续。报批时应当交验的资料主要有：立项批准文件（概算批准文件、年度投资计划）、固定资产投资许可证、向当地规划主管部门申请的建设工程规划许可证、资金证明文件等。

③ 资金落实

招标单位应当有进行招标项目的相应资金，或者资金来源已经落实。

（2）选择招标方式

选择招标方式应根据招标单位的条件和招标工程的特点做好以下工作：

① 确定招标资格与备案

招标人如具备相关资质，可以自行办理招标事宜，按规定向相关部门备案；否则应委托有资质的招标代理机构招标，委托招标代理的应当选择具有相应资质的代理机构办理招标事宜，并在签订委托代理合同后的法定时间内到建设行政主管部门备案。

② 选择招标方式

根据发展改革部门批复的立项文件、资金来源、招标人的性质、项目规模确定招标方式，依法选择公开招标、邀请招标、直接发包。

③ 确定招标范围

由工程情况确定投标次数（标段）和内容确定工程的招标范围，一般可分为勘察、设计、监理、施工、造价咨询等。根据工程特点和招标单位的管理能力确定发包范围。对于场地集中、工程量不大、技术上不复杂的工程宜实行一次招标，反之可考虑分段招标。实行分段招标的工程，要求招标单位有较强的管理能力。

④ 选择合同计价方式

合同计价方式主要有固定总价合同、单价合同和成本加酬金合同三种，招标单位应根据项目情况选择合适的合同计价方式，并在招标文件中明确规定合同计价方式、合同价的调整范围和调整方法。

（3）编制招标有关文件

① 编制招标文件

招标文件是招标单位负责拟定的，供招标人进行招标、投标人投标的成套文件，招标文件不仅是招标、投标的基本依据，也是签订合同文件的重要组成部分，招标文件应采用工程所在地通用的格式文件编制，包括招标项目的技术要求、对投标人资格审查的标准、投标报价的要求和评标标准等所有实质性要求和条件以及拟签订合同的主要条款。

② 编制标底或招标控制价

国有资金投资的建设工程招标,招标人必须编制招标控制价。非国有资金投资的建设工程招标,可以设有最高投标限价或者招标标底。招标控制价是招标人根据国家或省级、行业建设主管部门颁发的有关计价依据和办法,以及拟定的招标文件和招标工程量清单,结合工程具体情况编制的招标工程的最高投标限价,是随同招标文件公开的。标底是招标人按预算编制认为的最合理价格,可以作为在评标时的参考,在开标前必须保密。

(4)办理招标备案手续

招标单位凭立项批准文件或年度投资计划、固定资产投资许可证、建设用地许可证(旧房装修的为房产证)、建设工程规划许可证、资金证明文件(财政拨款的为财政局批复文件、自筹资金的为银行存款证明),连同招标公告、招标文件、招标控制价、工程量清单等,向属地建设主管部门下属的招标管理机构办理招标备案,并接受建设行政主管部门依法实施的监督。

2. 招标投标阶段

招标投标阶段主要包括发布招标公告或发出投标邀请书、投标资格预审、发放招标文件和有关资料、组织现场勘察、标前会议和接受投标文件等。

(1)发布招标公告或投标邀请书

实行公开招标的工程项目,招标人要在国家或地方指定的报刊、广播、电视等大众媒体或工程交易中心公告栏上发布招标公告。实行邀请招标的工程项目应向三个以上符合资质条件的、资信良好的承包商发出投标邀请。

(2)资格审查

招标单位或招标代理机构可以根据招标项目本身的要求,对潜在的投标单位进行资质条件、业绩、信誉、技术、资金等资格审查。资格审查分为资格预审和资格后审两种。资格预审是指招标单位或招标代理机构在发售招标文件以后,投标之前,对潜在投标人进行的审核。资格后审是在招标开标后,对投标人进行资格审查的一种方式。资格审查需要招标单位或者招标代理机构在指定的媒体和平台上发布资格预审公告,告知投标人资格审查的时间和地点、审查的标准和程序等信息。

(3)发放招标文件

招标单位或招标代理机构按照资格预审确定的合格投标单位名单或者投标邀请书发放招标文件。招标文件是全面反映招标单位建设意图的技术经济文件,又是投标单位编制投标文件和报价的主要依据。

(4)现场勘察

招标单位应当在投标须知规定的时间内,组织投标单位进行现场勘察,了解工程场地和周围环境情况,收集有关信息。现场勘察可安排在招标预备会议前进行,以便在会上解答现场勘察中提出的疑问。

(5)标前会议

标前会议,又称"招标预备会""答疑会",主要用来澄清招标文件中的疑问,解答投标单位提出的有关招标文件和现场勘察的问题。

(6)编制、递交投标文件

投标单位按照招标文件要求编制投标书,并按规定进行密封,在规定时间送达招标文件指定地点。

3. 定标签约阶段

定标签约阶段的工作主要包括开标、评标、定标和签订合同。

(1) 开标

招标单位或代理机构依据招标文件规定的时间和地点组织开标。开标前,应当通知政府采购监督管理部门及有关部门,视情况到现场监督开标活动。

(2) 评标

在招标代理机构的监督下,按相关规定成立的评标委员会依据评标原则、评标方法,对各投标单位递交的投标文件进行综合评价,公正合理、择优向招标人推荐中标单位。

(3) 定标

中标单位由招标代理机构核准,获准后由招标单位向中标人发出"中标通知书",同时将中标结果通知所有未中标的投标人。

(4) 签订合同

招标人和中标人应当自中标通知书发出之后 30 日内,按照招标文件和中标人的投标文件订立书面合同。依法必须进行招标的项目,招标人应当自确定中标人之日起 15 日内向有关行政监督部门提交招标投标情况的书面报告。

思 政 案 例

案例1-1【国之重器:三峡工程】

案例背景:三峡工程建设始于 1992 年,当时国家进行了一系列的规划和研究工作。经过几年的磋商和试验,该项目于 1997 年开始勘探设计,继而获得了国家批准。规划工作完结后,2000 年 4 月 28 日,三峡工程开始了整体建设。三峡工程位于长江上游三峡的中心,由三峡水库、长江船闸和岸电站三部分组成。工程总长约 2 300 米,最大坝高约 1.85 千米,电站装机容量达到了 220 万千瓦,可年发电量达到 845 亿千瓦时。水库总容量为 396 亿立方米,蓄水位为 175 米,其中淹没的土地面积高达 1 049 平方公里,涉及两个省(湖北、重庆)的 27 个县。水库建成后,可以实现多功能运用,包括航运、灌溉、水利、发电等领域。"一般水利工程以稳定可靠为优先,会尽量采用成熟技术,而三峡工程没有先例可循,因此大量采用了新技术。"82 岁的中国长江三峡集团公司教授级高级工程师李先镇回忆。

案例分析:长达 17 年的建设期间,攻克了无数技术难题,三峡工程创下了当今世界最大的水利枢纽工程等 112 项世界之最和 934 项发明专利。三峡工程之前,我国还造不出 32 万千瓦以上水轮发电机组,如今,具有自主知识产权的百万千瓦机组在金沙江白鹤滩水电站已经面世。三峡工程不仅使我国水电技术一跃领先世界,也是国内率先采用业主负责制、招投标制、合同管理制以及监理制等制度的超大型工程,其工程建设管理经验影响至今。可以说,三峡工程成就了中国"基建狂魔"的威名,是世界水电的"中国名片"。

思政要点：作为国之重器，三峡工程不仅是中国人民智慧和勇气的结晶，也展示了中国的科技实力和工程水平。2018年4月24日，习近平总书记在视察该工程时指出，"三峡工程是国之重器"，"这是我国社会主义制度能够集中力量办大事优越性的典范，是中国人民富于智慧和创造性的典范，是中华民族日益走向繁荣强盛的典范"。

▶ 任务二　建筑市场 ◀

建筑市场的
概念与特性

一、建筑市场的概念及特征

1. 建筑市场的概念

建筑市场可从广义和狭义两个方面来理解。狭义的建筑市场一般是指有形建筑市场，有固定的交易场所。广义的建筑市场包括有形市场和无形市场，是指与建筑产品有关的一切供求关系的总和。具体来说它是一个市场体系，包括勘察设计市场、建筑产品市场、生产资料市场、劳动力市场、资金市场、技术市场等，即广义的建筑市场除建筑产品市场外，还包括与建筑产品有关的勘察设计、中间产品和要素市场。

2. 建筑市场的特征

建筑市场是整个国民经济大市场的有机组成部分，与一般市场相比较，建筑市场有许多特征，主要表现在以下几个方面：

（1）建筑市场交易的直接性

这一特点是由建筑产品的特点所决定的。在一般工业产品市场中，由于交换的产品具有间接性、可替换性和可移动性，如电冰箱、洗衣机等，供给者可以预先进行生产然后通过批发、零售环节进入市场。建筑产品则不同，只能按照客户的具体要求，在指定的地点为他建造某种特定的建筑物，因此，建筑市场上的交易只能由需求者和供给者直接见面，进行预先订货式的交易，先成交，后生产，无法经过中间环节。

（2）建筑产品的交易过程持续时间长

众所周知，一般商品的交易基本上是"一手交钱，一手交货"，除去建立交易条件的时间外，实际交易过程则较短。建筑产品的交易则不然，由于不是以具有实物形态的建筑产品作为交易对象，无法进行"一手交钱，一手交货"的交易方式，而且，由于建筑产品的周期长，价值巨大，供给者也无法以足够资金投入生产，大多采用分阶段按实施进度付款，待交货后再结清全部款项。因此，双方在确立交易条件时，重要的是关于分期付款与分期交货的条件。从这点来看，建筑产品的交易过程就表现出一个很长的过程。

（3）建筑市场有着显著的地区性

这一特点是由建筑产品的地域特性所决定的。无论建筑产品是作为生产资料，还是作为消费资料，建在哪里，就只能在哪里发挥功能。对于建筑产品的供给者来说，它无权选择特定建筑产品的具体生产地点，但它可以选择自己的经营在地理上的范围。由于大规模的流动势必造成增加生产成本，因而建筑产品的生产经营通常总是相对集中于一个相对稳定的地理区域。这使得供给者和需求者之间的选择存在一定的局限性，通常只能在一定范围内确定相互之间的交易关系。

（4）建筑市场的风险较大

不仅对供给者有风险，而且对需求者也有风险。从建筑产品供给者方面来看，建筑产品的市场风险主要表现在以下方面：

① 定价风险。由于建筑市场中的供给方面的可替代性很大，故市场的竞争主要表现为价格的竞争，定价过高就招揽不到生产任务；定价过低则导致企业亏损，甚至破产。

② 建筑产品是先价格，后生产，生产周期长，不确定因素多，如气候、地质、环境的变化，需求者的支付能力，以及国家的宏观经济形势等，都可能对建筑产品的生产产生不利的影响，甚至是严重的不利影响。

③ 需求者支付能力的风险。建筑产品的价值巨大，其生产过程中的干扰因素可能使生产成本和价格升高，从而超过需求者的支付能力；或因贷款条件而使需求者筹措资金发生困难，甚至有可能需求者一开始就不具备足够的支付能力。凡此多种因素，都有可能出现需求者对生产者已完成的阶段产品或部分产品拖延支付甚至中断支付的情况。

（5）建筑市场竞争激烈

由于建筑业生产要素的集中程度远远低于资金、技术密集型产业，使其不可能采取生产要素高度集中的生产方式，而是采用生产要素相对分散的生产方式，致使大型企业的市场占有率较低。因此，在建筑市场中，建筑产品生产者之间的竞争较为激烈。而且，由于建筑产品的不可替代性，生产者基本上是被动地去适应需求者的要求，需求者相对而言处于主导地位，甚至处于相对垄断地位，这自然加剧了建筑市场竞争的激烈程度。建筑产品生产者之间的竞争首先表现为价格上的竞争。由于不同的生产者在专业特长、管理和科技水平，生产组织的具体方式、对建筑产品所在地各方面情况了解和市场熟练程度以及竞争策略等方面存在较大的差异，因而他们之间的生产价格会有较大的差异，从而使价格竞争更加剧烈。

二、建筑市场的主体和客体

建筑市场的主体包括发包工程的政府部门、企事业单位、房地产开发公司和个人组成的发包人，承担工程勘察设计、施工任务的建筑企业组成的承包人，为市场主体服务的各种中介机构。建筑市场的客体则为建筑市场的交易对象，即建筑产品，包括有形的建筑产品和无形的建筑产品，如咨询、监理等智力型服务。

我国的建筑
市场体系

1. 建筑市场的主体

（1）发包方

发包方是既有进行某项工程建设的需求，又具有该项工程建设相应的建设资金和各种准建手续，在建筑市场中发包工程建设的咨询、设计、施工监理任务，并最终得到建筑产品的所有权的政府部门、企事业单位和其他组织、个人。他们可以是各级政府、专业部门政府委托的资产管理部门，可以是学校、医院、工厂、房地产开发公司等企事业单位，也可以是个人和个人合伙。在我国工程建设中，一般称之为建设单位或甲方，国际工程承包中通常称作业主。他们在发包工程和组织工程建设时进入建筑市场，成为建筑市场的主体。

（2）承包方

承包方是指有一定生产能力、机械设备、流动资金，具有承包工程建设任务的营业资格，在建筑市场中能够按照发包人的要求，提供不同形态的建筑产品，并最终得到相应的工程价款的建筑业企业。按照生产的主要形式，承包方主要分为勘察、设计单位、建筑安装企业，混凝土配件及非标准预制件等生产厂家，商品混凝土供应、建筑机械租赁单位，以及专门提供建筑劳务的企业等。它们的生产经营活动，是在建筑市场中进行的，它们是建筑市场主体中的主要成分。

（3）中介服务组织

中介服务组织是指具有相应的专业服务能力，在建筑市场中受承包方、发包方或政府管理机构的委托，对工程建设进行估算测量、咨询代理、建设监理等高智能服务，并取得服务费用的咨询服务机构和其他建设专业中介服务组织。在市场经济运行中，中介组织作为政府、市场、企业之间联系的纽带，具有政府行政管理不可替代的作用。而发达的中介组织又是市场体系成熟和市场经济发达的重要表现。

2. 建筑市场的客体

建筑市场的客体，一般称为建筑产品，是建筑市场交易的对象，既包括有形建筑产品也包括无形建筑产品。因为建筑产品本身及其生产过程的特殊性，其产品具有与其他工业产品不同的特点。在不同的生产交易阶段，建筑产品表现为不同的形态。它可以是咨询公司提供的咨询报告、咨询意见或其他服务；也可以是勘察设计单位提供的设计方案、施工图、勘察报告；可以是生产厂家提供的混凝土构件；当然也可以是承包商生产的各类建筑物和构筑物。

三、建筑市场的管理

建筑活动的专业性、技术性都很强，而且建设工程投资大、周期长，一旦发生问题，将给社会和人民的生命财产安全造成极大的损失。因此，为保证建设工程的质量和安全，对从事建设活动的单位和专业技术人员必须实行从业资格审查，即资质管理制度。建设工程市场中的资质管理包括两类：一

建筑市场管理

类是对从业企业的资质管理；另一类是对专业人士的资格管理。在资质管理上，我国和欧美等发达国家有很大差别。我国侧重对从业企业的资质管理，发达国家则侧重对专业人士的从业资格管理。近年来，对专业人士的从业资格管理在我国开始得到重视。

1. 从业企业资质管理

在建筑市场中，围绕工程建设活动的主体主要有三方，即业主方、承包方（包括供应商）和工程咨询方（包括勘察设计）。《中华人民共和国建筑法》（以下简称《建筑法》）规定，对从事建筑活动的施工企业、勘察单位、设计单位和工程监理单位实行资质管理。

（1）承包商的资质管理

对于承包商资质的管理，亚洲国家和地区以及欧美国家的做法不大相同。日本、韩国、新加坡等亚洲国家以及我国的香港、台湾地区均对承包商资质的评定有着严格的规定。按照其拥有注册资本、专业技术人员、技术装备和已完成建筑工程的业绩等资质条件，将承包商按工程专业划分为不同的资质等级。承包商承担工程必须与其评审的资质等级和专业范围相一致。例如，香港特别行政区按工程性质将承包商分为建筑、道路、土石方、水务和海事

五类专业。A级(牌)企业可承担 2 000 万港元以下的工程;B级(牌)企业可承担 5 000 万港元以下的工程;C级(牌)企业可承担任何价值的工程;日本将承包商分为总承包商和分包商两个等级。对总承包商只分为两个专业,即建筑工程和土木工程。对分包商则划分了几十个专业;而在欧美国家则没有对承包商资质的评定制度,在工程发包时由业主对承包商的承包能力进行审查。

我国《建筑法》对资质等级评定的基本条件明确为企业注册资本、专业技术人员、技术装备和工程业绩四项内容,并由建设行政主管部门对不同等级的资质条件做出具体划分标准。

为更好地发挥政府作用,坚持以推进建筑业供给侧结构性改革为主线,大力精简企业资质类别,简化资质标准,进一步放宽建筑市场准入限制,2020 年 11 月国务院常务会议审议通过《建设工程企业资质管理制度改革方案》,工程勘察资质分为综合资质和专业资质;工程设计资质分为综合资质、行业资质、专业和事务所资质;施工资质分为综合资质、施工总承包资质、专业承包资质和专业作业资质;工程监理资质分为综合资质和专业资质。资质等级原则上压减为甲、乙两级(部分资质只设甲级或不分等级)。

（2）工程咨询单位的资质管理

发达国家的工程咨询单位具有民营化、专业化、小规模的特点。许多工程咨询单位都是以专业人士个人名义进行注册的。由于工程咨询单位一般规模较小,很难承担咨询错误造成的经济风险,所以国际上通行的做法是让其购买专项责任保险,在管理上则是通过实行专业人士执业制度实现对工程咨询从业人员管理,一般不对咨询单位实行资质管理制度。

工程咨询单位的资质评定条件包括注册资金、专业技术人员和业绩三方面的内容,不同资质等级的标准均有具体规定。目前,已明确资质等级评定条件的有勘察设计、工程监理、工程造价、招标代理等咨询专业。2021 年 7 月 1 日起,住房和城乡建设主管部门停止工程造价咨询企业资质审批,工程造价咨询企业按照其营业执照经营范围开展业务,行政机关、企事业单位、行业组织不得要求企业提供工程造价咨询企业资质证明。

2. 专业人士资格管理

在建筑市场中,把具有从事工程咨询资格的专业工程师称为专业人士。专业人士在建筑市场管理中起着非常重要的作用。由于他们的工作水平对工程项目建设成败具有重要的影响,对专业人士的资格条件要求很高。从某种意义上说,政府对建筑市场的管理,一方面要靠完善的建筑法规,另一方面要靠专业人士。香港特别行政区将经过注册的专业人士称作"注册授权人"。英国、德国、日本、新加坡等国家的法规甚至规定,业主和承包商向政府申报建筑许可、施工许可、使用许可等手续,必须由专业人士提出。申报手续除应符合有关法律规定外,还要有相应资格的专业人士签章。

四、公共资源交易中心

1. 公共资源交易中心的性质和作用

（1）公共资源交易中心的性质

公共资源交易中心是为建设工程招投标活动提供服务的自收自支的事业性单位,而非政府机构。公共资源交易中心必须与政府部门脱钩,人员、

建设工程
交易中心

职能分离,不能与政府部门及其所属机构搞"两块牌子、一套班子"。政府有关部门及其管理机构可以在公共资源交易中心设立服务"窗口",并对建设工程招投标活动依法实施监督。

(2)公共资源交易中心的作用

按照我国有关规定,所有建设项目都要在建设工程交易中心内报建、发布招标信息、合同授予、申请施工许可证。招投标活动都需要在建筑市场内进行,并接受政府有关机关管理部门的监督。建设工程交易中心的设立,规范建设工程发承包行为,对建筑市场纳入法制管理轨道有重要作用,是符合我国特点的一种好形式。

2. 公共资源交易中心的基本功能

我国的公共资源交易中心是按照三大功能进行构建的:

(1)信息服务功能

主要包括收集、储存和发布各类工程信息、法律法规、造价信息、建材价格、承包商信息、咨询单位和专业人士信息等。在设备上配备有大型电子墙、计算机网络工作站,为发承包交易提供广泛的信息服务。

(2)场所服务功能

对于政府部门、国有企业、事业单位的投资项目,我国明确规定,一般情况下都必须进行公开招标,只有特殊情况下才允许采用邀请招标。所有建设项目进行招投标必须在有形建设市场内进行,必须由有关管理部门进行监督。按照这个要求,建设工程交易中心必须为工程发承包交易双方包括建设工程的招标、评定、定标、合同谈判等提供设施和场所服务。建设工程交易中心应具备信息发布大厅、洽谈室、开标室、会议室及相关设施以满足业主和承包商、分包商、设备材料供应商之间的交易需要。同时,要为政府有关管理部门进驻集中办公、办理有关手续和依法监督招投标活动提供场所服务。

(3)集中办公功能

由于众多建设项目要进入有形建筑市场进行报建、招投标交易和办理有关批准手续,这样就要求政府有关建设管理部门进驻建设工程交易中心集中办理有关审批手续和进行管理,建设行政主管部门的各职能机构进驻建设工程交易中心。受理申报的内容一般包括工程报建、招标登记、承包商资质审查、合同登记、质量报监、施工许可证发放等。进驻建设工程交易中心的相关管理部门集中办公,公布各自的办事制度和程序,既能按照各自的职责依法对建设工程交易活动实施有力监督,也方便当事人办事,有利于提高办公效率,一般要求实行"窗口化"的服务。

3. 公共资源交易中心的运行原则

为了保证公共资源交易中心能够有良好的运行秩序和市场功能的发挥,必须坚持市场运行的一些基本原则,主要有:

(1)信息公开原则

有形建筑市场必须充分掌握政策法规、工程发承包商和咨询单位的资质、造价数、招标规则、评标标准、专家评委库等各项信息,并保证市场各方主体都能及时获得需要的信息资料。

(2)依法管理原则

公共资源交易中心应严格按照法律、法规开展工作,尊重建设单位依照法律规定选定投标单位和选定中标单位的权利,尊重符合资质条件的建筑业企业提出的投标要求和接到邀请参加投标的权利。任何单位和个人不得非法干预交易活动的正常进行。监察机关应对进驻公共资源交易中心实施监督。

（3）公平竞争原则

建立公平竞争的市场秩序是公共资源交易中心的一项重要原则。进驻的有关行政监督管理部门应严格监督招投标单位行为，防止行业、部门垄断和不正当竞争，不得侵犯交易活动各方的合法权益。

（4）属地进入原则

依照我国有形建筑市场的管理规定，公共资源交易实行属地进入。每个城市原则上只能设立一个公共资源交易中心，特大城市可以根据需要，设立区域性分中心，在业务上受中心领导。对跨省、自治区、直辖市的铁路、公路、水利等工程，可在政府有关部门的监督下，通过公告由项目法人组织招投标。

（5）办事公正原则

公共资源交易中心是政府建设行政主管部门批准建立的服务性机构。必须配合进场的各行政管理部门做好相应的工程交易活动管理和服务工作。要建立监督制约机制，公开办事规则和程序，制定完善的规章制度和工作人员守则，发现公共资源交易活动中的违法违规行为，应当向政府有关部门报告，并协助处理。

思 政 案 例

案例 1 - 2【规范建筑市场秩序，净化建筑市场环境】

案例背景： 事件1. 某职业学院宿舍楼工程项目评标过程中，业主评委刘某、评标专家张某、孙某等收受投标人现金，评标专家谭某宁在评标前私下接受投标人请托，答应对其予以帮助，违法行为被发现后评标活动被当场中止，项目废标。事件2. 某市公安局交通警察支队警民中心的项目评标活动中，7名评标专家在各投标单位报价得分中相互颠倒、张冠李戴，某一投标人的商务部分打分出现错误的违规行为。

案例分析： 根据《中华人民共和国刑法》《中华人民共和国招标投标法》《中华人民共和国招标投标法实施条例》等法律法规的规定，评标委员会成员在参与评标活动中，应当客观、公正地履行职务，遵守职业道德，不得私下接触投标人，不得收受投标人的财物或好处。若评标委员会成员在评标活动中存在收受他人财物等违法行为的，依法将承担相应的刑事责任。评标专家应具备较高的业务素质，同时要具有良好的政治品质和职业道德，能够认真、公正、诚实、廉洁地履行评标评审工作职责，遵纪守法。加强评标专家场内管理是公共资源交易场内管理的重点工作之一，对维护交易市场秩序，营造公平、公正的交易环境意义重大。

思政要点： 我国对建筑市场实施资质管理制度，是为了规范我国建筑市场，构建诚信守法、公平竞争、追求品质的建筑市场环境。建筑市场环境的好坏是关乎行业发展的基础，资质管理制度是否流畅是激发建筑企业的活力源头。

任务三 建设工程发承包

一、工程发承包的概念

思政·建设
工程发承包

工程发承包是一种商业行为,是商品经济发展到一定阶段的产物。其含义是:在建筑产品市场上,作为供应者的建筑企业(即承包方,供应的是设计图纸、文件或建筑施工力量)对作为需求者的建设单位(通称业主,即发包人)作出承诺,负责按对方的要求完成某一工程的全部或其中一部分工作,并按商定的价格取得相应的报。在交易过程中,发承包双方之间存在着经济上法律上的权利、义务与责任的各项关系,依法通过合同予以明确。双方都必须认真按合同规定办事。

建设工程发
承包的概念

二、工程发承包的内容

工程项目的整个建设过程可以分为可行性研究、勘察设计、材料和设备采购、工程施工、生产准备和竣工验收等阶段。就总体而言,工程承包的内容就是整个建设过程各个阶段的全部工作。对一个承包单位来说,承包内容可以是建设过程的全部工作,也可以是某一阶段的全部或一部分工作。

1.可行性研究

可行性研究是在建设前期对工程项目的一种考察和鉴定,即对拟议中的项目进行全面的、综合的技术、经济调查研究,论证其是否可行,为投资决策提供依据。

可行性研究一般要回答下列问题:① 拟议中的项目在技术上是否可行;② 经济效益是否显著;③ 财务上是否营利;④ 需要多少人力、物力资源;⑤ 需要多长时间建成;⑥ 需要多少投资;⑦ 能否筹集和如何筹集资金。

这些问题可归纳为三个方面:一是工艺技术;二是市场需求;三是财务经济。三者的关系是:市场是前提;技术是手段;核心是财务经济,即投资效益。可行性研究的全部工作都是围绕这个核心问题而进行的。

2.勘察、设计

(1)勘察

勘察工作的主要内容包括工程测量、水文地质勘察和工程地质勘察。勘察的任务是查明工程项目建设地点的地形地貌、地层土壤岩性、地质构造、水文条件等自然地质条件资料以便鉴定和综合评价,为建设项目的选址(线)、工程设计和施工提供科学可靠的依据。

(2)设计

设计是基本建设的重要环节。在建设项目已完成可行性研究和选址已定的情况下、设计对于建设项目技术上是否先进和经济上是否合理起着决定性的作用。设计文件是安排建设计划和组织施工的主要依据。

按我国现行规定,一般建设项目(包括民用建筑)按初步设计和施工图设计两个阶段进行设计。对于技术复杂而又缺乏经验的项目,主管部门指定需增加技术设计阶段。对一些大型联合企业、矿区和水利水电极组,为解决总体部署和开发问题,还需要进行总体规划设计或总体设计。此外。市镇的新建、扩建和改建规划以及住宅区或商业区的规划,就其性质而言也属于设计范围。

3. 材料和设备采购

建设项目所需的材料和设备的采购供应是建设实施阶段的一项重要工作,在准备阶段就应创造条件、着手进行。在我国实行计划经济体制时,这项工作历来由建设单位自行负责完成。在社会主义市场经济体制下,这项工作已开始改为承包制,减少了建设单位的工作量,避免机构重叠和人力浪费,有助于提高工作效率和投资效益。

4. 工程施工

工程施工是建设计划付诸实施的决定性阶段。其任务是把设计图纸变成物质产品,如厂房、住宅、铁道、桥梁、电站和矿井等,使预期的生产能力或使用功能得以实现。工程施工的内容包括施工现场的准备工作、永久性工程的土木建设施工、设备安装以及绿化工程等。

(1) 施工现场准备工作

施工现场准备工作是为正式施工创造条件的,主要内容就是通常所说的"三通一平"和大型临时设施。"三通一平"由建设单位负责组织,也可委托工程承包公司或施工单位施工。大型临时设施由施工单位负责,并在预算中包干。

"三通"是指正式开工前施工场地要路通、给排水通、电通。路通不仅指公路、铁路,在有水路可通的地方也应包括航道。其实,在现代工程建设中,只有三通是不够的,至少还应增加电讯通。此外,有些地区还要求通燃气、通热,这在一定条件下也是必要的。

"一平"是指场地平整。包括场区内地上、地下障碍物的拆除,场地平整,地形测量、材料堆放和预制构件生产场地的设置等。大型临时设施亦称"暂设工程",包括施工单位的办公用房、职工临时宿舍、生活福利、文化及服务设施、附属和辅助生产设施(如预制构件场、混凝土搅拌站、机修车间等)、仓库、材料试验室、场内临时道路、管线、变电站、锅炉房、照明设施以及场区围篱等。

(2) 建筑安装工程

建筑安装工程指建设项目中永久性房屋建筑、构筑物的土建工程、建筑设备与生产设备的安装施工。这是工程承包的主要内容,通常由土建施工单位做总包,若干专业施工单位做分包,各方协作施工。土建工程包括土石方工程,桩基础工程,砖石工程,混凝土及钢筋混凝土工程,机械化吊装及运输工程,木结构及木装修工程,楼面工程,屋面工程,装饰工程,金属结构工程,构筑物工程,道路工程和排水工程等。

设备安装工程包括机械设备安装,电气设备安装及其线路的架设,通风、除尘、消声设备及其管道的安装,工业和民用给排水、空调、供热、供气装置与管道及附件的安装,自动化仪表和电子计算机及其外围设备的安装,通讯和声像系统的安装等。

(3) 绿化工程

绿化工程是指作为建设项目组成部分的园林绿化,包括住宅小区、工厂、机关庭院内的草坪和花本栽植等。此类工程可由建设单位直接委托专业机构施工,也可由总包单位委托专业机构分包施工。

三、工程发承包方式

工程发承包方式是指工程发承包双方之间经济关系的形式。受承包内容和具体环境的影响,承包方式多种多样。建设工程承包方式可按承包范围、承包者所处的地位、获得承包任务的途径、计价方式分类等。

1. 建设工程发承包模式介绍
2. 建设工程施工总承包模式与施工总承包管理模式

1. 按承包范围划分承包方式

按工程承包范围即承包内容划分的承包方式,有建设全过程承包、阶段承包、专项承包和建设—经营—转让承包四种。

（1）建设全过程承包

建设全过程承包方式在建筑法中称为"总承包",按其范围大小又可分为统包(也叫"一揽子承包")和施工阶段全过程承包。全过程承包我们通常称之为"交钥匙"。为适应这种要求,国外某些大承包商往往和勘察设计单位组成一体化的承包公司,或者更进一步扩大到若干专业承包商的器材生产供应厂家,形成横向的经济联合体。这是近几十年来建筑业种新的发展趋势。改革开放以来,我国各地设立的建设工程承包公司即属于这种承包单位。

① 统包。建设单位一般只提出使用要求和竣工期限,承包方对项目建议书、可行性研究、勘察、设计、设备询价与选购、材料订货、工程施工直至竣工投产实行全面的总承包,并负责对各项分包任务进行综合管理和监督。

② 施工阶段全过程承包。也称为"设计—施工连贯模式"。承包方在明确项目使用功能和竣工期限的前提下,完成工程项目的勘察、设计、施工、安装等环节。

（2）阶段承包

阶段承包是承包建设过程中某一阶段或某些阶段的工作内容。可分为:建设工程项目前期阶段承包、勘察设计阶段承包、施工安装阶段承包等。

① 建设工程项目前期阶段承包,也称"项目开发阶段承包"。主要是为建设单位提供前期决策的意见和科学、合理的投资开发建设方案,如可行性研究报告或设计任务书。

② 勘察设计阶段承包。可行性研究报告批准后,根据设计任务书提供勘察和设计两种不同性质的相关文件资料。其中,勘察单位最终提出施工现场的地理位置、地形、地貌、地质及水文地质等工程地质勘察报告和测量资料;设计单位最终提供设计图纸和成本预算结果。

③ 施工安装阶段承包。主要是为建设单位提供符合设计文件规定的建筑产品并进行施工安装。在施工安装阶段承包中,还可依承包内容的不同细化为以下三种方式:

包工包料,即承包人提供工程施工所需的全部工人和材料。这是国际上普遍采用的施工承包方式。

包工部分包料,即承包人只负责提供施工所需的全部人工和一部分材料,其余部分则由建设单位或总包单位负责供应。我国改革开放前曾实行多年的施工单位承包全部用工和地方材料、建设单位供应统配和部管材料以及某些特殊材料的方式,就属于这种承包方式。改革开放后已逐步过渡到包工包料方式。

包工不包料,即承包人仅提供劳务而不承担供应任何材料的义务。在国内外的建筑工程中都存在这种承包方式。

（3）专项承包

某建设阶段中的某一专门项目的专业性较强,因而多由有关的专业承包单位承包,称为专项承包。例如,可行性研究中的辅助研究项目:勘察设计阶段的工程地质勘察,基础或结构工程设计,工艺设计,供电系统空调系统及防灾系统的设计:建设准备过程中的设备选购和生产技术人员培训；施工阶段的深基础施工，金属结构制作和安装，通风设备安装和电梯安装等。

（4）建设—经营—转让承包

国际上通称 BOT 方式，即建设—经营—转让（build-operate-transfer）的英文缩写。这是 20 世纪 80 年代中后期新兴的一种带资承包方式。一般由一个或几个大承包商或开发商牵头，联合金融界组成财团，就某个工程项目向政府提出建议和申请，取得建设和经营该项目的许可。这些项目一般都是大型公共工程和基础设施，如隧道、港口、高速公路、电厂等。政府若同意建议和申请，则将建设和经营该项目的特许权授予财团。财团负责资金筹集、工程设计和施工的全部工作；竣工后，在特许期内经营该项目，通过向用户收取费用回收投资、偿还贷款并获取利润；特许期满将该项目无偿地移交给政府经营管理。

2. 按承包者所处的地位划分承包方式

在工程承包中，一个建设项目往往有不止一个承包单位。不同承包单位之间、承包单位和建设单位之间的关系不同、地位不同，就形成不同的承包方式。

（1）总承包

一个建设项目建设全过程或其中某个阶段的全部工作，由一个承包单位负责组织实施。这个承包单位可以将若干专业性工作交给不同的专业承包单位去完成，并统一协调和监督它们的工作。在一般情况下，建设单位（业主）仅与这个承包单位发生直接关系，而不与各专业承包单位发生直接关系。该承包单位叫作"总承包单位"，或简称"总包"，通常为咨询公司、勘察设计机构、一般土建公司或设计施工一体化的大建筑公司等。我国新兴的工程承包公司也是总包的一种组织形式。在法律规定许可的范围内，总包可将工程按专业分别发包给一家或多家经营资质、信誉等经业主（发包方）或其监理工程师认可的分包商。

（2）分承包

分承包简称"分包"，是相对总承包而言的，即承包者不与建设单位发生直接关系，而是从总承包单位分包某一分项工程（例如土方模板、钢筋等）或某种专业工程（例如钢结构制作和安装、卫生设备安装、电梯安装等），在现场由总包统筹安排其活动，并对总包负责。分包单位通常为专业工程公司，例如工业钢炉公司、设备安装公司、装饰工程公司等。国际现行的分包方式主要有两种：一种是由建设单位指定分包单位，与总承包单位签订分包合同；一种是总承包单位自行选择分包单位签订分包合同。

（3）联合体承包

联合体承包是相对于独立承包而言的承包方式，即由两个以上承包单位联合起来承包一项工程任务，由参加联合的各单位推荐代表统一与建设单位签订合同、共同对建设单位负责、协调它们之间的关系。参加联合的各单位仍是独立经营的企业，只是在共同承包的工程项目上，根据预先达成的协议承担各自的义务和分享共同的收益，包括资金的投入、人工和管理人员的派遣、机械设备和临时设备的费用分摊、利润的分享及风险的分担等。工程任务完成后联合体进行内部清算而解体。由于多家联合，资金雄厚，技术和管理上可以取长补短，发挥各自的优势，有能力承包大规模的工程任务。同时由于多家共同作价，在报价及投标策略上互相交流经验，也有助于提高竞争力，较易中标。在国际工程承包中，外国承包企业与工程所在国承包企业联合经营，有利于了解和适应当地国情民俗、法规条例，便于工作的开展。

此种方式用联合体的名义与工程发包方签订承包合同,值得注意的是,《建筑法》第二十七条规定:"大型建筑工程或者结构复杂的建筑工程,可以由两个以上的承包单位联合共同承包。共同承包的各方对承包合同的履行承担连带责任。两个以上不同资质等级的单位实行联合共同承包的,应当按照资质等级低的单位的业务许可范围承揽工程。"此规定旨在防止那些资质等级低的施工企业超范围承揽工程项目而使工程质量难以保证。

（4）合作体承包

合作体承包是一种为承建工程而采取的合作施工的承包模式。它主要适用于项目所涉及的单项工程类型多、数量大、专业性强,一家施工企业无力承担施工总承包,而发包方又希望有一个统一的施工协调组织的情形。由各具特色的几家施工单位自愿结合成合作伙伴,成立施工合作体。

（5）独立承包

独立承包是指承包单位依靠自身的力量完成承包的任务而不实行分包的承包方式。它通常仅适用于规模较小、技术要求比较简单的工程以及修缮工程。

（6）直接承包

各承包单位之间不存在总分包关系,各自直接对建设单位负责,现场上的协调工作可由建设单位自己去做,或委托一个承包单位牵头去做,也可聘请专门的项目经理来管理。直接承包也叫"平行式承包"。项目业主把施工任务按照工程的构成特点划分成若干个可独立发包的单元、部位和专业,线性工程(道路、管线、线路)划分成若干个独立标段等,分别进行招标承包。各施工单位分别与发包方签订承包合同,独立组织施工,施工承包企业相互之间为平行关系。

3. 按获得承包任务的途径划分承包方式

（1）计划分配

在计划经济体制下,由中央和地方政府的计划部门分配建设工程任务,由设计、施工单位与建设单位签订承包合同。在我国,这曾是多年来采用的主要方式,改革开放后已为数不多。

工程发承包与
工程招投标的关系

（2）投标竞争

通过投标竞争,优胜者获得工程任务,与业主签订承包合同。这是国际上通用的获得承包任务的主要方式。我国建筑业和基本建设管理体制改革的主要内容之一,就是承包方式从以计划分配工程任务为主逐步过渡到以在政府宏观调控下实行投标竞争为主。

（3）委托承包

也称"协商承包"即不需经过投标竞争,业主直接与承包商协商,签订委托其承包某项工程任务的合同。

（4）指令承包

就是由政府主管部门依法指定工程承包单位。这是一种具有强制性的行政措施,仅适用于某些特殊情况。我国《建设工程招标投标暂行规定》中有"少数特殊工程或偏僻地区的工程,投标企业不愿投标者,可由项目主管部门或当地政府指定投标单位"的条文,实际上带有指令承包的性质。

4. 按合同类型和计价方法划分承包方式

根据工程项目的条件和承包内容,合同和计价方法往往有不同类型。在实践中,合同类型和计价方法成为划分承包方式的主要依据,据此,承包方式分为:总价合同、单价合同、成本加酬金合同等。

总价合同:是指确定一个完成建筑安装工程的总价。承包商按照固定价格来承接某固定工作。如有变更或承包风险等事宜发生,在双方当事人同意下,价格可以变动。

单价合同(计量与估价合同):价格的计算采用双方同意的单位工作量的价格乘以所要求的工作量,单位工作量的价格通常在工程量清单中列出。

成本加酬金合同:广泛地适用于工作范围很难确定的项目,由建设单位向施工单位支付建筑安装工程的实际成本并按事先约定的某一种方式支付酬金的合同。

思 政 案 例

案例 1-3【严禁违法分包,遵守行业规则】

案例背景:甲公司是包含部分园林古建工程的建筑施工承建方,2023 年 2 月,该工程正式开工,进行土石方和桩基施工。2023 年 3 月甲公司和乙公司签订合同,将项目主体结构工程发包给乙公司。同时,乙公司找到张某,约定将与甲公司签订的合同转交给张某实施,随后张某组织工人进场施工。2023 年 6 月,甲公司与张某接触后,又与张某名下的无相关资质的丙公司签订了模板工程分包合同。2023 年 12 月,该项目因工程款纠纷停工。

案例分析:甲公司作为该项目的施工总承包单位,将项目主体结构工程进行分包的行为和将专业工程分包给无相应资质企业的行为均属于违法分包行为。乙公司作为该项目的分包单位,将承包的工程全部转交给张某个人实施的行为属于转包行为。丙公司作为该项目的模板工程施工单位,未取得模板脚手架资质承揽模板专业工程的行为属于无资质承揽工程。

根据《中华人民共和国建筑法》《建设工程质量管理条例》,建设单位应当将工程发包给具有相应资质等级的单位。建设单位不得将建设工程肢解发包。禁止总承包单位将工程分包给不具备相应资质条件的单位。禁止分包单位将其承包的工程再分包。施工单位应当依法取得相应等级的资质证书,并在其资质等级许可的范围内承揽工程。禁止施工单位超越本单位资质等级许可的业务范围或者以其他施工单位的名义承揽工程。禁止施工单位允许其他单位或者个人以本单位的名义承揽工程。施工单位不得转包或者违法分包工程。

思政要点:发包单位在选择承包单位时,必须严格筛选,确保其具备相应的资格和能力,考虑其实力、经验和履约能力等因素,确保其能够满足工程的需求并保证工程的进度和质量安全。违法发包、转包、违法分包及挂靠等都属于违法行为,这些行为不仅违反了法律法规,也容易导致工程质量安全无法得到保障,具体安全责任难以明确和落实,给人们的生命财产安全带来了极大的隐患。为了保障工程质量,维护建筑市场的公平竞争秩序,我们必须坚决打击工程招投标领域的违法行为,维护市场秩序,规范工程发承包模式,营造良好的市场环境,促进建筑行业平稳健康发展。

背景案例

项目名称:××学校新建图书馆工程

××学校新建图书馆工程,已经×发改委批准建设。批准文号为:×发改〔2020〕01号。工程所需资金来源是国有。招标代理机构为××招标代理有限公司,该公司受招标人委托具体负责本工程的招标事宜。

工程地点:××省××市××区××路××号;工程名称:××学校新建图书馆;标段划分:1个标段;工程规模:约2.8万平方米;工程造价:约8 000万元;要求工期:420日历天;要求质量:合格;工程内容:工程量清单所包含的全部工程项目;计划开工时间:2020年9月1日;评标办法及分值设定。

投标人应当具备的必要合格条件:具有独立订立合同的能力;企业未处于被责令停业、投标资格被取消或者财产被接管、冻结和破产状态;企业没有因骗取中标或者严重违约以及发生重大工程质量事故、拖欠农民工工资、行贿受贿等不良行为记录,被有关部门暂停投标资格并在暂停期内的;企业资质类别和等级:房屋建筑工程施工总承包特级(应同时具备机电设备安装工程专业承包壹级资质);注册建造师资质等级:建筑工程专业一级;资格预审申请书的重要内容没有失实或者弄虚作假;企业具备安全生产条件,并取得安全生产合格证;注册建造师无在建工程,或者虽有在建工程,但合同约定范围内的全部施工任务已临近竣工阶段,并已经向原发包人提出竣工验收申请,原发包人同意其参加其他工程项目的投标竞争。

企业及建造师近三年来承担过类似工程(工程规模为:单体建筑面积2万平方米及以上的公共建筑);提供企业注册地基本账户开户许可证;建造师携本人二代身份证到报名现场;投标人必须从法人基本存款账户按时缴纳投标保证金;本工程不接受联合体投标;符合法律、法规规定的其他条件。

报名时需提交:资格预审申请书;企业法人营业执照(副本);企业资质证书(副本);注册建造师注册证书;企业《安全生产许可证》;注册建造师本人《安全生产考核合格证B证》;企业及建造师近三年来(以合同签订日期为准)承担过的类似工程证明材料(中标通知书及施工合同,并同时提供该工程的建设单位名称及所在详细地址、法定代表人姓名及联系电话;该工程监理单位名称、工程所在详细地址、法定代表人姓名及联系电话,总监理工程师姓名及联系电话);提供企业"五大员"名单及相关证明材料(身份证,岗位证书,劳动保险交款证明);中国人民银行颁发的企业基本账户《开户许可证》;本工程缴纳的投标保证金证明。

请申请人于2020年5月10日9时00分至11时00分到××市公共资源建筑工程交易中心一楼大厅(××市××区××路12号)报名,经办人报名时须携带本人二代身份证件和加盖单位公章的介绍信或法人委托书,并于2020年5月30日17时前(双休日除外)到×省×市×区×路1号×大厦1#楼1室购买资格预审文件。

投标保证金的缴纳与退还:投标人须在2020年6月25日投标报名前交纳投标保证金,投标保证金从投标人企业基本账户以银行汇票的方式汇至指导账户。保证金金额为:贰拾万元整。无论任何理由,报名前未交投标保证金的均视为资格预审不合格。

资格预审不合格的投标人于资格预审结束后三日内以电汇方式全额退还至投标人企业基本账户(无息)。资格预审合格的投标申请人,于开标后按照招标文件规定的时间以电汇方式退还至投标人企业基本账户(无息);资格预审合格的投标申请人全部参加本工程的投标。

招标人:××学校

招标人地址:××省××市××区××路××号

联系人:苏××

电话(传真):0516 - 87654321

招标代理机构:××招标代理有限公司

招标代理机构地址:××省××市××区××路××号

联系人:李××

电话(传真):0516 - 12345678

▶ 技能训练 ◀

任务解析

任务 1

1. 任务目标

通过技能训练环节,理解招标投标工作的意义,对招标投标活动有一个全面理解,与实际工作岗位相对接。

2. 工作任务

2001 年 7 月 13 日,北京赢得了 2008 年奥运会的承办权,全国人民无不欢欣鼓舞,对于企业来说,这是一个巨大的商机。北京奥运会基础设施建设,投资金额高达 1 300 多亿元。怎样(采用什么方法,什么方式)把这 1 300 亿合理高效的用于奥运会基础设施的建设呢?这是摆在我国政府面前的一个大问题。北京申办奥运会时承诺"要举办奥运会历史上最出色的一届奥运会",这就对我国基础设施建设提出了较高的要求。北京申奥委决心"要集世界人类文明的智慧,共同筹办奥运会"怎么能在中国实现世界人类的文明集合呢?最终,国家采用了国际公开招标的方式,面向全球确定奥运会基础设施建设的项目法人。

仔细阅读上述案例,并完成以下问题:

(1) 为什么在这么重大的工程上,国家乃至全世界、全球选择了招标投标的方式呢?

(2) 招标投标到底是一种什么样的制度呢?

任务2

1. 任务目标

通过技能训练环节,理解建筑市场的概念、作用、主体与客体等知识点,对公共资源交易市场有一个全面理解,与实际工作岗位相对接。

2. 工作任务

武汉市建设工程交易中心是经武汉市人民政府批准设立的进行建设工程招标投标的有形建筑市场,是武汉市开发建设项目管理集中办公的窗口。交易中心隶属于武汉市建设委员会,内设报建登记部、网络信息部、交易管理部、综合管理部、办公室。

交易中心现有交通、园林、铁路、水务、人防、散装水泥、工商、城管、房地产等建设行政主管部门派出的管理机构,以上各管理机构、市建筑管理各部门、七个城区招标办在一楼交易大厅实行"一站式"办公;有招标代理机构、银行、律师事务所、工程造价咨询公司、物业管理公司等中介服务机构驻场办公;武汉市人民政府执法监察办公室驻场办公。

交易中心以"中国武汉建设网"为主要交易平台,以"面向社会、服务企业"为宗旨,开发了建设工程招标投标电子网络交易所需的12个子系统,建立了较为完整的信息数据库,提供法定的建设工程招标投标软件程序,使各交易主体可以随时查阅建设工程交易信息、了解建设领域的政策法规和大事要事、进行建设工程网上投标报名等。其建筑市场监管信息系统正在加紧建设。

交易中心有5 700 m²的固定交易场所和完善的网络信息查询系统,分为信息查询区、一站式办公区、寻标区、候标区、中介服务区等。交易大厅有两个3 m×4 m的电子显示屏,可容纳100多人开标;二楼有8个评标室,30多个办公室,内设中央空调。交易中心有60多名员工,可以提供一系列优良的物业服务。

仔细阅读上述案例,并完成以下问题:

(1)你如何理解公共资源交易中心的主要职责?

(2)请查询所在地的法定招标公告与招标信息发布媒介?

▶ 项目小结 ◀

工程招标投标是业主通过公开竞争的方式选择承担企业的主要方式。实行建设项目的招标投标是我国建筑市场趋向规范化、完善化的重要举措,对于择优选择承包单位、全面降低工程造价,进而使工程造价得到合理有效的控制,具有十分重要的意义。通过本项目的学习,学生可以了解我国招标投标发展历程、熟悉招标投标的概念、作用及法律体系,掌握建筑市场的概念、特征、主体与客体,掌握工程发承包的概念、内容及方式。

[在线答题]•项目1
建设工程招投标基础知识

项目2 建设工程招标准备

知识目标

1. 掌握建设工程招标范围、种类、组织方式及招标方式；
2. 熟悉招标准备工作及招标策划的编制；
3. 了解建设项目报建、招标申请及备案；
4. 掌握招标公告和投标邀请书的编制。

能力目标

1. 能够选择招标方式与招标策划；
2. 能够完成建设项目备案与登记；
3. 能够编制招标公告与投标邀请书。

素质目标

1. 培养学生严格遵守国家法律法规意识，学习行业规则，养成良好的职业道德素养；
2. 培养学生认真负责的工作态度和诚实守信的工作作风，严格招标投标程序，维护交易市场秩序。

思维导图

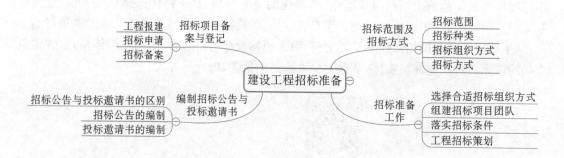

**案例导入**

　　某市一项重点工程项目计划于2020年9月28日开工,由于工程复杂,技术难度高,一般施工队伍难以胜任,业主自行决定采取邀请招标方式。于2020年6月18日向A、B、C、D、E五家施工承包企业发出了投标邀请书。

　　➤思考:1. 该业主是否可以自行招标呢?
　　　　　　2. 业主采取邀请招标方式的做法是否妥当?

任务一　招标范围及招标方式

一、招标范围

1. 强制招标的范围

《招标投标法》和《必须招标的工程项目规定》(国家发改委第16号令)均对强制招标的范围做了非常明确的规定。

思政·招标
范围和方式

(1)《招标投标法》规定

《招标投标法》第三条规定,在中华人民共和国境内进行下列工程建设项目,包括项目的勘察、设计、施工、监理以及与工程建设有关的重要设备、材料等的采购,必须进行招标:

招标范围

① 大型基础设施、公用事业等关系社会公共利益、公众安全的项目。

② 全部或者部分使用国有资金投资或者国家融资的项目。

③ 使用国际组织或者外国政府贷款、援助资金的项目。

(2)《必须招标的工程项目规定》(国家发改委第16号令)规定 1

依据《必须招标的工程项目规定》(国家发改委第16号令)第二条至第四条的规定,各类项目的具体内容如下:

① 全部或者部分使用国有资金投资或者国家融资的项目

全部或者部分使用国有资金投资或者国家融资的项目包括:

使用预算资金200万元人民币以上,并且该资金占投资额10%以上的项目;

使用国有企业事业单位资金,并且该资金占控股或者主导地位的项目。

② 使用国际组织或者外国政府贷款、援助资金的项目

使用国际组织或者外国政府贷款、援助资金的项目包括:

使用世界银行、亚洲开发银行等国际组织贷款、援助资金的项目;

使用外国政府及其机构贷款、援助资金的项目。

③ 大型基础设施、公用事业等关系社会公共利益、公众安全的项目

不属于前两条规定情形的大型基础设施、公用事业等关系社会公共利益、公众安全的项目,必须招标的具体范围由国务院发展改革部门会同国务院有关部门按照确有必要、严格限定的原则制订,报国务院批准。

（3）《必须招标的工程项目规定》（国家发改委第 16 号令）规定 2

《必须招标的工程项目规定》（国家发改委第 16 号令）对必须招标项目的规模标准也做了明确的规定。其第五条规定，本规定第二条至第四条规定范围内的项目，其勘察、设计施工、监理以及与工程建设有关的重要设备、材料等的采购，达到下列标准之一的，必须进行招标：

① 施工单项合同估算价在 400 万元人民币以上；

② 重要设备、材料等货物的采购，单项合同估算价在 200 万元人民币以上；

③ 勘察、设计、监理等服务的采购，单项合同估算价在 100 万元人民币以上。

同一项目中可以合并进行的勘察、设计、施工、监理以及与工程建设有关的重要设备、材料等的采购，合同估算价合计达到前款规定标准的，必须招标。

2. 可以不进行招标的建设工程项目

在实际操作过程中，有些项目虽然属于强制招标的范围，但因存在时间、保密等限制，允许采用非招标的方式进行发包。《招标投标法》第六十六条、《招标投标法实施条例》第九条、《工程建设项目施工招标投标办法》第十二条均对可以不招标的项目范围做出了具体规定。

（1）《招标投标法》规定

《招标投标法实施条例》规定：涉及国家安全、国家秘密、抢险救灾或者属于利用扶贫资金实行以工代赈、需要使用农民工等特殊情况，不适宜进行招标的项目，按照国家有关规定可以不进行招标。

（2）《招标投标法实施条例》规定

《招标投标法实施条例》规定可以不进行招标的情况如下：

① 需要采用不可替代的专利或者专有技术的。

② 采购人依法能够自行建设、生产或者提供的。

③ 已通过招标方式选定的特许经营项目投资人依法能够自行建设、生产或者提供的。

④ 需要向原中标人采购工程、货物或者服务，否则将影响施工或者功能配套要求的。

⑤ 国家规定的其他特殊情形。

二、招标种类

1. 按工程建设程序分类

按工程建设程序，工程招标可分为建设项目前期咨询招标

1. 招标程序
2. 招标程序案例

投标、勘察设计招标、材料设备采购招标、工程施工招标。

2. 按工程项目承包的范围分类

按工程项目承包的范围，工程招标可分为项目全过程总承包招标、工程分承包招标、专项工程承包招标。

3. 按行业或专业类别分类

按行业或专业类别，工程招标可分为土木工程招标、勘察设计招标、货物采购招标、安装工程招标、建筑装饰装修招标、生产工艺技术转让招标。

4. 按工程发承包模式分类

按工程发承包模式,工程招标可分为工程咨询招标、交钥匙工程招标、设计施工招标、设计管理招标、BOT 工程招标。

5. 按工程是否具有涉外因素分类

按工程是否具有涉外因素,工程招标可分为国内工程招标投标和国际工程招标投标。

三、招标组织方式

招标组织形式可分为自行招标和委托代理招标。

1. 自行招标

自行招标指的是招标人自行办理招标公告、资格预审公告、投标邀请、编制资格预审文件和招标文件、对资格预审文件和招标文件进行澄清说明、组织开标、组建评标委员会、评标、定标等全过程招标事项。

招标人是法人或者依法成立的其他组织;有与招标工程相适应的经济、技术、管理人员;组织编制招标文件的能力;有审查投标单位资质的能力;有组织开标、评标、定标的能力时,可以自行招标。

《招标投标法》规定,招标人自行招标应当具备编制招标文件和组织评标的能力,并向有关行政监督部门备案。

招标人具备编制招标文件和组织定标的能力,具体是指:

(1) 具备项目法人资格(或者法人资格);

(2) 具有与招标项目规模和复杂程度相适应的技术、经济、管理等方面的专业技术人员;

(3) 有从事同类工程建设项目招标的经验;

(4) 拥有 3 名及以上取得招投标职业资格的专职招标业务人员;

(5) 熟悉和掌握招标投标法及有关法律规范。

依法必须进行施工招标的工程,招标人自行办理施工招标事宜的,应当具有编制招标文件和组织评标的能力:

(1) 有专门的施工招标组织机构;

(2) 有与工程规模、复杂程度相适应并具有同类工程施工招标经验、熟悉有关工程施工招标法律法规的工程技术、概预算及工程管理的专业人员。

不具备上述条件的,招标人应当委托具有相应资格的工程招标代理机构代理施工招标。

2. 委托代理招标

根据原国家计委令第 5 号规定,不具备自行招标条件的业主,必须委托招标代理机构组织招标。

委托代理招标是指招标人委托专业代理机构组织招标投标活动。招标代理机构是依法设立、从事招标代理业务并提供相关服务的社会中介组织,应当具备从事招标代理业务的营业场所和相应资金;有能够编制招标文件和组织评标的相应专业力量。

不具备自行招标能力的招标人应当委托招标代理机构办理招标事宜。具备自行招标能力的招标人也可以将全部或部分招标事宜委托招标代理机构办理,但任何单位和个人不得为招标人指定招标代理机构。

四、招标方式

根据《招标投标法》,招标方式分公开招标和邀请招标两种。

招标方式

1. 公开招标

公开招标,又称为无限竞争招标,是指招标人以招标公告的方式邀请不特定的法人或者其他组织投标。

（1）公开招标范围

《招标投标法》规定：

① 国家重点建设项目；

② 地方重点建设项目；

③ 全部使用国有资金投资或者国有资金投资占控股或者主导地位的工程建设项目。

《招标投标法实施条例》规定：国有资金占控股或主导地位的依法必须进行招标的项目,应当公开招标。

在我国,凡属招标范围的工程项目,一般要求必须要采用公开招标的方式。

（2）公开招标的优缺点

公开招标是最具竞争性的招标方式,其参与竞争的投标人数量最多,只要符合相应的资质条件且投标人愿意便可参加投标,竞争程度最为激烈；业主有较大的选择余地,有利于降低工程造价,提高工程质量和缩短工期；公开招标程序最严密、最规范,有利于招标人防范风险,保证招标的效果,有利于防范招标投标活动操作人员和监督人员的舞弊现象。

其缺点是由于投标的承包商多,招标工作量最大,组织工作复杂,需投入较多的人力、物力,招标过程所需时间较长,因而此类招标方式主要适用于投资额度大,工艺、结构复杂的较大型工程建设项目。

2. 邀请招标

邀请招标,又称为有限竞争招标,是指招标人以投标邀请书的方式邀请特定的法人或其他组织投标。

邀请招标不发布招标公告,发包人根据自己的经验和掌握的信息资料,向三家及以上具备承担施工招标项目的能力、资信良好的特定的法人或者其他组织发出投标邀请书。收到邀请书的单位有权利选择是否参加投标。

（1）邀请招标范围

《工程建设项目施工招标投标办法》第十一条规定,依法必须进行公开招标的项目,有下列情形之一的,可以邀请招标：

① 项目技术复杂或有特殊要求,或者受自然地域环境限制,只有少量潜在投标人可供选择；

② 涉及国家安全、国家秘密或者抢险救灾,适宜招标但不宜公开招标；

③ 采用公开招标方式的费用占项目合同金额的比例过大。

全部使用国有资金投资或者国有资金投资占控股或者主导地位的并需要审批的工程建设项目采用邀请招标的,应当经项目审批部门批准,但项目审批部门只审批立项的,由有关行政监督部门审批。

国务院发展计划部门确定的国家重点项目和省、自治区、直辖市人民政府确定的地方重点项目不适宜公开招标的,经国务院发展计划部门或者省、自治区、直辖市人民政府批准,可以进行邀请招标。

（2）邀请招标优缺点

邀请招标优点是邀请目标有限,信息不称造成影响较小,招标成本小。

缺点是邀请招标选择投标人的范围和投标人竞争的空间有限,具有一定排斥性,不利于投标人的充分竞争,达不到预期的中标价格。

3. 公开招标与邀请招标的区别

表 2-1　公开招标与邀请招标的区别

序　号	项　目	公开招标	邀请招标
1	发布信息方式	招标公告的形式	投标邀请书的形式
2	选择的范围	所有潜在投标人	招标人邀请的有限投标人
3	竞争的范围	竞争范围广	竞争范围有限
4	公开的程度	信息完全公开	信息公开程度有限
5	时间和费用	时间长、费用高	时间短、费用低

思政案例

案例2-1【规避招标,终露马脚】

案例背景:事件1. 某行政事业单位正在组织基本建设项目招标,本项目在报上级批准的工程可行性研究报告中,招标工作方案土建部分共一个标段,概算600万,但在具体招标中,该单位基建负责人张某擅自变更招标工作方案,将本不可分割的600万整体工程划分为两个标段,一个410万,一个190万,并以190万的标段均未达到国家发展和改革委员会《必须招标的工程项目规定》施工标400万限额为由,未进行公开招标,而是通过竞争性谈判确定了施工单位。事件2. 某行政事业单位在组织基本建设项目设计招标时,标段估算130万,基建部门负责人雷某提出,"这个项目工期太紧,公开招标公告、备案所需时间太长,就直接邀请3家单位来参与下。"随后,该项目通过发送投标邀请函的形式,邀请特定的3家设计单位参与投标,并选择评分最高的单位作为中标单位。

案例分析:根据《招标投标法》,招标方式分公开招标和邀请招标两种。依法必须进行招标的项目,以公开招标为原则,只有存在符合规定的不适宜公开招标的特殊情形时,才可以采取邀请招标。招标人将整体不可分割的单个工程强行拆分,通过划分标段规避招标,属于违法违规行为,直接负责的主管人员和其他直接责任人员将有可能被追究相应的责任。应当公开招标而采用邀请招标的,属于违规行为,相关责任人将可能受到责任追究。

思政要点：招投标领域因其广泛的覆盖面和复杂的环节，以及政策专业性强的特点，历来是腐败问题易发高发的领域。近年来，尽管招投标相关制度得到了不断完善，招投标工作也逐步趋于规范，但仍有利用公权力谋取私利的情况在招投标过程中发生。对此，我们必须引以为戒，加强对招标投标法等相关法律法规的学习，树立法治思维观念，严格按规定程序操作，遵守规章制度，以确保不发生任何违规违纪违法行为。

▶ 任务二　招标准备工作 ◀

建设工程项目进行招标前，招标人必须做好准备工作，招标准备工作包括判断招标人资格能力、落实招标基本条件、确定招标组织形式和编制招标策划方案。

一、选择合适招标组织方式

组织招标投标活动是一项专业技术要求比较高的工作，选择合适的招标组织形式是成功组织实施招标工作的前提。

招标人资格

招标人应根据相应法规规定，结合实际情况选择自行招标，还是委托招标。招标人自行招标的，应具有编制招标文件和组织评标的能力；自行招标工作的规范和成效会受到招标人的专业技术水平以及公正意识的影响。因此，即使招标人具有一定的自行招标能力，也应鼓励优先采用委托招标。

二、组建招标项目团队

根据项目实际情况、招标方式等，合理配备专业人才，组建招标项目团队，分解各员工的工作职责和权限。

三、落实招标条件

按照《招标投标法》及有关规定，招标项目按照国家有关规定需要履行项目审批、核准及备案手续的，应当先履行有关手续。

根据《房屋建筑和市政基础设施工程施工招标投标管理办法》，依法必须招标的工程建设项目，应当具备下列条件，才能进行施工招标：

（1）按照国家有关规定需要履行项目审批手续的，已经履行审批手续；

（2）工程资金或者资金来源已经落实；

（3）有满足施工招标需要的设计文件及其他技术资料；

（4）法律、法规、规章规定的其他条件。

根据《工程建设项目施工招标投标办法》，依法必须招标的工程建设项目，应当具备下列条件才能进行施工招标：

（1）招标人已经依法成立；

（2）初步设计及概算应当履行审批手续的，已经批准；

（3）有相应资金或资金来源已经落实；

（4）有招标所需的设计图纸及技术资料。

四、工程招标策划

工程招标策划是指建设单位及其委托的招标代理机构在准备招标文件前，根据工程项目特点及潜在投标人情况等制定科学、合理的招标方案，有效指导招标工作的有序实施。

施工招标策划主要包括施工标段划分、招标方式及范围、招标进度计划安排、合同计价方式及合同类型选择等内容。

1. 确定项目概况、项目特征及需求

查阅项目审批的有关文件和资料，了解掌握项目的基本情况，既要掌握项目基本概况和需求信息，还要分析市场供求状况。

（1）项目概况

主要介绍工程建设项目的名称、用途、建设地址、项目业主、资金来源、规模、标准、主要功能等基本情况；工程建设项目投资审批、规划许可、勘察设计及其相关核准手续等有关依据，已经具备落实的各项招标条件；施工进度、质量、投资、环保、安全等方面的要求。

（2）项目特征及需求

包括项目基本特征、投资性质、工程的管理和承包方式、工程内部构造和外部条件、工程的专业和规模等内容。

2. 确定招标范围、内容及招标方式

了解项目进展和所处阶段，如决策调研、规划设计、项目批复等，依据法律和有关规定确定招标项目的主要内容、范围及方式。

工程招标内容、范围应正确描述工程建设项目数量与边界、工作内容、施工边界条件等。

依法必须进行招标的项目，招标人应当按核准的招标方式进行招标，核准为公开招标的，必须进行公开招标；政府采购项目当采购金额达到公开招标限额标准的，必须公开招标；没有达到公开招标限额标准的，可以公开招标，也可以按照规定选择其他适当的采购方法；对于其他项目，适合于公开招标的应尽量选择公开招标方式。

3. 合理划分项目标段

工程建设项目全寿命周期中，影响标段划分的因素有很多，应根据工程项目的内容、规模和专业复杂程度确定招标范围，合理划分标段。

划分施工标段时，应考虑的因素包括：工程特点、对工程造价的影响、承包单位专长的发挥、工地管理等。在考虑划分施工标段时，既要考虑不会产生各承包单位施工现场的布置交叉干扰，又要注意各承包单位之间在空间和时间上的进度衔接。

施工标段的划分

如果工程场地集中、工程量不大、技术不太复杂，由一家承包单位总包易于管理，则一般不分标。同时便于劳动力、材料、设备的调配，因而可得到交底造价。

但对于大型、复杂的工程项目，工地场面大、工程量大，对于对承包单位的施工能力、施工经验、施工设备等有较高特殊要求，则应考虑划分为若干标段。

除上述因素外，还有许多其他因素影响施工标段的划分，如建设资金、设计图纸供应等。

4. 确定投标人资格条件

按照招标项目及其标段的专业、规模、范围与承包方式有关行业企业资质管理规定；通过类似项目历史资料、实地调查等，结合市场情况分析预判有兴趣的潜在投标人的规模、数量、承担招标项目的能力、资质、类似业绩等有关信息，并确定相应资质标准，对财产状况及近年来违法行为、安全事故发生情况进行明确。

5. 确定招标顺序

工程施工招标前应首先安排相应工程的项目管理、工程设计、监理或设备监造招标，为工程施工项目管理奠定组织条件。工程施工招标顺序应按工程设计、施工进度的先后次序和其他条件，以及各单项工程的技术管理关联度安排工程招标顺序。

根据工程施工总体进度顺序确定工程招标顺序。一般是：施工准备工程在前，主体工程在后；制约工期的关键工程在前，辅助工程在后；土建工程在前，设备安装在后；结构工程在先，装饰工程在后；制约后续工程在前，紧前工程在后；工程施工在前，工程货物采购在后，但部分主要设备采购应在工程施工之前招标，以便据此确定工程设计或施工的技术参数。工程招标的实际顺序应根据工程施工的特点、条件和需要安排确定。

6. 编制招标工作目标、计划及时间安排

工程招标工作目标和计划应该依据招标项目的特点和招标人的需求、工程建设程序、工程总体进度计划和招标必需的顺序编制，特别要注意法律法规强制性时间要求。应当包括招标工作的专业性、规范性要求；招标各阶段工作内容、工作起止时间要求等目标。

大型工程建设项目，往往在制定单位工程招标方案前，已经制定了整个工程建设项目分类、分阶段招标规划；中小型工程仅需要编制单项工程招标方案的工作计划。

7. 合同类型的选择

施工合同有多种类型。合同类型不同，合同双方的义务和责任不同，各自承担的风险也不尽相同。

根据招标工程的特点和招标人采纳的计价方式，合同类型一般有：固定总价合同、固定单价合同、可调价合同（包括可调单价和总价）、成本加奖励合同。

建设单位应综合考虑工程项目的复杂程度、设计深度、施工技术先进程度、施工工期紧迫程度等因素来选择适合的合同类型。

对于一个工程建设项目而言，采用何种合同类型需要结合项目的实际情况变动，并不是一成不变的。在同一个工程项目中不同的阶段和程序，可以采用不同类型的合同。在进行招标策划时，必须依据实际情况，权衡利弊，做出最佳决策。

思政案例

案例2-2【港珠澳大桥：新世界七大奇迹】

案例背景：港珠澳大桥是"一国两制"框架下、粤港澳三地首次合作共建的超大型跨海通道，全长55公里，设计使用寿命120年，总投资约1200亿元人民币。大桥于2003年8月启动前期工作，2009年12月开工建设，筹备和建设前后历时达十五年，于2018年10月开通营运。港珠澳大桥被称为"新世界七大奇迹"，是技术最复杂、施工难度最大、工程

规模最庞大的桥梁；它拥有世界上最长的海底隧道（沉管海底隧道），全长 6.7 公里，由 33 节沉管对接而成，每一节重达 8 万吨；大桥建设者们创造了"一年十管"的中国速度，"半个月内连续安装两节沉管"，"最终接头毫米级偏差"，创造了众多震撼人心的世界纪录。

案例分析: 港珠澳大桥各项目的招标特点是涉及专业范围广、标段划分复杂、招标类型较多、三地共建共管、审查审批层次多等，其招标文件编制工作流程严格按照相对统一的指导路径。

思政要点: 习近平总书记强调，"港珠澳大桥的建设创下多项世界之最，非常了不起，体现了一个国家逢山开路、遇水架桥的奋斗精神，体现了我国综合国力、自主创新能力的进一步提升，体现了勇创世界一流的民族志气。这是一座圆梦桥、同心桥、自信桥、复兴桥。大桥建成通车，进一步坚定了我们对中国特色社会主义的道路自信、理论自信、制度自信、文化自信。"通过案例，希望同学们既要脚踏实地，认真做好每一件小事，又要仰望星空，胸怀远大理想，为实现中华民族伟大复兴的中国梦而努力奋斗。

▶ 任务三　招标项目备案与登记 ◀

一、工程报建

工程建设项目的可行性研究报告或其他立项批准文件或年度投资计划下达后，由建设单位或其代理机构按照《工程建设项目报建管理办法》规定具备条件的，须向当地建设行政主管部门或其授权机构报建审查登记，交验工程项目立项的批准文件。

凡未报建的工程建设项目，不得办理招投标手续和发放施工许可证，设计、施工单位不得承接该项工程的设计和施工任务。

1. 工程报建范围及内容

工程项目报建范围包括各类房屋建筑（包括新建、改建、翻建、大修等）、土木工程、设备安装、管道线路敷设、装饰装修工程等建设工程。

工程项目报建内容，应包括工程名称、建设地点、投资规模、资金来源、当年投资额、工程规模、开工、竣工日期、发包方式、工程筹建情况。

2. 工程报建程序

（1）建设单位到建设行政管理部门或其授权机构领取《建设工程项目报建表》并填写；

（2）将登记表报送建设单位部门审核、签署意见；

（3）向建设行政管理部门报送登记表并交验立项批准文件和建设工程规划许可证、土地使用证、投资许可证及资金证明；

（4）建设行政管理部门或其代理机构审核签署意见后，发放建设单位项目登记表，进入施工图文件审查程序。

3. 工程报建资料

办理工程报建时应交验的文件资料：

（1）立项批准文件或年度投资计划；

（2）固定资产投资许可证；

（3）建设工程规划许可证；

（4）资金证明。

二、招标申请

建设单位在完成施工招标准备工作后，需要向建设项目所在地招标投标管理机构提出申请，在获得批准后按照规定程序发布招标公告。

建设单位或招标代理机构填写《建设工程招标申请表》，报送向建设项目所在地的招投标管理机构；招投标管理机构审查建设单位申请资料，审核审批。申请未被批准的，需根据核查的问题及时补充完善，重新申报，直到审批通过。

招标申请表的主要内容包括：工程名称、建设地点、招标建设规模、结构类型、招标范围、招标方式、要求企业等级、前期施工准备情况（土地征用、拆迁情况、勘察设计情况、施工现场条件等）、招标机构组织情况等。

三、招标备案

备案制是指凡企业不使用政府性资金，又不属于应当核准的重大项目和限制类项目的投资建设的项目，由投资企业向投资主管部门申请备案，投资主管部门对除不符合法律法规的规定、产业政策禁止发展、需报政府核准或审批的项目外的项目予以备案的投资管理制度。

招标备案是招标投标活动过程中的一种监督管理的制度，包括事前、事中及事后备案。招标备案是行政监督部门对招标投标活动及其当事人依法实施有效监督的主要形式，可以及时发现和纠正国家投资的工程建设项目的招标投标中存在的违法违规行为和事件；能进一步规范招标投标活动的各项规范措施，有效的维护国家及其当事人各方利益；对项目招标的合法性、程序性进行有效的监督，保证其法律有效性。

1. 招标备案相关规定

《招标投标法》第十二条第三款规定：依法必须进行招标的项目，招标人自行办理招标事宜的，应当向有关行政监督部门备案。

《施工招标投标管理办法》第十二条规定：招标人自行办理施工招标事宜的，应当在发布招标公告或者发出投标邀请书的 5 日前，向工程所在地县级以上地方人民政府建设行政主管部门备案。

招标人不具备自行办理施工招标事宜条件的，建设行政主管部门应当自收到备案材料之日起 5 日内责令招标人停止自行办理施工招标事宜。

按照《住房和城乡建设部关于修改部分部门规章的决定》（住建部令 2019 年第 47 号），"招标人应当在招标文件发出的同时，将招标文件报工程所在地的县级以上地方人民政府建设行政主管部门备案，但实施电子招标投标的项目除外"。

为推进工程建设项目审批制度改革，住房和城乡建设部于 2019 年 3 月 18 日发文对《建筑工程方案设计招标投标管理办法》（建市〔2008〕63 号）修改，取消工程方案设计招标备案，其招标公告或投标邀请函及招标文件，不再报项目所在地建设主管部门备案，简化了行政手续,充分体现简政放权,放管结合优化服务,贯彻"放管服"改革要求。

2. 招标备案的要求

工程建设项目按投资主体划分,分为国家投资的工程建设项目和非国家投资的工程建设项目,每类项目有每类项目的备案要求。

(1) 国家投资的工程建设项目备案

国家投资的工程建设项目备案要求是:

① 招标公告或者资格预审;

② 招标文件包括资格预审文件和资格预审结果;

③ 评标报告;

④ 中标通知书;

⑤ 承包合同;

⑥ 招标委托代理合同(用于委托招标的项目)。

对以上备案材料和备案时间要求,各地方政府部门不尽相同,在递交备案材料时应按当地政府部门的规定进行。

(2) 非国家投资的工程建设项目备案

非国家投资的工程建设项目备案的要求,可参照国家投资项目招标备案要求执行,一般情况下:

① 可依据有关行政主管部门要求减少备案内容;

② 可采用事后备案方式进行备案。

3. 招标备案的材料

根据上述规定,招标人自行办理招标事宜的,应当在发布招标公告或发出投标邀请书5日前,向工程所在地县级以上地方人民政府建设行政主管部门备案,并报送下列材料:

(1) 国家有关规定办理审批手续的各项批准文件;

(2) 专门的施工招标组织机构和与工程规模、复杂程度相适应并具有同类工程施工招标经验、熟悉有关工程施工招标法律法规的工程技术、概预算及工程管理的专业人员的证明材料,包括专业技术人员的名单、职称证书或者执业资格证书及其工作经历的证明材料;

(3) 法律、法规、规章规定的其他材料。

思 政 案 例

案例 2-3【招标项目备案与登记的重要性】

案例背景:某市新建一项重要的基础设施高速公路项目建设,总投资额为3亿元。在项目筹备阶段,建设单位未向当地招标投标管理办公室进行招标文件备案,也未向综合招投标交易中心进行登记。而是通过私下协商的方式与一家承包商达成协议,并签订了合同。在项目实施过程中,由于缺乏有效的监管和管理,项目的质量、进度和成本等方面都出现了问题。承包商不断提出额外的费用要求和工期延误的索赔,导致项目的成本不断攀升。

案例分析：由于未按照规定进行招标项目备案与登记，建设单位无法通过法律途径维护自己的权益。同时，由于缺乏有效的监管和管理，项目的质量和安全也存在着较大的隐患。最终，建设单位不得不承担了额外的成本和风险，并遭受了声誉上的损失。招标项目备案与登记是招标过程中的重要环节，它们确保了招标文件的合法性和合规性，避免了潜在的风险，为项目的成功实施奠定了基础。

思政要点：在工程招投标过程中，招标人、投标人都需要具备相应的资质和能力，并遵守法律法规和标准规范的要求。任何试图绕过招标程序的行为都可能导致严重的后果，如声誉损失、法律纠纷和经济损失等，招投标从业人员应该严格遵守招投标程序，按工程流程办事。

▶ 任务四　招标公告与投标邀请书的编制 ◀

招标公告和投标邀请书的内容、编制水平直接影响各潜在投标人对招标文件的理解和投标文件的编制。

思政·招标公告与
投标邀请书编制

一、招标公告和投标邀请书的区别

1. 适用范围不同

《招标投标法》第十六条：招标人采用公开招标方式的，应当发布招标公告。招标公告是在公开招标中使用的、希望符合一定条件的主体了解招标事项，并通过公开媒介发布的法律文件。

采用邀请招标方式的项目进行招标时，应向三个以上具备承担招标项目的能力、资质信誉良好的特定的法人或者其他组织发出投标邀请的通知。

2. 作用不同

招标公告让所有潜在投标人都能获得招标信息，方便进行项目的筛选，参与竞争。对于招标人来说，选择最多，可以节约成本或投资，降低造价，缩短工期或交货期，确保工程或商品项目质量，促进经济效益的提高。

投标邀请书是招标人预选对投标人进行审查基础上，对少数具备承担施工招标项目的能力、资信良好的特定的法人或者其他组织发出的，针对性更强，可以有效地保证投标人的质量和工程质量。

二、招标公告的编制

1. 招标公告的内容

1. 招标公告的内容
2. 招标公告编制案例

招标公告内容应当真实、准确和完整，应当载明招标人的名称和地址、招标项目的性质、数量、实施地点和时间以及获取招标文件的办法等事项。

（1）招标单位或招标人名称和代理人名称

招标人是依照《招标投标法》规定提出招标项目、进行招标的法人或者其他组织。

① 法人或者其他组织必须有自己的名称；

② 法人或者其他组织的名称是一个法人或者组织与其他民事主体相互区分的重要标志；

③ 法人或者其他组织以其主要办理机构所在地为住所；

④ 法人或者其他组织的地址一般是其住所所在地，且招标人的名称和地址在法律上较重要，委托招标代理机构进行招标的，还应注明机构的地址和名称等。

（2）招标项目的性质、内容、规模、资金来源

① 确定招标项目的性质及专业，是属于基础设施，或使用国有资金投资的项目，还是利用国际组织或外国政府贷款、援助资金的项目；专业是土建工程招标，设备采购招标，还是勘察设计等服务性质的招标。

② 招标规模、数量及其内容。

③ 财政预算投资、自筹资金投资、利用有价证券市场筹措建设资金或国际金融组织贷款等。

（3）项目实施的工期和地点

① 招标项目开始实施时间，设备、材料等货物的交货期，工程施工期，服务的提供时间或项目的完工时间等。

② 确定招标项目的位置，材料或设备的供应地点以及土建工程的服务的提供地点，建设地点等。

（4）投标资格的标准

要成为合格投标人，还必须满足两项资格条件，一是国家有关规定对不同行业及不同主体的投标人资格条件；二是招标人根据项目本身要求，在招标文件或资格预审文件中规定的投标人资格条件。《工程建设项目施工招标投标办法》第20条规定了投标人参加工程建设项目施工投标应当具备5个条件：

① 具有独立订立合同的权利。

② 具有履行合同的能力，包括专业、技术资格和能力，资金、设备和其他物质设施状况，管理能力，经验、信誉和相应的从业人员。

③ 没有处于被责令停业，投标资格被取消，财产被接管、冻结，破产状态。

④ 在最近三年内没有骗取中标和严重违约及重大工程质量问题。

⑤ 法律、行政法规规定的其他资格条件。

（5）获取招标文件的办法

招标文件的获取方式，需要在招标邀请中明确，包括是否缴纳投标保证金、招标文件的领取方式、时间、地点、招标文件售价等。

招标文件的获取方式，可在当地政府招投标网站中下载或联系招标代理机构购买等。对于投标保证金的缴纳，最常规的做法是当面领取并同时缴纳投标保证金，如果是电汇投标保证金，但无法到现场领取招标文件，则可以采用邮寄、电邮等方式给予其招标文件。

（6）时间安排

① 投标书递交地点及投标截止时间。

② 开标日期、时间和地点。

（7）联系方式

招标人和招标代理人的地址、联系人及其电话、传真等。

（8）其他

三、招标公告的发布

招标公告和公示信息
发布管理办法

为了规范招标公告发布行为，保证潜在投标人平等、便捷、准确地获取招标信息，强制招标项目招标公告的发布要满足以下要求。

1. 对招标公告发布的监督

国家发展计划委员会根据国务院授权，按照相对集中、适度竞争、受众分布合理的原则，指定发布依法必须招标项目招标公告的报纸、信息网络等媒介（以下简称指定媒介），并对招标公告发布活动进行监督。

国家鼓励利用信息网络进行电子招投标，依法必须公开招标的项目的招标公告，必须通过国家指定的报刊、信息网络或者其他媒介发布，指定媒介的名单由国家发展计划委员会另行公告。

2. 对招标人的要求

依法必须招标项目的招标公告和公示信息，除依法需要保密或涉及商业秘密的内容外，应当按照公益服务、公开透明、高效便捷、集中共享的原则，依法向社会公开，任何单位和个人不得非法限制招标公告的发布地点和发布范围。

招标人或其委托的招标代理机构发布招标公告，应当向指定媒介提供营业执照（或法人证书）、项目批准文件的复印件等证明文件。

招标人或其委托的招标代理机构在两个以上媒介发布的同一招标项目的招标公告的内容应当相同。

3. 对指定媒介的要求

按照《招标投标法》规定，依法必须招标项目的投标公告应当在国家指定的媒介发布。对不是必须招标的项目，招标人可以自由选择招标公告的发布媒介。

（1）指定媒介

目前，各级政府指定发布招标公告的媒介很多，主要有：

① 经国务院授权由原国家计委指定招标公告的发布媒介

指定媒介有《中国日报》《中国经济导报》《中国建设报》"中国采购与招标网"（http//www.chinabidding.com.cn）。

其中依法必须招标的国际招标项目的招标公告应在《中国日报》发布。

② 其他有关部门指定的招标公告发布媒介

建设部规定依法必须进行施工公开招标的工程项目，除了应当在国家或者地方指定的报刊、信息网络或者其他媒介上发布招标公告，应同时在中国工程建设和建筑业信息网上发布招标公告。

商务部规定招标人或招标机构除应在国家指定的媒介以及招标网上发布招标公告外，也可同时在其他媒介上刊登招标公告，并指定"中国国际招标网"（http://www.chinabidding.com）为机电产品国际招标业务提供服务的专门网络。

财政部依法指定全国政府采购信息的发布媒介是《中国财经报》、"中国政府采购网"

（http//www.ccgp.gov.cn)和《中国政府采购》杂志。

③ 地方政府指定的招标公告发布媒介

按照《招标公告发布暂行办法》第 20 条关于各地方人民政府依照审批权限审批的依法必须招标的民用建筑项目的招标公告,可在省、自治区、直辖市人民政府发展计划部门指定的媒介发布的规定,各省级政府发展计划部门一般都指定了招标公告的发布媒介。

依法必须招标项目的招标公告和公示信息应当在"中国招标投标公共服务平台"或者项目所在地省级电子招标投标公共服务平台(以下统一简称"发布媒介")发布。对依法必须招标项目的招标公告和公示信息,发布媒介应当与相应的公共资源交易平台实现信息共享。

（2）发布注意事项

招标人或其委托的招标代理机构应至少在一家指定的媒介发布招标公告。指定媒介发布依法必须公开招标项目的招标公告,不得收取费用,并允许公众免费查阅完整,但发布国际招标公告的除外。

指定媒介应与招标人或其委托的招标代理机构就招标公告的内容进行核实,经双方确认无误后在规定的时间内发布。指定媒介应当采取快捷的发行渠道,及时向订户或用户传递。

指定报纸在发布招标公告的同时,应将招标公告如实抄送指定网络"中国采购与招标网"(http://www.chinabidding.com.cn);指定报纸和网络应当在收到招标公告文本之日起七日内发布招标公告,公布时长应达到规定要求。

拟发布的招标公告和公示信息文本应当由招标人或其招标代理机构盖章,并由主要负责人或其授权的项目负责人签名。采用数据电文形式的,应当按规定进行电子签名。

招标人或其招标代理机构应当对其提供的招标公告和公示信息的真实性、准确性、合法性负责。发布媒介和电子招标投标交易平台应当对所发布的招标公告和公示信息的及时性、完整性负责。

4. 澄清、改正、补充或调整

拟发布的招标公告文本有下列情形之一的,潜在投标人或者投标人可以要求招标人或其招标代理机构予以澄清、改正、补充或调整:

（1）招标公告载明的事项不符合《招标公告和公示信息发布管理办法》第五条规定的;

（2）在两家以上媒介发布的同一招标项目的招标公告和公示信息内容不一致;

（3）招标公告和公示信息内容不符合法律法规规定。

招标人或其招标代理机构应当认真核查,及时处理,并将处理结果告知提出意见的潜在投标人或者投标人。

四、投标邀请书的编制

按照《招标投标法》的规定,投标邀请书与招标公告应当载明同样的事项,具体包括以下内容:

（1）招标人的名称和地址;

（2）招标项目的性质;

（3）招标项目的数量；

（4）招标项目的实施地点；

（5）招标项目的实施时间、标段划分情况；

（6）投标人资格条件；

（7）获取招标文件的办法；

（8）招标人认为应当告知的其他事项。

投标邀请书的内容和招标公告的内容基本一致，只需增加要求潜在投标人"确认"是否收到了投标邀请书的内容。如《标准施工招标文件》中关于"投标邀请书"的条款，就专门要求潜在投标人在规定时间以前，用传真或快递方式向招标人"确认"是否收到了投标邀请书。

思 政 案 例

案例 2-4【严格招标投标程序，规范交易市场秩序】

案例背景： 某医院计划对旧病房楼进行改建，其中包括拆除原有建筑和新建部分建筑。该项目的总投资额为5 000万元，计划通过公开招标确定承包商。医院计划改建病房楼的消息传出后，很多承包商都表达了参与项目的意愿。然而，医院未按照规定编制招标文件，也未发布正式的招标公告，只是通过私下协商的方式与一家承包商达成协议，并签订了合同。医院与承包商签订合同后，未按照规定将招标信息及时发布在权威的招标信息发布平台上，而是选择在医院的官方网站上发布了一些非正式的信息。这些信息缺乏详细的工程要求、投标人资格条件和技术标准等关键信息。

案例分析： 由于招标文件和招标信息的编制发布存在问题，很多有资质和能力的承包商未能获得充分的信息，无法参与项目的投标，违背了招投标基本原则。同时，一些不具备相关资质的承包商却获得了招标信息，并试图通过私下协商的方式参与项目的投标。这导致了投标人的质量和数量都存在问题，优秀的承包商未能中标，项目的质量和效益都受到了影响。

思政要点： 招标公告与招标信息发布是招标过程中的重要环节，它们确保了招标过程的公开、公平和透明。在公开招标过程中，所有潜在的投标人都应该获得平等的机会。编制和发布招标文件和信息时，应该确保信息的全面、准确和易于获取，以便所有符合条件的投标人都能公平竞争。在工程建设领域中，企业和个人应该始终遵守招标程序和信息发布的相关规定，确保所有潜在投标人都能获得平等的机会参与竞争。

▶ 技能训练 ◀

任务解析

任务1

1. 任务目标

通过工作任务实训,能够确定招标范围及种类,确定招标组织方式和招标方式。

2. 工作任务

2019以来,各省最新的采购政策陆续出台:

山东、上海将集中采购公开招标限额从200万上调至400万。江苏、浙江、广东、四川、福建、北京、河南、湖南、安徽、重庆、陕西、江西、河北、云南、广西、天津、辽宁、甘肃、海南、西藏20省市政府公开招标采购限额标准为200万元以上。

通过分析某学校新建图书馆工程,具体信息见项目1【背景案例】,完成以下任务:

(1) 该项目是否必须招标,依据是什么?

(2) 招标组织方式有哪些? 如何选择?

(3) 如必须招标,采用哪种招标方式呢?

任务2

1. 任务目标

通过工作任务实训,了解招标信息的收集方法,能够根据项目选择合适合同计价方式,能够编制施工招标策划书。

2. 工作任务

通过分析某学校新建图书馆工程,具体信息见项目1【背景案例】,完成以下任务:

(1) 收集招标方需求信息,获取项目情况的基本数据和资料;

(2) 根据规范要求和项目情况,选择施工招标项目交易方式;

(3) 根据项目实际,选择施工招标项目合同计价方式;

(4) 根据项目特征和招标人需求,编写施工招标项目招标策划书。

任务3

1. 任务目标

通过工作任务实训,能够完成工程项目报建、招标申请及备案。

2. 工作任务

通过分析某学校新建图书馆工程,具体信息见项目1【背景案例】,完成以下任务:

(1) 完成建设工程项目报建;

(2) 完成建设工程招标申请及备案。

工程建设项目报建表

建设单位		单位性质	
工程名称			
工程地点			
投资总额		当年投资	
资金来源构成	政府投资％；自筹 ％；贷款 ％；外资 ％		
批准文件	立项文件名		
	文号		
工程规模			
计划开工日期		计划竣工日期	
发包方式			
银行资信证明			
工程筹建情况			

报建单位：

法定代表人：　　　　　经办人：　　　　　电话：

填报日期：　年　月　日

建设工程招标申请表

工程名称			建设地点		
结构类型			招标建设规模		
报建登记文号			概(预)算(元)		
计划开工时间		年 月 日	计划竣工时间		年 月 日
招标方式			发包方式		
对投标人的资质的及要求			设计要求		
工程招标范围		土建工程、建筑给水排水及采暖工程、建筑电气及通风空调工程			
招标前期准备情况	施工现场条件	水		电		场地平整
		路				
	建设单位供应的材料或设备	（如有附材料，设备清单）			

续　表

招标组织成员名单	姓名	工作单位	职务	职称	从事专业年限	负责招标内容
招标人					法定代表人:(签字、盖章) （公章）　年　月　日	
招标代理人					法定代表人:(签字、盖章) （公章）　年　月　日	
建设单位上级主管部门意见					法定代表人:(签字、盖章) （公章）　年　月　日	
招标投标管理机构意见					法定代表人:(签字、盖章) （公章）　年　月　日	

招标人自行招标条件备案表

招标工程概括	招标人			法人代表	
	单位地址			单位性质	
	工程名称			建设规模	
	建设地址			结构形式	
	层数	地上		檐高	
		地下		高度	
	工程项目的补充描述				
投资立项文号			投资总额及来源		
规划许可证文号			设计出图情况		

续　表

招标范围	土建工程,建筑给水排水及采暖工程、建筑电气及通风空调工程			
招标类别	□施工	□监理	□设备	
退换自行招标	经项目审批部门核准	审批部门		
		是否核准自行招标	□是	□否
		核准文号		
	无需经项目审批或项目审批部门不核准	招标人条件(□内打:×或√)	1. 项目法人资格□具备	
			2. 专业技术力量□具备	
			3. 同类项目招标经验□具备	
			4. 招标机构、业务人员□具备	
			5. 熟悉和掌握招标法规　　□具备	
招标人经办人	签字		联系电话	
法人单位负责人			签字(盖章) 　年　月　日	

注:本表由招标人签写,一式两份,招标办一份,招标人一份。

招标人委托代理登记表

招标工程概括	招标人		法人代表	
	单位地址		单位性质	
	工程名称		建设规模	
	建设地址		结构形式	
	层数	地上	檐高	
		地下	高度	
	工程项目的补充描述:			
投资立项文号				
投资总额及来源				
规划许可证文号				

续　表

设计出图情况				
招标范围	土建工程,建筑给水排水及采暖工程、建筑电气及通风空调工程			
招标类别	□施工	□监理	□设备	
招标代理机构	名称			
经办人	签字			
	单位经办人所属	招标办		

任务4

1. 任务目标

通过工作任务实训,能够编制招标公告与投标邀请书。

2. 工作任务

通过分析某学校新建图书馆工程,具体信息见项目1【背景案例】,完成以下任务:

编制招标公告或投标邀请书;

编制投标邀请书。

招标公告(未进行资格预审)

＿＿＿＿＿＿＿(项目名称)＿＿＿＿标段施工招标公告

1. 招标条件

本招标项目＿＿＿＿＿＿(项目名称)已由＿＿＿＿＿＿(项目审批、核准或备案机关名称)以＿＿＿＿＿＿(批文名称及编号)批准建设,招标人(项目业主)为＿＿＿＿＿＿,建设资金来自＿＿＿＿＿＿(资金来源),项目出资比例为＿＿＿＿＿＿。项目已具备招标条件,现对该项目的施工进行公开招标。

2. 项目概况与招标范围

＿＿＿＿＿＿[说明本招标项目的建设地点、规模、合同估算价、计划工期、招标范围、标段划分(如果有)等]。

3. 投标人资格要求

3.1 本次招标要求投标人须具备＿＿＿＿＿资质,＿＿＿＿＿＿(类似项目描述)业绩,并在人员、设备、资金等方面具有相应的施工能力,其中,投标人拟派项目经理须具备＿＿＿＿＿专业＿＿＿＿级注册建造师执业资格,具备有效的安全生产考核合格证书,且未担任其他在施建设工程项目的项目经理。

3.2 本次招标_____(接受或不接受)联合体投标。联合体投标的,应满足下列要求:_____。

3.3 各投标人均可就本招标项目上述标段中的_____(具体数量)个标段投标,但最多允许中标_____(具体数量)个标段(适用于分标段的招标项目)。

4. 投标报名

凡有意参加投标者,请于_____年_____月_____日至_____年_____月_____日(法定公休日、法定节假日除外),每日上午_____时至_____时,下午_____时至_____时(北京时间,下同),在_____(有形建筑市场/交易中心名称及地址)报名。

5. 招标文件的获取

5.1 凡通过上述报名者,请于_____年_____月_____日至_____年_____月_____日(法定公休日、法定节假日除外),每日上午_____时至_____时,下午_____时至_____时,在_____(详细地址)持单位介绍信购买招标文件。

5.2 招标文件每套售价_____元,售后不退。图纸押金_____元,在退还图纸时退还(不计利息)。

5.3 邮购招标文件的,需另加手续费(含邮费)_____元。招标人在收到单位介绍信和邮购款(含手续费)后_____日内寄送。

6. 投标文件的递交

6.1 投标文件递交的截止时间(投标截止时间,下同)为_____年_____月_____日_____时_____分,地点为_____(有形建筑市场交易中心名称及地址)。

6.2 逾期送达的或者未送达指定地点的投标文件,招标人不予受理。

7. 发布公告的媒介

本次招标公告同时在_____(发布公告的媒介名称)上发布。

8. 联系方式

招 标 人:	_____	招标代理机构:	_____
地 址:	_____	地 址:	_____
邮 编:	_____	邮 编:	_____
联 系 人:	_____	联 系 人:	_____
电 话:	_____	电 话:	_____
传 真:	_____	传 真:	_____
电子邮件:	_____	电子邮件:	_____
网 址:	_____	网 址:	_____
开 户 银 行:	_____	开 户 银 行:	_____
账 号:	_____	账 号:	_____

_____年_____月_____日

投标邀请书(适用于邀请招标)

_____(项目名称)___标段施工投标邀请书

_____(被邀请单位名称):

1. 招标条件

本招标项目_____(项目名称)已由_____(项目审批、核准或备案机关名称)以_____(批文名称及编号)批准建设,招标人(项目业主)为_____,建设资金来自_____(资金来源),出资比例为_____。项目已具备招标条件,现邀请你单位参加_____(项目名称)标段施工投标。

2. 项目概况与招标范围

_____[说明本招标项目的建设地点、规模、合同估算价、计划工期、招标范围、标段划分(如果有)等]。

3. 投标人资格要求

3.1 本次招标要求投标人具备_____资质,_____(类似项目描述)业绩,并在人员、设备、资金等方面具有相应的施工能力。

3.2 你单位_____(可以或不可以)组成联合体投标。联合体投标的,应满足下列要求:_____。

3.3 本次招标要求投标人拟派项目经理具备_____专业_____级注册建造师执业资格,具备有效的安全生产考核合格证书,且未担任其他在施建设工程项目的项目经理。

4. 招标文件的获取

4.1 请于_____年_____月_____日至_____年_____月_____日(法定公休日、法定节假日除外),每日上午_____时至_____时,下午_____时至_____时(北京时间,下同),在_____(详细地址)持本投标邀请书购买招标文件。

4.2 招标文件每套售价_____元,售后不退。图纸押金_____元,在退还图纸时退还(不计利息)。

4.3 邮购招标文件的,需另加手续费(含邮费)_____元。招标人在收到邮购款(含手续费)后_____日内寄送。

5. 投标文件的递交

5.1 投标文件递交的截止时间(投标截止时间,下同)为_____年__月__日__时__分,地点为_____(有形建筑市场/交易中心名称及地址)。

5.2 逾期送达的或者未送达指定地点的投标文件,招标人不予受理。

6. 确认

你单位收到本投标邀请书后,请于_____(具体时间)前以传真或快递方式予以确认。

7. 联系方式

招 标 人：_____	招标代理机构：_____
地　　址：_____	地　　址：_____
邮　　编：_____	邮　　编：_____
联 系 人：_____	联 系 人：_____
电　　话：_____	电　　话：_____
传　　真：_____	传　　真：_____
电子邮件：_____	电子邮件：_____
网　　址：_____	网　　址：_____
开 户 银行：_____	开 户 银行：_____
账　　号：_____	账　　号：_____

_____年____月____日

▶ 专题实训 1：建设工程招投标前期工作实训 ◀

实训目的

实训资料

1. 拆分建设工程招投标前期工作知识点，结合项目案例和实训操作手册，使学生能够掌握建设项目招投标应具备的条件，学会如何根据项目选择招标方式；

2. 编制招标计划，使学生熟悉完整的招投标业务流程和时间控制；

3. 掌握招标工具的相关软件操作。

实训任务及要求

任务 1　招标方式选择

(1) 熟悉招标工程资料和案例背景资料；

(2) 确定招标组织方式；

(3) 进行招标条件确定；

(4) 进行招标方式界定。

任务 2　编制招标计划

(1) 熟悉招标计划的工作内容和时间要求；

(2) 完成一份招标计划方案。

任务 3　工程项目备案与登记

(1) 完成招标项目的在线项目登记；

(2) 完成招标项目的在线初步发包方案备案；

（3）完成招标项目的在线自行招标备案或委托招标备案。

实训准备

1. 硬件准备：多媒体设备、实训电脑、实训指导手册、实训软件加密锁。

2. 软件准备：工程招投标沙盘模拟执行评测系统、电子招标文件编制工具、工程交易管理服务平台、工程招投标沙盘模拟执行评测系统。

实训总结

1. 教师评测：评测软件操作，学生成果展示，评测学生学习成果。

2. 学生总结：小组组内讨论 10 分钟，写下实训心得，并分享讨论。

▶ 项目小结 ◀

　　建设工程招标准备主要包括招标范围及招标方式、招标准备工作、招标项目备案与登记、招标公告与投标邀请书编制等知识点。通过本项目学习，学生能够具备选择招标方式、编制招标方案、进行建设项目备案与登记、编制招标公告与投标邀请书等方面的能力。

［在线答题］·项目 2
建设工程招标准备

项目 3 资格审查

知识目标

1. 熟悉资格审查的内容、方法及程序；
2. 掌握资格预审公告编制与发布；
3. 掌握资格预审申请文件编制与提交；
4. 掌握资格预审文件编制与发售。

能力目标

1. 能够选择资格审查方法；
2. 能够编制资格审查相关文件；
3. 能够依法分析具体案例。

素质目标

1. 在习近平新时代中国特色社会主义思想指引下，遵纪守法，践行社会主义核心价值观，弘扬社会主义法治精神；

2. 崇尚宪法、崇德向善、诚实守信、公平公正，规范市场从业行为和维护市场良好秩序，具有法治意识和行业自律。

思维导图

**案例导入**

某政府投资项目委托代理公司进行招投标活动。招标人共收到了 16 份资格预审申请文件，其中 2 份资格预审申请文件在资格预审申请截止时间后 2 分钟收到。招标人按照以下程序组织了资格审查。

（1）组建资格审查委员会，由审查委员会对资格预审申请文件进行评审和比较。审委会由 5 人组成，其中招标人代表 1 人，招标代理机构代表 1 人，政府相关部门组建的家库中抽取技术、经济专家 3 人。

（2）对资格预审申请文件外封装进行检查，发现 2 份申请文件的封装、1 份申请文个封套盖章不符合资格预审文件的要求，于是这 3 份资格预审申请文件被认定为无效申请件。此外，审查委员会认为只要在资格审查会议开始前送达的申请文件均为有效。这样 2 份在资格预审申请截止时间后送达的申请文件，由于其外封装和标识符合资格预审文件要求，为有效资格预审申请文件。

（3）对资格预审申请文件进行初步审查，发现有 1 家申请人使用的施工资质为其子公司资质，还有 1 家申请人为联合体申请人，其中 1 个成员又单独提交了 1 份资格预审申请文件。审查委员会认为这 3 家申请人不符合相关规定，不能通过初步审查。

（4）对通过初步审查的资格预审申请文件进行详细审查。审查委员会依照资格预审文件中确定的初步审查事项，发现有一家申请人的营业执照副本（复印件）已经超出了有效期，于是要求这家申请人提交营业执照的原件进行核查。在规定的时间内，该申请人将其重新申办的营业执照原件交给了审查委员会核查，确认合格。

（5）审查委员会经过上述审查程序，确认了通过以上第（3）、（4）两步的 10 份资格预审申请文件通过了审查，并向招标人提交了资格预审书面审查报告，确定了通过资格审查的申请人名单。

➤思考：1. 招标人组织的上述资格审查程序是否正确？为什么？

2. 审查过程中，审查委员会的做法是否正确？为什么？

3. 如果资格预审文件中规定确定 7 名资格审查合格的申请人参加投标，招标人是否可以在上述通过资格预审的 10 人中直接确定，或者采用抽签方式确定 7 人参加投标？为什么？应该怎样做？

任务一 资格审查概述

一、资格审查的内涵与原则

资格审查是招标人对资格预审申请人或者投标人的经营资格、专业资质、财务状况、技术能力、管理能力、业绩、信誉等方面评估审查，以判定其是否具

思政·资格审查

有参与项目投标和履行合同的资格及能力的活动。资格审查既是招标人的权利，也是招标工作的必要程序，不能或缺。

资格审查在遵循招标投标的"公开、公平、公正和诚实信用原则"外,还应遵循科学、合格和适用原则。

科学原则:为了保证申请人或投标人具有合法的投标资格和相应的履约能力,招标人应根据招标采购项目的规模、技术管理特性要求,结合国家企业资质等级标准和市场竞争状况,科学、合理地设立资格审查办法、资格条件以及审查标准。招标人应慎重对待投标资格的条件和标准,这将直接影响合格投标人的质量和数量,进而影响到投标的竞争程度和项目招标的期望目标的实现。

合格原则:通过资格审查,选择资质、能力、业绩、信誉合格的资格预审申请人参加投标。

适用原则:资格审查有资格预审与资格后审,两种办法各有适用条件和优缺点。因此,招标项目采用资格预审还是资格后审,应当根据招标项目的特点需要,结合潜在投标人的数量和招标的时间等因素综合考虑,选择适用的资格审查办法。

二、资格审查的方式

资格审查分为资格预审和资格后审。

(1)资格预审是指在投标前由资格审查委员会对潜在投标人进行的资格审查。资格预审是在招标阶段对投标申请人的第一次筛选,目的是审查投标人的企业总体能力是否适合招标工程的需要。只有在公开招标时才设置此程序。未通过资格预审的申请人,不具有投标的资格。

资格审查的方式

资格预审的方法包括合格制和有限数量制,一般情况下应采用合格制,潜在投标人过多的,可采用有限数量制。

(2)资格后审是指在开标后由评标委员会对投标人进行的资格审查。进行资格预审的,一般不再进行资格后审,但招标文件另有规定的除外。资格后审适用于那些工期紧迫,工程较为简单的建设项目,审查的内容与资格预审基本相同。资格后审是评标工作的一个重要内容,对资格后审不合格的投标人,评标委员会应否决其投标。

表 3-1　资格预审与资格后审比较

资格审查 对比项目	资格预审	资格后审
审查时间	在发售招标文件前	在开标后的评审阶段
审查人	招标人或资格审查委员会	评标委员会
审查对象	申请人的资格预审申请文件	投标人的投标文件
审查方法	合格制或有限数量制	合格制
优点	避免不合格的申请人进入投标阶段,节约社会成本;提高投标人投标的针对性、积极性;减少评标阶段的工作量,缩短评标时间,提高评标效率	减少资格预审环节,缩短招标时间;投标人数量相对较多,竞争性更强;提高围标、中标难度

续 表

资格审查 对比项目	资格预审	资格后审
缺点	延长招标投标时间,增加招标人组织招标预审和申请人参加资格预审的费用,通过资格预审的相对较少,容易串标	投标方案差异大,会增加评标工作难度;投标人相对较多,会增加评标费用和评标工作量,增加社会成本
适用范围	适用于技术难度较大,投标文件编制费用较高,潜在投标人数量较多的项目	适用于通用性、标准化,潜在投标人数量较少的项目

三、资格审查的主要内容

资格审查应主要审查潜在投标人或者投标人是否符合下列条件。

(1) 具有独立订立合同的权利。

(2) 具有履行合同的能力,包括专业、技术资格和能力,资金、设备和其他物质设施状况,管理能力,经验、信誉和相应的从业人员。

(3) 没有处于被责令停业,投标资格被取消,财产被接管、冻结,破产状态。

(4) 在最近 3 年内没有骗取中标和严重违约及重大工程质量问题。

(5) 法律、行政法规规定的其他资格条件。

对于大型复杂项目,尤其是需要有专门技术、设备或经验的投标人才能完成时,则应设置更加严格的条件。如针对工程所需的特别措施或工艺专长,专业工程施工经历和资质及安全文明施工要求等内容。但标准应适当,标准过高会使合格投标人过少而影响竞争,过低则会使不具备能力的投标人获得合同而导致不能按预期目标完成建设项目。

四、资格审查的方法

资格审查的方法一般分为合格制和有限数量制两种。

合格制即不限定资格审查合格者数量,凡通过各项资格审查设置的考核因素和标准者均可参加投标。具体内容见表 3-2。

表 3-2 资格审查办法前附表(合格制)

条款号	审查因素	审查标准
2.1 初步 审查 标准	申请人名称	与营业执照、资质证书、安全生产许可证一致
	申请函签字盖章	有法定代表人或其委托代理人签字并加盖单位章
	申请文件格式	符合第四章"资格预审申请文件格式"的要求
	联合体申请人(如有)	提交联合体协议书,并明确联合体牵头人
	……	……

条款号	审查因素			审查标准
2.2	详细审查标准	营业执照		具备有效的营业执照 是否需要核验原件:□是□否
		安全生产许可证		具备有效的安全生产许可证 是否需要核验原件:□是□否
		资质等级		符合第二章"申请人须知"第1.4.1项规定 是否需要核验原件:□是□否
		财务状况		符合第二章"申请人须知"第1.4.1项规定 是否需要核验原件:□是□否
		类似项目业绩		符合第二章"申请人须知"第1.4.1项规定 是否需要核验原件:□是□否
		信誉		符合第二章"申请人须知"第1.4.1项规定 是否需要核验原件:□是□否
		项目经理资格		符合第二章"申请人须知"第1.4.1项规定 是否需要核验原件:□是□否
		其他要求	(1)	拟投入主要施工机械设备
			(2)	拟投入项目管理人员
			……	
		联合体申请人(如有)		符合第二章"申请人须知"第1.4.2项规定
		……		……
3.1.2	核验原件的具体要求			
条款号				编列内容
3	审查程序			详见本章附件A:资格审查详细程序

注:其他要求栏中(1)、(2)对应的审查标准为"符合第二章'申请人须知'第1.4.1项规定"（跨行合并）。

有限数量制则预先限定通过资格预审的人数,依据资格审查标准和程序,将审查的各项指标量化,最后按得分由高到低的顺序确定通过资格预审的申请人。通过资格预审的申请人不得超过限定的数量。

表 3-3　资格审查办法前附表(有限数量制)

条款号		条款名称	编列内容
1		通过资格预审的人数	当通过详细审查的申请人多于____家时,通过资格预审的申请人限定为____家。
2		审查因素	审查标准
2.1	初步审查标准	申请人名称	与营业执照、资质证书、安全生产许可证一致
		申请函签字盖章	有法定代表人或其委托代理人签字并加盖单章
		申请文件格式	符合第四章"资格预审申请文件格"的要求
		联合体申请人(如有)	提交联合体协议书,并明确联合体牵头人
		……	……
2.2	详细审查标准	营业执照	具备有效的营业执照 是否需要核验原件:□是□否
		安全生产许可证	具备有效的安全生产许可证 是否需要核验原件:□是□否
		资质等级	符合第二章"申请人须知"第1.4.1项规定 是否需要核验原件:□是□否
		财务状况	符合第二章"申请人须知"第1.4.1项规定 是否需要核验原件:□是□否
		类似项目业绩	符合第二章"申请人须知"第1.4.1项规定 是否需要核验原件:□是□否
		信誉	符合第二章"申请人须知"第1.4.1项规定 是否需要核验原件:□是□否
		项目经理资格	符合第二章"申请人须知"第1.4.1项规定 是否需要核验原件:□是□否
		其他要求 (1) 拟投入主要施工机械设备	符合第二章"申请人须知"第1.4.1项规定
		(2) 拟投入项目管理人员	
		……	
		联合体申请人(如有)	符合第二章"申请人须知"第1.4.2项规定
		……	……
2.3	评分标准	评分因素	评分标准
		财务状况	……
		项目经理	……
		类似项目业绩	……
		认证体系	……
		信誉	……
		生产资源	……
		……	……

续　表

条款号	条款名称	编列内容
3.1.2	核验原件的具体要求	
条款号		编列内容
3	审查程序	详见本章附件A:资格审查详细程序

五、资格审查的程序

（1）**组建资格审查委员会**。国有资格占控股或主导地位依法必须进行招标的项目,招标人应当组建资格审查委员会审查资格预审申请文件。资格审查委员会及其成员应当遵守《招标投标法》和《招标投标法实施条例》中有关评标委员会及其成员的规定。其他项目由招标人自行组织资格审查。

资格预审程序

（2）**初步审查**。初步审查是一般符合性审查。

（3）**详细审查**。通过第一阶段的初步审查后,即可进入详细审查阶段。审查的重点在于投标人财务能力、技术能力和施工经验等内容。

（4）**资格预审申请文件的澄清**。在审查过程中,审查委员会可以以书面形式要求申请人对所提交的资格预审申请文件中不明确的内容进行必要的澄清或说明。申请人的澄清或说明应采用书面形式,并不得改变资格预审申请文件的实质性内容。申请人的澄清或说明内容属于资格预审申请文件的组成部分。招标人和审查委员会不接受申请人主动提出的澄清或说明。

 特别提示

通过资格预审的申请人除应满足初步审查和详细审查的标准外,还不得存在下列任何一种情形。

（1）不按审查委员会要求澄清或说明的。

（2）在资格预审过程中弄虚作假、行贿或有其他违法违规行为的。

（3）申请人存在下列情形之一。

① 为招标人不具有独立法人资格的附属机构(单位)。

② 为本标段前期准备提供设计或咨询服务的,但设计施工总承包的除外。

③ 为本标段的监理人。

④ 为本标段的代建人。

⑤ 为本标段提供招标代理服务的。

⑥ 与本标段的监理人或代建人或招标代理机构同为一个法定代表人的。

⑦ 与本标段的监理人或代建人或招标代理机构相互控股或参股的。

⑧ 与本标段的监理人或代建人或招标代理机构相互任职或工作的。

⑨ 被责令停业的。

⑩ 被暂停或取消投标资格的。

⑪ 财产被接管或冻结的。

⑫ 在最近 3 年内有骗取中标或严重违约或重大工程质量问题的。

（5）评审。

① 合格制：按照资格预审文件的标准评审。满足详细审查标准的申请人，则通过资格审查，获得投标资格。

② 有限数量制：按照资格预审文件的标准、方法和数量评审和排序。通过详细审查的申请人不少于 3 个且没有超过资格预审文件规定数量的均通过资格预审，不再进行评分；通过详细审查的申请人数量超过资格预审文件规定数量的，审查委员会可以按资格预审文件规定的评审因素和评分标准进行评审，并依据规定的评分标准进行评分，按得分由高到低的顺序，按照预审文件规定的数量确定合格投标人。

（6）提交审查报告。按照规定的程序对资格预审的申请文件完成审查后，确定通过资格预审的申请人名单，并向招标人提交书面审查报告。

通过资格预审的申请人的数量不足 3 个的，招标人重新组织资格预审或不再组织资格预审而直接招标。资格预审评审报告一般包括工程项目概述、资格预审工作简介、资格评审结果和资格评审表等附件内容。

（7）**发出资格预审结果通知书。**资格预审结束后，招标人应当及时向资格预审申请人发出资格预审结果通知书，未通过资格预审的申请人不具有投标资格。

思 政 案 例

案例 3-1【资格预审方式：严禁排斥招标，坚持公平公正】

案例背景：某食品加工厂为扩建厂房进行招标，但招标人只想让几个与自己关系较好的施工单位来参加投标，于是该企业在资格预审时对所有报名的单位进行评分。由于资格预审的程序、评审方式不公开，又是采用打分的方式进行，操作的空间很大，最后该企业只让跟自己关系好的几个施工单位通过了资格预审。

案例分析：量身定做招标规则在资格审查中表现得最为明显。针对这一问题，标准规定资格条件的设置应当具有针对性，即针对招标项目实施的需求而制定；应当具有必要性，即这些资格条件应当是实施招标所必须具备的条件。对于招标人基于招标项目需要而对潜在投标人应具备的招标资格进行限制的，因其确定具有较强的主观判断性质，可能会故意或过失的形成对潜在投标人的歧视条款，属于典型的排斥投标行为。

案例延伸：《招标投标法》第五十一条规定，"招标人以不合理的条件限制或者排斥潜在投标人的，对潜在投标人实行歧视待遇的，强制要求投标人组成联合体共同投标的，或者限制投标人之间竞争的，责令改正，可以处一万元以上五万元以下的罚款。"《招标投标法实施条例》第六十三条规定，"招标人有下列限制或者排斥潜在投标人行为之一的，由有关行政监督部门依照招标投标法第五十一条的规定处罚，'（一）依法应当公开招标的项目不按照规定在指定媒介发布资格预审公告或者招标公告；（二）在不同媒介发布的同一招标项目的资格预审公告或者招标公告的内容不一致，影响潜在投标人申请资格预审或者投标。'"

　　思政要点：招标人不得以不合理的条件限制或者排斥潜在投标人，不得对潜在投标人实行歧视待遇。这是我国招标投标法规定的一项重要原则，在招投标程序中，必须坚持以习近平新时代中国特色社会主义思想为指导，深入贯彻党的二十大精神，全面贯彻落实《招标投标法》，旨在保障招标投标活动的公平、公正与公开。

▶ 任务二　资格预审公告的编制与发布 ◀

一、资格预审公告的内涵

　　资格预审公告是为邀请潜在的投标人参加资格预审，由招标人或其招标代理机构在发布媒介上发布的资格预审的公示信息。对于需要进行资格预审的招标项目可发布资格预审公告以代替招标公告。

二、资格预审公告的编制

　　《房屋建筑和市政工程标准施工招标资格预审文件》（2010 年版）规定了资格预审公告的内容，包括招标条件、项目概况与招标范围、申请人资格要求、资格预审方法、申请报名、资格预审文件的获取、资格预审申请文件的递交、发布公告的媒介与联系方式等 9 个方面。

三、资格预审公告的发布

　　依法必须进行招标项目资格预审公告和招标公告，应当在国务院发展改革部门依法指定的媒介发布。在不同媒介发布的同一招标项目的资格预审公告或者招标公告的内容应当一致。指定媒介发布依法必须进行招标的项目的境内资格预审公告、招标公告，不得收取费用。

　　《招标公告和公示信息发布管理办法》（国家发展改革委第 10 号令），规定依法必须招标项目的招标公告和公示信息除在发布媒介发布外，招标人或其招标代理机构也可以同步在其他媒介公开，并确保内容一致。其他媒介可以依法全文转载依法必须招标项目的招标公告和公示信息，但不得改变其内容，同时必须注明信息来源。

　　资格预审公告的公告期限《招标投标法》《招标投标实施条例》没有明确规定，一般不少于 5 个工作日。

四、资格预审公告与招标公告的区别

1. 公告的目的不同

通过资格预审，可以缩小投标人的范围，避免不合格的投标人做无效劳动，减少他们不必要的支出，也减轻了招标单位的工作量。

通过招标公告，可以节约成本或投资，降低造价，缩短工期，确保工程或商品项目质量。

2. 公告的内容侧重点不同

公开招标项目应当发布资格预审公告或招标公告，区别在于采用何种资格审查方式，采用资格预审的应发布资格预审公告，采用后审的发布招标公告。

五、资格预审制度的优点与缺点

1. 资格预审制度的主要优点

一是采用资格预审能够减少投标人的数量，减少评标的工作量，降低招标投标成本。建设工程项目施工招标，经常会有几十家（甚至上百家）潜在投标人进行投标，评标工作量极大，招投标成本较高。通过资格预审程序，将一部分潜在投标人淘汰，使其不能进入投标程序。一方面，评标工作量会大大减少，评标的难度也有所降低。另一方面，投标人的减少，能降低招投标成本。

二是采用资格预审能够避免履约能力不佳的企业中标，降低履约风险。资格预审过程将潜在承包商范围缩小至已证明有能力执行特定质量标准的承包商，将资信、业绩达不到招标人要求的潜在投标人排斥在投标人之外，避免其以价格取胜而中标，在一定程度上预防合同签订后履约风险的发生。

2. 资格预审制度的主要缺点

一是资格预审增加招标费用，延长招标周期。在发布招标公告时，采用资格预审的项目把本可以一次完成的项目分成了两次，招标周期、工作量及费用增加。

二是假借资质盛行。一些投标人本身根本没有取得过任何资质，为了谋取中标，借用一些资质较好的壳体，而这些被挂靠的企业在经济利益的驱动下，一般都会同意，并且在收取一定的管理费用满足自身利益的前提之下，不会去过问挂靠单位的经营管理情况，这种现象在目前是较为普遍的。这种面子上的优质企业、实质上的包工头模式造就了许多劣质工程。

三是围标、串标大量发生。采用资格预审方式时，招标人、招标代理机构和潜在投标人都有机会接触到报名信息，潜在投标人名称、数量、联系方式等相关信息保密工作难度大，信息极易泄露。这就为不法分子提供了可乘之机，在利益的驱使下，他们通过各种渠道均可以得到潜在投标人名单，进而拿下该项目。在招投标实务中，这种现象大量发生，已经成为目前影响工程建设领域公平、公正最主要的问题。

知识链接 3－1

《房屋建筑和市政工程标准施工招标资格预审文件》2010 年版

第一章

_____（项目名称）_____标段施工招标

资格预审公告（代招标公告）

1. 招标条件

本招标项目_____（项目名称）已由_____（项目审批、核准或备案机关名称）以_____（批文名称及编号）批准建设，项目业主为_____，建设资金来自_____（资金来源），项目出资比例为_____，招标人为_____，招标代理机构为_____。项目已具备招标条件，现进行公开招标，特邀请有兴趣的潜在投标人（以下简称申请人）提出资格预审申请。

2. 项目概况与招标范围

_____[说明本次招标项目的建设地点、规模、计划工期、合同估算价、招标范围、标段划分（如果有）等]。

3. 申请人资格要求

3.1 本次资格预审要求申请人具备_____资质，_____（类似项目描述）业绩，并在人员、设备、资金等方面具备相应的施工能力，其中，申请人拟派项目经理须具备专业_____级注册建造师执业资格和有效的安全生产考核合格证书，且未担任其他在施建设工程项目的项目经理。

3.2 本次资格预审_____（接受或不接受）联合体资格预审申请。联合体申请资格预审的，应满足下列要求：_____。

3.3 各申请人可就本项目上述标段中的_____（具体数量）个标段提出资格预审申请，但最多允许中标_____（具体数量）个标段（适用于分标段的招标项目）。

4. 资格预审方法

本次资格预审采用_____（合格制/有限数量制）。采用有限数量制的，当通过详细审查的申请人多于_____家时，通过资格预审的申请人限定为_____家。

5. 申请报名

凡有意申请资格预审者，请于____年____月____日至____年____月____日（法定公休日，法定节假日除外），每日上午____时至____时，下午____时至____时（北京时间，下同），在_____（有形建筑市场/交易中心名称及地址）报名。

6. 资格预审文件的获取

6.1 凡通过上述报名者，请于____年____月____日至____年____月____日（法定公休日、法定节假日除外），每日上午____时至____时，下午____时至____时，在（详细地址）持单位介绍信购买资格预审文件。

6.2 资格预审文件每套售价_____元，售后不退。

6.3 邮购资格预审文件的，需另加手续费（含邮费）_____元。招标人在收到单位介绍信和邮购款（含手续费）后____日内寄送。

7. 资格预审申请文件的递交

7.1 递交资格预审申请文件截止时间（申请截止时间，下同）为____年____月____日____

时____分,地点为_____(有形建筑市场/交易中心名称及地址)。

7.2 逾期送达或者未送达指定地点的资格预审申请文件,招件人不予受理。

8. 发布公告的媒介

本次资格预审公告同时在_____(发布公告的媒介名称)上发布。

9. 联系方式

招 标 人:_____	招标代理机构:_____
地　　址:_____	地　　　址:_____
邮　　编:_____	邮　　　编:_____
联 系 人:_____	联 系 人:_____
电　　话:_____	电　　　话:_____
传　　真:_____	传　　　真:_____
电子邮件:_____	电子邮件:_____
网　　址:_____	网　　　址:_____
开户银行:_____	开户银行:_____
账　　号:_____	账　　　号:_____

____年____月____日

思政案例

案例 3-2【资格审查公告:严格依法办事,弘扬法治精神】

案例背景:某招标项目属于大型基础设施,关系到社会公共利益,根据《中华人民共和国招标投标法》必须进行招标。因某种原因,该项目的招标人希望A单位中标。但如果通过正常途径进行招标,招标人无法掌控招标的结果,于是招标人利用了公告发布这一环节:招标人将公告只发布在了某一发行量不大的不知名的地方报纸上。结果只有少数几家单位来投标,除了A单位,其他投标单位的得分较低。在评标的时候,评委推荐A单位中标,招标人如愿以偿地让自己事先内定的A单位中标。

案例分析:案例违背了《招标公告和公示信息发布管理办法》相关要求,导致潜在投标人不能及时获悉资格预审公告信息而不能充分竞争。按照企业管理相关规定,如果招标公告或资格预审公告的公开方式不能满足相关标准的要求,其企业的评定等级将被直接限定在不可信级别。

案例延伸:《招标公告和公示信息发布管理办法》要求,依法必须招标项目的资格预审公告、招标公告、中标候选人公示、中标结果公示等信息,除需保密或涉及商业秘密外,依法向社会公开。依法必须招标项目的招标公告和公示信息应当在"中国招标投标公共服务平台"或者项目所在地省级电子招标投标公共服务平台(以下统一简称"发布媒介")发布。

思政要点:在招投标程序中,必须坚持以习近平新时代中国特色社会主义思想为指导,深入贯彻党的二十大精神,全面贯彻落实《招标公告和公示信息发布管理办法》,要依法行事,遵守法律法规,增强法治思维,依法办事,持久长效地推进依法招标投标的各项工作。

▶ 任务三 资格预审文件的编制与发售 ◀

一、资格预审文件的内涵

资格预审文件是告知申请人资格预审条件、标准和方法,资格预审申请文件编制和提交要求的载体,是对申请人的经营资格、履约能力进行评审,确定通过资格预审申请人的依据。

二、资格预审文件的编制

依法必须进行招标的房屋建筑和市政工程施工招标项目,应使用中华人民共和国住房和城乡建设部发布的《房屋建筑和市政工程标准施工招标资格预审文件》(2010年版),结合招标项目的技术管理特点和需求编制资格预审文件。按照《房屋建筑和市政工程标准施工招标资格预审文件》(2010年版)编写格式,资格预审文件的主要内容应包括资格预审公告、申请人须知、资格审查办法、资格预审申请文件格式和项目建设概况五部分。

三、资格预审文件的发售

《实施条例》第十六条 招标人应当按照资格预审公告、招标公告或者投标邀请书规定的时间、地点发售资格预审文件或者招标文件。资格预审文件或者招标文件的发售期不得少于5日。

招标人发售资格预审文件收取的费用应限于补偿印刷、邮寄的成本支出,不得以营利为目的。

四、资格预审文件的澄清与修改

招标人可以对已发出的资格预审文件进行必要的澄清或者修改。澄清或者修改的内容可能影响资格预审申请文件编制的,招标人应当在提交资格预审申请文件截止时间至少3日前,以书面形式通知所有获取资格预审文件的潜在投标人;不足3日的,招标人应当顺延提交资格预审申请文件的截止时间。

潜在投标人或者其他利害关系人对资格预审文件有异议的,应当在提交资格预审申请文件截止时间2日前提出。招标人应当自收到异议之日起3日内作出答复;在作出答复前,应当暂停招标投标活动。

知识链接 3-2

中华人民共和国

房屋建筑和市政工程标准施工招标资格预审文件 2010 年版

中华人民共和国住房和城乡建设部

_____（项目名称）_____标段施工招标

资格预审文件

招标人：_____（盖单位章）

_____年_____月_____日

第一章　资格预审公告（详见知识链接 3-1）

第二章　申请人须知

申请人须知前附表

条款号	条款名称	编列内容
1.1.2	招标人	名称： 地址： 联系人： 电话： 电子邮件：
1.1.3	招标代理机构	名称： 地址： 联系人： 电话： 电子邮件：
1.1.4	项目名称	
1.1.5	建设地点	
1.2.1	资金来源	
1.2.2	出资比例	
1.2.3	资金落实情况	
1.3.1	招标范围	
1.3.2	计划工期	计划工期：_____日历天 计划开工日期：___年___月___日 计划竣工日期：___年___月___日

条款号	条款名称	编列内容
1.3.3	质量要求	质量标准:
1.4.1	申请人资质条件、能力和信誉	资质条件: 财务要求: 业绩要求:(与资格预审公告要求一致) 信誉要求: (1) 诉讼及仲裁情况 (2) 不良行为记录 (3) 合同履约率
		项目经理资格:_____专业_____级(含以上级)注册建造师执业资格和有效的安全生产考核合格证书,且未担任其他在施建设工程项目的项目经理。 其他要求: (1) 拟投入主要施工机械设备情况 (2) 拟投入项目管理人员 (3) ……
1.4.2	是否接受联合体资格预审申请	□不接受 □接受,应满足下列要求:
		其中:联合体资质按照联合体协议约定的分工认定,其他审查标准按联合体协议中约定的各成员分工所占合同工作量的比例,进行加权折算。
2.2.1	申请人要求澄清 资格预审文件的截止时间	
2.2.2	招标人澄清 资格预审文件的截止时间	
2.2.3	申请人确认收到 资格预审文件澄清的时间	
2.3.1	招标人修改 资格预审文件的截止时间	
2.3.2	申请人确认收到 资格预审文件修改的时间	
3.1.1	申请人需补充的其他材料	(9) 其他企业信誉情况表 (10) 拟投入主要施工机械设备情况 (11) 拟投入项目管理人员情况 ……
3.2.4	近年财务状况的年份要求	___年,指___年___月___日起至___年___月___日止。
3.2.5	近年完成的类似项目的年份要求	___年,指___年___月___日起至___年___月___日止。
3.2.7	近年发生的诉讼及仲裁情况的年份要求	___年,指___年___月___日起至___年___月___日止。
3.3.1	签字和(或)盖章要求	

条款号	条款名称	编列内容
3.3.2	资格预审申请文件副本份数	＿＿＿份
3.3.3	资格预审申请文件的装订要求	□不分册装订 □分册装订,共分册,分别为: ＿＿＿＿＿＿＿＿＿＿＿＿＿ ＿＿＿＿＿＿＿＿＿＿＿＿＿ 每册采用＿＿＿＿＿方式装订,装订应牢固、不易拆散和换页,不得采用活页装订
4.1.2	封套上写明	招标人的地址: 招标人全称: 　　　　　(项目名称)＿＿＿＿＿＿标段施工招标资格预审申请文件在＿＿年＿＿月＿＿日＿＿时＿＿分前不得开启。
4.2.1	申请截止时间	＿＿年＿＿月＿＿日＿＿时＿＿分
4.2.2	递交资格预审申请文件的地点	
4.2.3	是否退还资格预审申请文件	□否　□是,退还安排:
5.1.2	审查委员会人数	审查委员会构成:＿＿＿人,其中招标人代表＿＿人(限招标人在职人员,且应当具备评标专家的相应或者类似的条件),专家＿＿＿人; 审查专家确定方式:＿＿＿＿＿＿＿。
5.2	资格审查方法	□合格制　□有限数量制
6.1	资格预审结果的通知时间	
6.3	资格预审结果的确认时间	
9	需要补充的其他内容	
9.1	词语定义	
9.1.1	类似项目	
	类似项目是指:	
9.1.2	不良行为记录	
	不良行为记录是指:	
......	......	
9.2	资格预审申请文件编制的补充要求	
9.2.1	"其他企业信誉情况表"应说明企业不良行为记录、履约率等相关情况,并附相关证明材料,年份同第3.2.7项的年份要求。	
9.2.2	"拟投入主要施工机械设备情况"应说明设备来源(包括租赁意向)、目前状况、停放地点等情况,并附相关证明材料。	
9.2.3	"拟投入项目管理人员情况"应说明项目管理人员的学历、职称、注册执业资格、拟任岗位等基本情况,项目经理和主要项目管理人员应附简历,并附相关证明材料。	
9.3	通过资格预审的申请人(适用于有限数量制)	

条款号	条款名称	编列内容
9.3.1		通过资格预审申请人分为"正选"和"候补"两类。资格审查委员会应当根据第三章"资格审查办法(有限数量制)"第3.4.2项的排序,对通过详细审查的情况人按得分由高到低顺序,将不超过第三章"资格审查办法(有限数量制)"第1条规定数量的申请人列为通过资格预审申请人(正选),其余的申请人依次列为通过资格预审的申请人(候补)。
9.3.2		根据本章第6.1款的规定,招标人应当首先向通过资格预审申请人(正选)发出投标邀请书。
9.3.3		根据本章第6.3款、通过资格预审申请人项目经理不能到位或者利益冲突等原因导致潜在投标人数量少于第三章"资格审查办法(有限数量制)"第1条规定的数量的,招标人应当按照通过资格预审申请人(候补)的排名次序,由高到低依次递补。
9.4	监督	
		本项目资格预审活动及其相关当事人应当接受有管辖权的建设工程招标投标行政监督部门依法实施的监督。
9.5	解释权	
		本资格预审文件由招标人负责解释。
9.6	招标人补充的内容	
……	……	

申请人须知正文部分

直接引用中国计划出版社出版的中华人民共和国《标准施工招标资格预审文件》(2007年版)第二章"申请人须知"正文部分(第5页至第10页)。

附表一:问题澄清通知

问题澄清通知

编号:＿＿＿＿＿＿＿＿＿

＿＿＿＿＿＿＿＿＿(申请人名称):

＿＿＿＿＿＿＿＿(项目名称)＿＿＿＿＿＿＿＿标段施工招标的资格审查委员会,对你方的资格预审申请文件进行了仔细的审查,现需你方对下列问题以书面形式予以澄清、说明或者补正:

1.

2.

……

请将上述问题的澄清、说明或者补正于＿＿＿年＿＿＿月＿＿＿日＿＿＿时前密封递交至＿＿＿
＿＿＿＿＿＿＿＿(详细地址)或传真至＿＿＿＿＿＿＿＿＿(传真号码)。采用传真方式的,应在
＿＿＿年＿＿＿月＿＿＿日＿＿＿时前将原件递交至＿＿＿＿＿＿＿＿＿(详细地址)。

＿＿＿＿＿＿＿＿＿(项目名称)＿＿＿＿＿＿＿＿标段施工招标资格审查委员会
(经资格审查委员会授权的招标人代表签字或加盖招标人单位章)

＿＿＿年＿＿＿月＿＿＿日

附表二:问题的澄清

问题的澄清、说明或补正

编号:_____

_____(项目名称)_____标段施工招标资格审查委员会:

问题澄清通知(编号:_____)已收悉,现澄清、说明或者补正如下:

1.

2.

......

申请人:_____(盖单位章)

法定代表人或其委托代理人:_____(签字)

___年___月___日

附表三:申请文件递交时间和密封及标识检查记录表

申请文件递交时间和密封及标识检查记录表

工程名称	_____(项目名称)_____标段	
招标人		
招标代理机构		
申请人		
申请文件递交时间	___年___月___日___时___分	
申请文件递交地点		
密封检查情况	是否符合资格预审文件要求	
	密封用章特征简要说明	
标识检查情况	是否符合资格预审文件要求	
	标识特征简要说明	
申请人代表		日期	
招标人代表		日期	

备注:本表一式两份,招标人和申请人各留存一份备查。

第三章 资格审查办法(合格制)

资格审查办法前附表

条款号		审查因素		审查标准
2.1	初步审查标准	申请人名称		与营业执照、资质证书、安全生产许可证一致
		申请函签字盖章		有法定代表人或其委托代理人签字并加盖单位章
		申请文件格式		符合第四章"资格预审申请文件格式"的要求
		联合体申请人(如有)		提交联合体协议书,并明确联合体牵头人
		……		……
2.2	详细审查标准	营业执照		具备有效的营业执照 是否需要核验原件:□是□否
		安全生产许可证		具备有效的安全生产许可证 是否需要核验原件:□是□否
		资质等级		符合第二章"申请人须知"第1.4.1项规定 是否需要核验原件:□是□否
		财务状况		符合第二章"申请人须知"第1.4.1项规定 是否需要核验原件:□是□否
		类似项目业绩		符合第二章"申请人须知"第1.4.1项规定 是否需要核验原件:□是□否
		信誉		符合第二章"申请人须知"第1.4.1项规定 是否需要核验原件:□是□否
		项目经理资格		符合第二章"申请人须知"第1.4.1项规定 是否需要核验原件:□是□否
		其他要求	(1) 拟投入主要施工机械设备	符合第二章"申请人须知"第1.4.1项规定
			(2) 拟投入项目管理人员	
			……	
		联合体申请人(如有)		符合第二章"申请人须知"第1.4.2项规定
		……		……
3.1.2		核验原件的具体要求		

条款号	编列内容
3	审查程序	详见本章附件A:资格审查详细程序

资格审查办法(合格制)正文部分

直接引用中国计划出版社出版的中华人民共和国《标准施工招标资格预审文件》(2007年版)第三章"资格审查办法(合格制)"正文部分(第13页至第14页)。

附件 A:资格审查详细程序

资格审查详细程序

A0. 总　　则

本附件是本章"资格审查办法"的组成部分,是对本章第3条所规定的审查程序的进一步细化,审查委员会应当按照本附件所规定的详细程序开展并完成资格审查工作,资格预审文件中没有规定的方法和标准不得作为审查依据。

A1. 基本程序

资格审查活动将按以下五个步骤进行:

(1) 审查准备工作;

(2) 初步审查;

(3) 详细审查;

(4) 澄清、说明或补正;

(5) 确定通过资格预审的申请人及提交资格审查报告。

A2. 审查准备工作

A.2.1 审查委员会成员签到

审查委员会成员到达资格审查现场时应在签到表上签到以证明其出席。审查委员会签到表见附表 A-1。

A.2.2 审查委员会的分工

审查委员会首先推选一名审查委员会主任。招标人也可以直接指定审查委员会主任。审查委员会主任负责评审活动的组织领导工作。

A.2.3 熟悉文件资料

A.2.3.1 招标人或招标代理机构应向审查委员会提供资格审查所需的信息和数据,包括资格预审文件及各申请人递交的资格预审申请文件,经过申请人签认的资格预审申请文件递交时间和密封及标识检查记录,有关的法律、法规、规章以及招标人或审查委员会认为必要的其他信息和数据。

A.2.3.2 审查委员会主任应组织审查委员会成员认真研究资格预审文件,了解和熟悉招标项目基本情况,掌握资格审查的标准和方法,熟悉本章及附件中包括的资格审查表格的使用。如果本章及附件所附的表格不能满足所需时,审查委员会应补充编制资格审查工作所需的表格。未在资格预审文件中规定的标准和方法不得作为资格审查的依据。

A.2.3.3 在审查委员会全体成员在场见证的情况下,由审查委员会主任或审查委员会成员推荐的成员代表检查各个资格预审申请文件的密封和标识情况并打开密封。密封或者标识不符合要求的,资格审查委员会应当要求招标人作出说明。必要时,审查委员会可以就此向相关申请人发出问题澄清通知,要求相关申请人进行澄清和说明,申请人的澄清和说明应附上由招标人签发的"申请文件递交时间和密封及标识检查记录表"。如果审查委员会与招标人提供的"申请文件递交时间和密封及标识检查记录表"核对比较后,认定密封或者标识不符合要求系由于招标人保管不善所造成的,审查委员会应当要求相关申请人对其所递交的申请文件内容进行检查确认。

A.2.4 对申请文件进行基础性数据分析和整理工作

A.2.4.1 在不改变申请人资格预审申请文件实质性内容的前提下,审查委员会应当对申请文件进行基础性数据分析和整理,从而发现并提取其中可能存在的理解偏差、明显文字错误、资料遗漏等存在明显异常、非实质性问题,决定需要申请人进行书面澄清或说明的问题,准备问题澄清通知。

A.2.4.2 申请人接到审查委员会发出的问题澄清通知后,应按审查委员会的要求提供书面澄清资料并按要求进行密封,在规定的时间递交到指定地点。申请人递交的书面澄清资料由审查委员会开启。

A3. 初步审查

A.3.1 审查委员会根据本章第2.1款规定的审查因素和审查标准,对申请人的资格预审申请文件进行审查,并使用附表 A-2 记录审查结果。

A.3.2 提交和核验原件

A.3.2.1 如果本章前附表约定需要申请人提交第二章"申请人须知"第3.2.3项至3.2.7项规定的有关证明和证件的原件,审查委员会应当将提交时间和地点书面通知申请人。

A.3.2.2 审查委员会审查申请人提交的有关证明和证件的原件。对存在伪造嫌疑的原件,审查委员会应当要求申请人给予澄清或者说明或者通过其他合法方式核实。

A.3.3 澄清、说明或补正

在初步审查过程中,审查委员会应当就资格预审申请文件中不明确的内容,以书面形式要求申请人进行必要的澄清、说明或补正。申请人应当根据问题澄清通知,以书面形式予以澄清、说明或补正,并不得改变资格预审申请文件的实质性内容。澄清、说明或补正应当根据本章第3.3款的规定进行。

A.3.4 申请人有任何一项初步审查因素不符合审查标准的,或者未按照审查委员会要求的时间和地点提交有关证明和证件的原件、原件与复印件不符或者原件存在伪造嫌疑且申请人不能合理说明的,不能通过资格预审。

A4. 详细审查

A.4.1 只有通过了初步审查的申请人可进入详细审查。

A.4.2 审查委员会根据本章第2.2款和第二章"申请人须知"第1.4.1项(前附表)规定的程序、标准和方法,对申请人的资格预审申请文件进行详细审查,并使用附表 A-3 记录审查结果。

A.4.3 联合体申请人

A.4.3.1 联合体申请人的资质认定

(1) 两个以上资质类别相同但资质等级不同的成员组成的联合体申请人,以联合体成员中资质等级最低者的资质等级作为联合体申请人的资质等级。

(2) 两个以上资质类别不同的成员组成的联合体,按照联合体协议中约定的内部分工分别认定联合体申请人的资质类别和等级,不承担联合体协议约定由其他成员承担的专业工程的成员,其相应的专业资质和等级不参与联合体申请人的资质和等级的认定。

A.4.3.2 联合体申请人的可量化审查因素(如财务状况、类似项目业绩、信誉等)的指标考核,首先分别考核联合体各个成员的指标,在此基础上,以联合体协议中约定的各个成员的分工占合同总工作量的比例作为权重,加权折算各个成员的考核结果,作为联合体申请人的考核结果。

A.4.4 澄清、说明或补正

在详细审查过程中,审查委员会应当就资格预审申请文件中不明确的内容,以书面形式要求申请人进行必要的澄清、说明或补正。申请人应当根据问题澄清通知,以书面形式予以澄清、说明或补正,并不得改变资格预审申请文件的实质性内容。澄清、说明或补正应当根据本章第3.3款的规定进行。

A.4.5 审查委员会应当逐项核查申请人是否存在本章第3.2.2项规定的不能通过资格预审的任何一种情形。

A.4.6 不能通过资格预审

申请人有任何一项详细审查因素不符合审查标准的,或者存在本章第3.2.2项规定的任何一种情形的,均不能通过详细审查。

A5. 确定通过资格预审的申请人

A.5.1 汇总审查结果

详细审查工作全部结束后,审查委员会应按照附表 A-4 的格式填写审查结果汇总表。

A.5.2 确定通过资格预审的申请人

凡通过初步审查和详细审查的申请人均应确定为通过资格预审的申请人。通过资格预审的申请人均应被邀请参加投标。

A.5.3 通过资格预审申请人的数量不足三个

通过资格预审申请人的数量不足三个的,招标人应当重新组织资格预审或不再组织资格预审而直接招标。招标人重新组织资格预审的,应当在保证满足法定资格条件的前提下,适当降低资格预审的标准和条件。

A.5.4 编制及提交书面审查报告

审查委员会根据本章第4.1项的规定向招标人提交书面审查报告。审查报告应当由全体审查委员会成员签字。审查报告应当包括以下内容:

(1) 基本情况和数据表;

(2) 审查委员会成员名单;

(3) 不能通过资格预审的情况说明;

(4) 审查标准、方法或者审查因素一览表;

(5) 审查结果汇总表;

(6) 通过资格预审的申请人名单;

(7) 澄清、说明或补正事项纪要。

A6. 特殊情况的处置程序

A.6.1 关于审查活动暂停

A.6.1.1 审查委员会应当执行连续审查的原则,按审查办法中规定的程序、内容、方法、标准完成全部审查工作。只有发生不可抗力导致审查工作无法继续时,审查活动方可暂停。

A.6.1.2 发生审查暂停情况时,审查委员会应当封存全部申请文件和审查记录,待不可抗力的影响结束且具备继续审查的条件时,由原审查委员会继续审查。

A.6.2 关于中途更换审查委员会成员

A.6.2.1 除发生下列情形之一外,审查委员会成员不得在审查中途更换:

(1) 因不可抗拒的客观原因,不能到场或需在中途退出审查活动。

(2) 根据法律法规规定,某个或某几个审查委员会成员需要回避。

A.6.2.2 退出审查的审查委员会成员,其已完成的审查行为无效。由招标人根据本资格预审文件规定的审查委员会成员产生方式另行确定替代者进行审查。

A.6.3 记名投票

在任何审查环节中,需审查委员会就某项定性的审查结论做出表决的,由审查委员会全体成员按照少数服从多数的原则,以记名投票方式表决。

A7. 补充条款

······

附表 A-1:审查委员会签到表

审查委员会签到表

工程名称:_____(项目名称)_____标段　　　　　审查时间:___年___月___日

序　号	姓　名	职　称	工作单位	专家证号码	签到时间
1					
2					
3					
4					
5					
6					
7					

附表 A-2:初步审查记录表

初步审查记录表

工程名称:_____(项目名称)_____标段

序　号	审查因素	审查标准	申请人名称和审查结论以及原件核验等相关情况说明			
1	申请人名称	与投标报名、营业执照、资质证书、安全生产许可证一致				
2	申请函签字盖章	有法定代表人或其委托代理人签字并加盖单位章				
3	申请文件格式	符合第四章"资格预审申请文件格式"的要求				
4	联合体申请人	提交联合体协议书,并明确联合体牵头人和联合体分工(如有)				
5	······	······				
初步审查结论: 通过初步审查标注为√;未通过初步审查标注为×						

审查委员会全体成员签字/日期:

附表 A-3：初步审查记录表

工程名称：＿＿＿＿＿（项目名称）＿＿＿＿＿　标段：＿＿＿＿＿

初步审查记录表

详细审查记录表

序号	审查因素	审查标准	有效的证明材料	申请人名称及定性的审查结论以及相关情况说明			
1	营业执照	具备有效的营业执照	营业执照复印件及年检记录				
2	安全生产许可证	具备有效的安全生产许可证	建设行政主管部门核发的安全生产许可证复印件				
3	企业资质等级	符合第二章"申请人须知"第1.4.1项规定	建设行政主管部门核发的资质等级证书复印件				
4	财务状况	符合第二章"申请人须知"第1.4.1项规定	经会计师事务所或者审计机构审计的财务会计报表，包括资产负债表、损益表、现金流量表、利润表和财务状况说明书				
5	类似项目业绩	符合第二章"申请人须知"第1.4.1项规定	中标通知书、合同协议书和工程竣工验收证书（竣工验收备案登记表）复印件				
6	信誉	符合第二章"申请人须知"第1.4.1项规定	法院或者仲裁机构作出的判决、裁决等法律文书，县级以上建设行政主管部门处罚文书、履约情况说明				
7	项目经理资格	符合第二章"申请人须知"第1.4.1项规定	建设行政主管部门核发的建造师执业资格证书、注册证书和有效的安全生产考核合格证书复印件，以及未在其他项目担任项目经理工程、项目经理面承诺施工或建设工程监理的书面承诺				

续 表

序号	审查因素		审查标准	有效的证明材料	申请人名称及定性的审查结论以及相关情况说明
8	其他要求	(1) 拟投入主要施工机械设备	符合第二章"申请人须知"第1.4.1项规定	自有设备的原始发票复印件、折旧政策、停放地点和使用状况等的说明文件，租赁设备的租赁意向书或带生效条件的租赁合同复印件	
		(2) 拟投入项目管理人员		相关证书、证件，合同协议书和工程竣工验收证书（竣工验收备案登记表）复印件	
		(3)			
9	联合体申请人		符合第二章"申请人须知"第1.4.2项规定	联合体协议书及联合体各成员单位提供的上述详细审查因素所需的证明材料	
第二章"申请人须知"第1.4.3项规定申请人不得存在的情形审查记录					
1	独立法人资格		不是招标人不具备独立法人资格的附属机构（单位）	企业法人营业执照复印件	
2	设计或咨询服务		没有为本项目前期准备提供设计或咨询服务，但设计施工总承包除外	由申请人的法定代表人或其委托代理人签字并加盖单位章的书面承诺文件	
3	与监理人关系		不是本项目监理人或者与本项目监理人不存在隶属关系或者是同一法定代表人或者相互控股或者参股关系	营业执照复印件以及由申请人的法定代表人或其委托代理人签字并加盖单位章的书面承诺文件	

续 表

序号	审查因素	审查标准	有效的证明材料	申请人名称及定性的审查结论以及相关情况说明
4	与代建人关系	不是本项目代建人或者与本项目代建人的法定代表人不是同一人或者不存在相互控股或者参股关系	营业执照复印件以及由申请人的法定代表人或其委托代理人签字并加盖单位的书面承诺文件	
5	与招标代理机构关系	不是本项目招标代理机构或者与本项目招标代理机构的法定代表人不是同一人或者不存在相互控股或者参股关系	营业执照复印件以及由申请人的法定代表人或其委托代理人签字并加盖单位的书面承诺文件	
6	生产经营状态	没有被责令停业	营业执照复印件以及由申请人的法定代表人或其委托代理人签字并加盖单位的书面承诺文件	
7	投标资格	没有被暂停或者取消投标资格	由申请人的法定代表人或其委托代理人签字并加盖单位的书面承诺文件	
8	履约历史	近三年没有骗取中标和严重违约及重大工程质量问题	由申请人的法定代表人或其委托代理人签字并加盖单位的书面承诺文件	
第三章"资格审查办法"第 3.2.2 项 (1) 和 (3) 目规定的情形审查情况记录				
1	澄清和说明情况	按照审查委员会要求澄清、说明或者补正	审查委员会成员的判断	

续 表

序号	审查因素	审查标准	有效的证明材料	申请人名称及定性的审查结论以及相关情况说明			
2	申请人在资格预审过程中遵章守法	没有发现申请人存在弄虚作假、行贿或者其他违法违规行为	由申请人的法定代表人或其委托代理人签字并加盖单位章的书面承诺文件以及审查委员会成员判断				

详细审查结论:通过详细审查标注为√
未通过详细审查标注为×

审查委员会全体成员签字/日期:

附表 A-4：审查结果汇总表

资格预审审查结果汇总表

工程名称：_____（项目名称）_____标段

序　号	申请人名称	初步审查		详细评审		审查结论	
		合格	不合格	合格	不合格	合格	不合格
审查委员会全体成员签字/日期：							

附表 A-5：通过资格预审的申请人名单

通过资格预审的申请人名单

工程名称：_____(项目名称)_____标段

序　　号	申请人名称	备　　注
审查委员会全体成员签字/日期：		

备注：本表中通过预审的申请人排名不分先后。

第三章　资格审查办法(有限数量制)(略)

第四章　资格预审申请文件格式(详见知识链接3-3)

第五章　项目建设概况(略)

思 政 案 例

案例3-3【资格预审文件:严禁度身招标,坚持公平公正】

案例背景:某管道公司对修建职工宿舍进行招标,其内部已经选定了几家以前曾经在本单位做过工程的关系较好的施工单位进行投标,于是在资格预审文件中设置了限制性条款,其公布参加投标的条件中有一条,"曾经在本公司有过类似工程业绩"。最后,除了已经确定的那几家施工单位,其他施工单位均无法参加投标。

案例分析:本案例违背了《招标投标实施条例》第二十三条之规定,影响潜在投标人投标,依法需要重新招标。资格预审文件中资格条件的设置应具有针对性,即针对招标项目实施的需求而制定;应具有必要性,即这些资格条件应当是实施招标项目必须具备的条件。

案例延伸:《招标投标法实施条例》第二十三条规定招标人编制的资格预审文件、招标文件的内容违反法律、行政法规的强制性规定,违反公开、公平、公正和诚实信用原则,影响资格预审结果或者潜在投标人投标的,依法必须进行招标的项目的招标人应当在修改资格预审文件或者招标文件后重新招标。需要说明的是,本条规定的重新招标要区别情况,依法必须招标的项目在确定中标人前发现资格预审文件或者招标文件存在本条规定的情形的,招标人应当修改资格预审文件或者招标文件的内容重新招标;中标人确定后,合同已经订立或者已经开始实际履行的,应当根据《招标投标法实施条例》第八十二条的规定办理。

思政要点:在招标投标活动中要实现公开、公平、公正原则,公开是前提,公平是工具,公正是目标,只有把这三者有机地结合才能真正实现三公原则。同时,坚持以习近平新时代中国特色社会主义思想为指导,深入贯彻党的二十大精神,设置严谨的资格审查程序,以保障资格审查过程中的公平、公正与公开,保障科学、择优地完成工程建设项目招标。

任务四 资格预审申请文件的编制与递交

一、资格预审申请文件的编制

招标人应在资格预审文件中明确告知申请人,资格预审申请文件的组成内容、编制要求、装订及签字盖章要求。

为了让资格预审申请人按统一的格式递交申请文件,在资格预审文件中按通过资格预审的条件编制统一的表格,让申请人填报,以便进行评审。《房屋建筑和市政工程标准施工招标资格预审文件》(2010年版)中主要对以下文件内容与格式做了统一的规定:资格预审申请函、法定代表人身份证明、授权委托书、联合体协议书(如有)、申请人基本情况表、近年财务状况表、近年完成的类似项目情况表、正在施工的和新承接的项目情况表、近年发生的诉讼及仲裁情况、其他材料。

二、资格预审申请文件的递交

招标人一般在这部分明确资格预审申请文件应按统一规定要求进行密封和标识，并在规定的时间和地点递交。对于没有在规定的地点、截止时间前递交的申请文件，应拒绝接收。《实施条例》第十七条规定，招标人应当合理确定提交资格预审申请文件的时间。依法必须进行招标的项目提交资格预审申请文件的时间，自资格预审文件停止发售之日起不得少于5日。

三、资格预审申请文件的澄清

在审查过程中，审查委员会可以书面形式，要求申请人对所提交的资格预审申请文件中不明确的内容进行必要的澄清或说明。申请人的澄清或说明采用书面形式，并不得改变资格预审申请文件的实质性内容。申请人的澄清和说明内容属于资格预审申请文件的组成部分。招标人和审查委员会不接受申请人主动提出的澄清或说明。

知识链接3-3

_____ **(项目名称)** _____ **标段施工招标**

资格预审申请文件

申请人：_____ (盖单位章)

法定代表人或其委托代理人：(签字)

____年____月____日

目 录

一、资格预审申请函

二、法定代表人身份证明

三、授权委托书

四、联合体协议书

五、申请人基本情况表

六、近年财务状况表

七、近年完成的类似项目情况表

八、正在施工的和新承接的项目情况表

九、近年发生的诉讼和仲裁情况

十、其他材料

（一）其他企业信誉情况表
（二）拟投入主要施工机械设备情况表
（三）拟投入项目管理人员情况表

......

一、资格预审申请函

_____（招标人名称）：

1. 按照资格预审文件的要求,我方(申请人)递交的资格预审申请文件及有关资料,用于你方(招标人)审查我方参加_____（项目名称）_____标段施工招标的投标资格。

2. 我方的资格预审申请文件包含第二章"申请人须知"第3.1.1项规定的全部内容。

3. 我方接受你方的授权代表进行调查,以审核我方提交的文件和资料,并通过我方的客户,澄清资格预审申请文件中有关财务和技术方面的情况。

4. 你方授权代表可通过_____（联系人及联系方式）得到进一步的资料。

5. 我方在此声明,所递交的资格预审申请文件及有关资料内容完整、真实和准确,且不存在第二章"申请人须知"第1.4.3项规定的任何一种情形。

申 请 人：_____（盖单位章）
法定代表人或其委托代理人：_____（签字）
电　　话：_____
传　　真：_____
申请人地址：_____
邮政编码：_____
　　　___年___月___日

二、法定代表人身份证明

申　请　人：_____
单位性质：_____
地　　址：_____
成立时间：___年___月___日
经营期限：_____
姓　　名：_____性　别：_____
年　　龄：_____职　务：_____
系_____（申请人名称）的法定代表人。
特此证明。

申 请 人：_____（盖单位章）
　　___年___月___日

三、授权委托书

本人_____（姓名）系_____（申请人名称）的法定代表人,现委托_____（姓名）为我方代理人。代理人根据授权,以我方名义签署、澄清、说明、补正、递交、撤回、修改_____（项目名称）_____标段施工招标资格预审文件,其法律后果由我方承担。

委托期限：_____

_____。

代理人无转委托权。

附：法定代表人身份证明

申　请　人：_____（盖单位章）
法定代表人：_____（签字）
身份证号码：_____
委托代理人：_____（签字）
身份证号码：_____
___年___月___日

四、联合体协议书

牵头人名称：_____

法定代表人：_____

法定住所：_____

成员二名称：_____

法定代表人：_____

法定住所：_____

……

鉴于上述各成员单位经过友好协商,自愿组成_____（联合体名称）联合体,共同参加_____（招标人名称）（以下简称招标人）_____（项目名称）_____标段（以下简称合同）。现就联合体投标事宜订立如下协议：

1._____（某成员单位名称）为_____（联合体名称）牵头人。

2.在本工程投标阶段,联合体牵头人合法代表联合体各成员负责本工程资格预审申请文件和投标文件编制活动,代表联合体提交和接收相关的资料、信息及指示,并处理与资格预审、投标和中标有关的一切事务；联合体中标后,联合体牵头人负责合同订立和合同实施阶段的主办、组织和协调工作。

3.联合体将严格按照资格预审文件和招标文件的各项要求,递交资格预审申请文件和投标文件,履行投标义务和中标后的合同,共同承担合同规定的一切义务和责任,联合体各成员单位按照内部职责的划分,承担各自所负的责任和风险,并向招标人承担连带责任。

4.联合体各成员单位内部的职责分工如下：_____

_____。

按照本条上述分工,联合体成员单位各自所承担的合同工作量比例如下:＿＿＿＿＿＿
＿＿＿＿＿＿＿＿＿＿＿＿＿＿＿＿＿＿＿＿＿＿＿＿＿＿＿＿＿＿＿＿＿＿＿＿。

5.资格预审和投标工作以及联合体在中标后工程实施过程中的有关费用按各自承担的工作量分摊。

6.联合体中标后,本联合体协议是合同的附件,对联合体各成员单位有合同约束力。

7.本协议书自签署之日起生效,联合体未通过资格预审、未中标或者中标时合同履行完毕后自动失效。

8.本协议书一式＿＿份,联合体成员和招标人各执一份。

牵头人名称:＿＿＿＿＿＿＿＿＿＿(盖单位章)
法定代表人或其委托代理人:＿＿＿＿＿(签字)
成员二名称:＿＿＿＿＿＿＿＿＿＿(盖单位章)
法定代表人或其委托代理人:＿＿＿＿＿(签字)
　　　　　　　　　　　......
＿＿＿年＿＿月＿＿日

备注:本协议书由委托代理人签字的,应附法定代表人签字的授权委托书。

五、申请人基本情况表

申请人名称						
注册地址				邮政编码		
联系方式	联系人			电　话		
	传　真			网　址		
组织结构						
法定代表人	姓名		技术职称		电话	
技术负责人	姓名		技术职称		电话	
成立时间		员工总人数:				
企业资质等级		其中	项目经理			
营业执照号			高级职称人员			
注册资本金			中级职称人员			
开户银行			初级职称人员			
账号			技　工			
经营范围						

体系认证情况	说明:通过的认证体系、系过时间及运行状况
备 注	

六、近年财务状况表

近年财务状况表指经过会计师事务所或者审计机构的审计的财务会计报表,以下各类报表中反映的财务状况数据应当一致,如果有不一致之处,以不利于申请人的数据为准。

（一）近年资产负债表

（二）近年损益表

（三）近年利润表

（四）近年现金流量表

（五）财务状况说明书

备注:除财务状况总体说明外,本表应特别说明企业净资产,招标人也可根据招标项目具体情况要求说明是否拥有有效期内的银行 AAA 资信证明、本年度银行授信总额度、本年度可使用的银行授信余额等。

七、近年完成的类似项目情况表

类似项目业绩须附合同协议书和竣工验收备案登记表复印件。

项目名称	
项目所在地	
发包人名称	
发包人地址	
发包人电话	
合同价格	
开工日期	
竣工日期	
承包范围	
工程质量	
项目经理	
技术负责人	
总监理工程师及电话	

项目描述	
备 注	

八、正在施工的和新承接的项目情况表

正在施工和新承接项目须附合同协议书或者中标通知书复印件。

项目名称	
项目所在地	
发包人名称	
发包人地址	
发包人电话	
签约合同价	
开工日期	
计划竣工日期	
承包范围	
工程质量	
项目经理	
技术负责人	
总监理工程师及电话	
项目描述	
备 注	

九、近年发生的诉讼和仲裁情况

备注:近年发生的诉讼和仲裁情况仅限于申请人败诉的,且与履行施工承包合同有关的案件,不包括调解结案以及未裁决的仲裁或未终审判决的诉讼。

类　　别	序　　号	发生时间	情况简介	证明材料索引
诉讼情况				
仲裁情况				

十、其他材料

（一）其他企业信誉情况表（年份同诉讼及仲裁情况年份要求）

1. 企业不良行为记录情况主要是近年申请人在工程建设过程中因违反有关工程建设的法律、法规、规章或强制性标准和执业行为规范，经县级以上建设行政主管部门或其委托的执法监督机构查实和行政处罚，形成的不良行为记录。应当结合第二章"申请人须知"前附表第9.1.2项定义的范围填写。

2. 合同履行情况主要是申请人在施工程和近年已竣工工程是否按合同约定的工期、质量、安全等履行合同义务，对未竣工工程合同履行情况还应重点说明非不可抗力原因解除合同（如果有）的原因等具体情况，等等。

1. 近年不良行为记录情况

序　　号	发生时间	简要情况说明	证明材料索引

2. 在施工程以及近年已竣工工程合同履行情况

序　　号	工程名称	履约情况说明	证明材料索引

3. 其他

......

（二）拟投入主要施工机械设备情况表

机械设备名称	型号规格	数 量	目前状况	来 源	现停放地点	备 注

备注："目前状况"应说明已使用所限、是否完好以及目前是否正在使用，"来源"分为"自有"和"市场租赁"两种情况，正在使用中的设备应在"备注"中注明何时能够投入本项目，并提供相关证明材料。

（三）拟投入项目管理人员情况表

姓 名	性 别	年 龄	职 称	专 业	资格证书编号	拟在本项目中担任的工作或岗位

附1:项目经理简历表

项目经理应附建造师执业资格证书、注册证书、安全生产考核合格证书、身份证、职称证、学历证、养老保险复印件以及未担任其他在施建设工程项目项目经理的承诺,管理过的项目业绩须附合同协议书和竣工验收备案登记表复印件。类似项目限于以项目经理身份参与的项目。

姓　　名		年　　龄		学　　历	
职　　称		职　　务		拟在本工程任职	项目经理
注册建造师资格等级			级	建造师专业	
安全生产考核合格证书					
毕业学校		年毕业于	学校	专业	
主要工作经历					
时　　间	参加过的类似项目名称		工程概况说明		发包人及联系电话

附2:主要项目管理人员简历表

主要项目管理人员指项目副经理、技术负责人、合同商务负责人、专职安全生产管理人员等岗位人员。应附注册资格证书、身份证、职称证、学历证、养老保险复印件,专职安全生产管理人员应附有效的安全生产考核合格证书,主要业绩须附合同协议书。

岗位名称			
姓　　名		年　　龄	
性　　别		毕业学校	
学历和专业		毕业时间	
拥有的执业资格		专业职称	
执业资格证书编号		工作年限	
主要工作业绩及担任的主要工作			

附3:承诺书

承诺书

_____(招标人名称):

我方在此声明,我方拟派往_____(项目名称)_____标段(以下简称"本工程")的项目经理_____(项目经理姓名)现阶段没有担任任何在施建设工程项目的项目经理。

我方保证上述信息的真实和准确,并愿意承担因我方就此弄虚作假所引起的一切法律后果。

特此承诺

申请人:_____(盖单位章)

法定代表人或其委托代理人:_____(签字)

____年____月____日

思 政 案 例

案例3-4【资格预审申请文件:严禁弄虚作假,坚持诚实信用】

案例背景:2021年8月,市政务服务和大数据管理局收到某招标单位的情况报告,反映该单位负责招标的某市政工程,在资格预审环节发现第一中标候选人存在提供虚假材料的问题。市政务服务和大数据管理局在收到情况反映后,对相关问题进行调查核实后发现,该项目第一中标候选人某柯公司投标文件中的质量管理体系认证证书、环境管理体系认证证书、职业健康安全管理体系认证证书三个证书有效期至2022年12月17日,但通过"全国认证认可信息公共服务平台"查询,以上三个认证证书已于2020年12月17日到期失效。

案例分析:根据《招标投标法》第五十四条规定,"投标人以他人名义投标或者以其他方式弄虚作假,骗取中标的,中标无效,给招标人造成损失的,依法承担赔偿责任;构成犯罪的,依法追究刑事责任。依法必须进行招标项目的投标人有前款所列行为尚未构成犯罪的,处中标项目金额千分之五以上千分之十以下的罚款,对单位直接负责的主管人员和其他直接责任人员处单位罚款数额百分之五以上百分之十以下的罚款;有违法所得的,并处没收违法所得;情节严重的,取消其一年至三年内参加依法必须进行招标项目的投标资格并予以公告,直至由工商行政管理机关吊销营业执照。"本案例属于典型的弄虚作假骗标行为。

案例延伸:《招标投标法实施条例》第四十二条规定,投标人有下列情形之一的,属于招标投标法第三十三条规定的以其他方式弄虚作假的行为,"(一)使用伪造、变造的许可证件;(二)提供虚假的财务状况或者业绩;(三)提供虚假的项目负责人或者主要技术人员简历、劳动关系证明;(四)提供虚假的信用状况;(五)其他弄虚作假的行为。"

思政要点:诚实信用是我国招标投标法规定的一项重要原则,在招投标程序中,必须坚持以习近平新时代中国特色社会主义思想为指导,深入贯彻党的二十大精神,务必遵循招投标基本原则,坚决的打击遏制不诚信投标行为。

▶技能训练◀

任务解析

1. 任务目标

通过技能训练环节,模拟真实工作环境,完成招标工作的核心工作——资格预审公告的编制、资格预审申请文件的编制、资格预审文件的编制,与实际工作岗位相对接。

2. 工作任务

按照《房屋建筑与市政工程标准施工资格预审文件》2010 年版,编制资格预审公告、资格预审申请文件;资格预审文件。具体信息见项目 1【背景案例】。

▶专题实训 2:资格审查实训◀

实训目的

实训资料

1. 拆分资格预审知识点,结合项目案例和实训操作手册,使学生掌握资格预审文件、资格预审申请文件编制方法;

2. 掌握资格预审相关业务流程、技能知识点;

3. 掌握资格预审招标工具的相关软件操作。

实训任务及要求

任务 1 编制资格预审文件

(1) 确定潜在投标人的各类门槛条件;

(2) 确定招标工程的资格审查评审办法;

(3) 完成一份电子版的资格预审文件。

任务 2 发布资格预审公告、发售资格预审文件

(1) 完成资格预审公告的备案、发布工作;

(2) 完成资格预审文件的备案、发售工作。

任务 3 完成资格审查前的准备工作

(1) 完成资格评审室的预约工作;

(2) 完成资格评审专家的申请、抽取工作。

任务 4 完成资格预审申请文件编制与递交工作

(1) 完成工程项目投标报名、获取资格预审文件;

(2) 阅读资格预审文件,准备资格预审证明材料,完成资格预审申请文件编制;

(3) 完成资格预审申请文件的封装、递交工作。

任务5 完成资格审查工作

(1) 完成资格审查工作；

(2) 完成资格审查结果备案、资格结果确认工作。

实训准备

1. 硬件准备：多媒体设备、实训电脑、实训指导手册、实训软件加密锁。

2. 软件准备：工程招投标沙盘模拟执行评测系统、电子招标文件编制工具、工程交易管理服务平台、工程招投标沙盘模拟执行评测系统。

实训总结

1. 教师评测：评测软件操作，学生成果展示，评测学生学习成果。

2. 学生总结：小组组内讨论10分钟，写下实训心得，并分享讨论。

▶ 项目小结 ◀

　　资格审查是招标投标程序的重要环节，分为资格预审和资格后审两种方式，有合格制和有限数量制两种审查方法。资格预审程序为初步审查、详细审查、资格预审申请文件澄清、评审及提交资格审查报告等主要环节。要求掌握资格预审公告编制与发布、资格预审文件编制与发售、资格预审申请文件编制与递交等能力要求。

[在线答题]·项目3
资格审查

项目4 招标文件的编制与发售

知识目标

1. 掌握招标文件的内容、修改与澄清；
2. 熟悉招标文件编制注意事项；
3. 掌握招标文件备案与发售；
4. 掌握招标控制价的编制方法。

能力目标

1. 能够编制招标文件；
2. 能够编制招标控制价。

素质目标

1. 在习近平新时代中国特色社会主义思想指引下，爱岗敬业，践行社会主义核心价值观，树立社会主义职业道德观；
2. 严谨务实、精益求精、工匠精神、遵守规范，履行职业道德准则和职业行为规范，具有社会责任感和职业精神。

思维导图

```
                工程标底      工程标底与招标                      招标文件概述与内容
                          ── 控制价的编制 ──  招标文件的  ── 招标文件 ── 招标文件修改与澄清
                招标控制价                   编制与发售      的编制    招标文件编制注意事项
                                                                    招标文件备案与发售
```

案例导入

××学校实训楼项目已由××市发展和改革委员会以〔2020〕××号文件批准建设，招标人为××学校，建设资金来自财政预算和部分自筹。项目出资比例为政府70%，自筹30%，具备招标条件。项目总建筑面积2万平方米，地上12层，地下1层。建设地点：××市××街××路××号。招标范围：教学楼及外线工程，施工图纸范围内的全部内容的施工招标。1个标段，计划工期380日历天。质量标准为合格。由于业主不具备编制招标文件的能力,便委托了有过招标投标经历的李某来编写,而李某仅编制过投标书,从未编过招标文件,于是借鉴了一个已经完工的类似项目的招标文件,其中的各项内容均未做修改,仅将封面进行改动。

➤ **思考:**本案例中招标文件的编制出现了哪些问题?

▶ 任务一　招标文件的编制 ◀

一、招标文件概述

为了规范施工招标文件编制活动,提高招标文件编制质量,促进招标投标活动的公开、公平和公正,由国家发改委等九部委联合编制了《标准施工招标资格预审文件》(2007 年版)和《标准施工招标文件》(2007 年版),并于 2008 年 5 月 1 日起施行。2010 年 6 月,住建部根据《标准施工招标资格预审文件》和《标准施工招标文件试行规定》(国家九部委第 56 号令),制定了《房屋建筑和市政工程标准施工招标资格预审文件》和《房屋建筑和市政工程标准施工招标文件》(2010 年版),作为《标准施工招标资格预审文件》和《标准施工招标文件》的配套文件,适用于一定规模以上,且设计和施工不是由同一承包人承担的房屋建筑和市政工程的施工招标。

思政·招标文件编制

招标文件概述

为落实中央关于建立工程建设领域突出问题专项治理长效机制的要求,由国家发改委等九部委联合编制了《简明标准施工招标文件》和《标准设计施工总承包招标文件》(2012 年版),并于 2012 年 5 月 1 日起施行。依法必须进行招标的工程建设项目,工期不超过 12 个月、技术相对简单,且设计和施工不是由同一承包人承担的小型项目,其施工招标文件应当根据《简明标准施工招标文件》编制设计施工一体化的总承包项目,其招标文件应当根据《标准设计施工总承包招标文件》编制。

为进一步完善标准文件编制规则,构建覆盖主要采购对象、多种合同类型、不同项目规模的标准文件体系,由国家发改委等九部委联合编制了《标准设备采购招标文件》《标准材料采购招标文件》《标准勘察招标文件》《标准设计招标文件》《标准监理招标文件》(2017 年版),并于 2018 年 1 月 1 日起实施。以上文件适用于依法必须招标的与工程建设有关的设备、材料等货物项目和勘察、设计、监理等服务项目。机电产品国际招标项目,应当使用商务部编制的机电产品国际招标标准文本(中英文)。

本项目以《房屋建筑和市政工程标准施工招标文件》(2010 年版)为范本介绍相关内容。

二、招标文件的编制内容

根据《房屋建筑和市政工程标准施工招标文件》(2010 年版),招标文件内容分为四卷八章,具体包括:

电子招标

第一卷　第一章　招标公告或投标邀请书；
　　　　第二章　投标人须知；
　　　　第三章　评标办法；
　　　　第四章　合同条款及格式；
　　　　第五章　工程量清单；
第二卷　第六章　图纸；
第三卷　第七章　技术标准和要求；
第四卷　第八章　投标文件格式。

1. 招标公告或投标邀请书

招标公告或投标邀请书的内容主要包括招标条件，项目概况与招标范围，投标人资格要求，招标文件的获取时间、地点、售价，投标文件的递交时间、地点等，发布公告的媒介或确认方式、联系方式等。

2. 投标人须知

投标人须知主要包括对于项目概况的介绍和招标过程的各种具体要求，在正文中的未尽事宜可以通过"投标人须知前附表"进行进一步明确，由招标人根据招标项目具体特点和实际需要编制和填写，但无须与招标文件的其他章节相衔接，并不得与投标人须知正文的内容相抵触，否则抵触内容无效。投标人须知包括如下内容：

（1）总则

主要包括项目概况，资金来源和落实情况，招标范围、计划工期和质量要求的描述，对投标人资格要求的规定，对费用承担、保密、语言文字、计量单位等内容的约定，对踏勘现场，投标预备会的要求，以及对分包和偏离问题的处理。项目概况中主要包括项目名称、建设地点以及招标人和招标代理机构的情况等。

（2）招标文件

主要包括招标文件的构成以及澄清和修改的规定。

（3）投标文件

主要包括投标文件的组成，投标报价编制的要求，投标有效期和投标保证金的规定，需要提交的资格审查资料，是否允许提交备选投标方案，以及投标文件标识所应遵循的标准格式要求。

（4）投标

主要规定投标文件的密封和标识、递交、修改及撤回的各项要求。在此部分中应当确定投标人编制投标文件所需要的合理时间，即投标准备时间，具体是指自招标文件开始发出之日起至投标人提交投标文件截止之日止，最短不得少于 20 天。

（5）开标

规定开标的时间、地点和程序。

（6）评标

说明评标委员会的组建方法，评标原则和采取的评标办法。

（7）合同授予

说明拟采用的定标方式，中标通知书的发出时间，要求承包人提交的履约担保和合同的签订时限。

（8）重新招标和不再招标

规定重新招标和不再招标的条件。

（9）纪律和监督

主要包括对招标过程各参与方的纪律要求。

（10）需要补充的其他内容

3. 评标办法

评标办法可选择经评审的最低投标价法和综合评估法。

4. 合同条款及格式

合同条款及格式包括本工程拟采用的通用合同条款、专用合同条款以及各种合同附件的格式。

5. 工程量清单

工程量清单是表现拟建工程实体性项目、非实体性项目和其他项目名称和相应数量的明细清单，以满足工程项目具体量化和计量支付的需要，是招标人编制招标控制价和投标人编制投标报价的重要依据。

6. 图纸

图纸是指应由招标人提供的用于计算招标控制价和投标人计算投标报价所必需的各种详细的图纸。

7. 技术标准和要求

招标文件规定的各项技术标准应符合国家强制性规定。招标文件中规定的各项技术标准均不得要求或标明某一特定的专利、商标、名称、设计、原产地或生产供应者，不得含有倾向或者排斥潜在投标人的其他内容。如果必须引用某一生产供应商的技术标准才能准确或清楚地说明拟招标项目的技术标准时，则应当在参照后面加上"或相当于"的字样。

8. 投标文件格式

提供各种投标文件编制所应依据的参考格式。

三、招标文件的澄清与修改

1. 招标文件的澄清

投标人应仔细阅读和检查招标文件的全部内容。如发现缺页或附件不全，应及时向招标人提出，以便补齐。如有疑问，应在投标人须知前附表规定的时间前以书面形式（包括信函、电报、传真等可以有形地表现所载内容的形式）提出要求招标人对招标文件予以澄清。

招标文件的组成、澄清与修改

招标文件的澄清将在投标人须知前附表规定的投标截止时间15天前以书面形式发给所有购买招标文件的投标人，但不指明澄清问题的来源。如果澄清发出的时间距投标截止时间不足15天，应相应延长投标截止时间。

投标人在收到澄清后，应在投标人须知前附表规定的时间内以书面形式通知招标人，确认已收到该澄清。

2. 招标文件的修改

招标人对已发出的招标文件进行必要的修改,应当在投标截止时间 15 天前,以书面形式修改招标文件,并通知所有已购买招标文件的投标人。如果修改招标文件的时间距投标截止时间不足 15 天,应相应延长投标截止时间。投标人收到修改内容后,应在投标人须知前附表规定的时间内以书面形式通知招标人,确认已收到该修改。

四、招标文件编制注意事项

招标文件编写
注意事项

1. 招标文件应体现工程建设项目的特点和要求

招标文件涉及的专业内容比较广泛,具有明显的多样性和差异性,编写一套适用于具体工程建设项目的招标文件,需要具有较强的专业知识和一定的实践经验,还要准确把握项目专业特点。

编制招标文件时必须认真阅读研究有关设计与技术文件,了解招标项目的特点和需求,包括项目概况、性质、审批或核准情况、标段划分计划、资格审查方式、评标方法、承包模式、合同计价类型、进度时间节点要求等,并充分反映在招标文件中。

招标文件应该内容完整,格式规范,按规定使用标准招标文件,结合招标项目特点和需求,参考以往同类项目的招标文件进行调整、完善。

2. 招标文件必须明确投标人实质性响应的内容

投标人必须完全按照招标文件的要求编写投标文件,如果投标人没有对招标文件的实质性要求和条件做出响应,或者响应不完全,都可能导致投标人投标失败。所以,招标文件中需要投标人做出实质性响应的所有内容,如招标范围、工期、投标有效期、质量要求、技术标准和要求等应具体、清晰、无争议,避免使用原则性的、模糊的或者容易引起歧义的词句。

3. 防范招标文件中的违法、歧视性条款

编制招标文件必须熟悉和遵守招标投标的法律法规,并及时掌握最新规定和有关技术标准,坚持公平、公正、遵纪守法的要求。严格防范招标文件中出现违法、歧视、倾向条款限制、排斥或保护潜在投标人,并要公平合理地划分招标人和投标人的风险标文件客观与公正才能保证整个招投标活动的客观与公正。

4. 保证招标文件格式、合同条款的规范一致体

编制招标文件应保证格式文件、合同条款规范一致,从而保证招标文件逻辑清晰、表达准确,避免产生歧义和争议。

招标文件合同条款部分如采用通用合同条款和专用合同条款形式编写的,正确的合同款编写方式为:"通用合同条款"应全文引用,不得删改;"专用合同条款"则应按其条款编号和内容,根据工程实际情况进行相应修改和补充。

5. 招标文件语言要规范、简练

编制、审核招标文件应一丝不苟、认真细致。招标文件语言文字要规范、严谨、准确、精练、通顺,要认真推敲,避免使用含义模糊或容易产生歧义的词语。

招标文件的商务部分与技术部分一般由不同人员编写,应注意两者之间及各专业之间的相互结合与一致性,应交叉校核,检查各部分是否有不协调、重复和矛盾的内容,确保招标文件的质量。

五、招标文件的备案与发售

1. 招标文件的备案

《房屋建筑和市政基础设施工程施工招标投标管理办法》第十八条规定依法必须进行施工招标的工程,招标人应当在招标文件发出的同时,将招标文件报工程所在地的县级以上地方人民政府建设行政主管部门备案。建设行政主管部门发现招标文件有违反法律、法规内容的,应当责令招标人改正。

第十九条规定招标人对已发出的招标文件进行必要的澄清或者修改的,应当在招标文件要求提交投标文件截止时间至少15日前,以书面形式通知所有招标文件收受人,并同时报工程所在地的县级以上地方人民政府建设行政主管部门备案。该澄清或者修改的内容为招标文件的组成部分。

2. 招标文件的发售

《房屋建筑和市政基础设施工程施工招标投标管理办法》第二十一条规定招标人对于发出的招标文件可以酌收工本费。其中的设计文件,招标人可以酌收押金。对于开标后将设计文件退还的,招标人应当退还押金。

《中华人民共和国实施条例》第十六条规定招标人应当按照资格预审公告、招标公告或者投标邀请书规定的时间、地点发售资格预审文件或者招标文件。资格预审文件或者招标文件的发售期不得少于5日。招标人发售资格预审文件、招标文件收取的费用应当限于补偿印刷、邮寄的成本支出,不得以营利为目的。

思 政 案 例

案例4-1【招标文件编制前后矛盾:严格遵守规范,坚持精益求精】

案例背景:该项目是W市某管护服务采购项目,预算总金额4 800万余元,采购方式为公开招标。由于投诉人对质疑答复不满,因此向W市财政局投诉,称招标文件中申请人资格条件"本项目不接受联合体投标,不允许转包分包"与本项目设定的落实助企优惠政策(中小企业预留。适宜由中小企业提供的预留份额为40%,其中预留给小微企业的比例为60%。预留份额措施按照《政府采购促进中小企业发展管理办法》第八条规定执行)表述前后矛盾,其提供的分包意向协议投标文件被作无效标的判定不合理。经省级政府采购专家库专家论证,采购文件确实存在表述不规范、前后存在自相矛盾的情形。同时W市财政局认为,采购人及其代理机构在理解政府采购政策方面存在偏差,导致供应商对招标文件理解偏差、专家评审失误,影响中标结果,因此投诉事项成立。

处理结果:根据《政府采购质疑和投诉办法》(财政部令第94号)第三十二条规定,W市财政局最终认定该项目中标结果无效,责令采购人修改招标文件,重新开展采购活动。

案例延伸:《政府采购促进中小企业发展管理办法》第八条规定,超过200万元的货物和服务采购项目、超过400万元的工程采购项目中适宜由中小企业提供的,预留该部分采购项目预算总额的30%以上专门面向中小企业采购,其中预留给小微企业的比例不低于60%。预留份额通过下列措施进行。

（一）将采购项目整体或者设置采购包专门面向中小企业采购；

（二）要求供应商以联合体形式参加采购活动,且联合体中中小企业承担的部分达到一定比例；

（三）要求获得采购合同的供应商将采购项目中的一定比例分包给一家或者多家中小企业。组成联合体或者接受分包合同的中小企业与联合体内其他企业、分包企业之间不得存在直接控股、管理关系。

思政要点:本案例揭示了由于招标文件前后不一,自相矛盾导致了本次招标失败,需要重新招标。所以,招标文件编制必须遵守规范,仔细检查,精益求精,保证在招标文件编制环境不出现差错。

任务二 工程标底与招标控制价的编制

一、工程标底的编制

1. 工程标底的作用

工程标底是招标人通过客观、科学计算,期望控制的招标工程施工造价。工程招标标底主要用于评标时分析投标价格的合理性、平衡性、偏离性,分析各投标报价的差异情况,发现和防止投标人恶意竞争报价及串通投标的参考性依据。

思政·最高投标限价编制

但是,标底不能作为评定投标报价有效性和合理性的直接依据。招标文件中不得规定投标报价最接近标底的投标人为中标人,也不得规定超出标底价格上下允许浮动范围的投标报价直接作废标处理。同时,限制使用标底与投标报价复合形成评标基准价,并与评标打分紧密挂钩。

《实施条例》第二十七条规定招标人可以自行决定是否编制标底。一个招标项目只能有一个标底。标底必须保密。接受委托编制标底的中介机构不得参加受托编制标底项目的投标,也不得为该项目的投标人编制投标文件或者提供咨询。

2. 编制工程标底的原则

（1）遵守招标文件的规定,充分研究招标文件相关技术和商务条款、设计图纸及有关计价规范的要求。标底应该客观反映工程建设项目实际情况和施工技术管理要求。

（2）标底的编制应结合市场状况,客观反映工程建设项目的合理成本和利润。

3. 编制工程标底的依据

工程标底价格一般依据工程招标文件的发包内容范围和工程量清单,参照现行有关工程消耗定额和人工、材料、机械等要素的市场平均价格,结合常规施工组织设计方案编制。各类工程建设项目标底编制的主要强制性、指导性或参考性依据如下:

工程标底的编制
依据与程序

（1）各行业建设工程工程量清单计价规范；

（2）国家或省级行业建设主管部门颁发的计价定额和计价办法；

（3）建设工程设计文件及相关资料；

（4）招标文件的工程量清单及有关要求；

（5）工程建设项目相关标准、规范、技术资料；

（6）工程造价管理机构或物价部门发布的工程造价信息或市场价格信息；

（7）其他相关资料。

标底主要是评标分析的参考依据，编制标底的依据和方法没有统一的规定，一般根据招标项目的技术管理特点、工程发包模式、合同计价方式等选择标底编制的方法和依据。

4. 编制工程标底的几个重要问题

（1）注重工程现场调查研究

应主动收集、掌握大量的第一手相关资料，分析确定恰当的、切合实际的各种基础价格和工程单价，以确保编制合理的标底。

（2）注重施工组织设计

工程标底的编制
方法与注意事项

应通过详细的技术经济分析比较后再确定相关施工方案、施工总平面布置、进度控制网络图、交通运输方案、施工机械设备选型等，以保证所选择的施工组织设计安全可靠、科学合理，这是编制出科学合理的标底的前提，否则将直接导致工程消耗定额选择和单价组成的偏差。

国有资金投资的工程进行招标，根据《招标投标法》的规定，招标人可以设标底。当招标人不设标底时，为有利于客观、合理地评审投标报价和避免哄抬标价，造成国有资产流失，招标人应编制招标控制价。招标人设有最高投标限价的，应当在招标时公布最高投标限价的总价，以及各单位工程的分部分项工程费、措施项目费、其他项目费、规费和税金。

二、招标控制价的编制

1. 招标控制价概述

（1）最高限价制度的建立

为了提高招标公开、公正、透明度，防止围标、串标等暗箱操作行为，有效控制投资概算，2012 年 2 月实施的《实施条例》最早设定了最高投标限价制度，最高投标限价和标底的主要区别就是其公开性。

《实施条例》第二十七条：招标人设有最高投标限价的，应当在招标文件中明确最高投标限价或者最高投标限价的计算方法。招标人不得规定最低投标限价。

（2）最高限价制度的健全

在实际工作中，为了进一步落实和健全投标限价制度，2013 年住房城乡建设部对 2001 年 11 月 5 日，原建设部发布的《建筑工程施工发包与承包计价管理办法》进行了修改，明确了最高限价的编制依据、公布方式方法，对最高限价进行了规范：

① 将编制最高投标限价纳入《办法》的调整范围（第二条）。

② 规定国有资金投资的建筑工程招标的，应当设有最高投标限价；非国有资金投资的建筑工程招标的，招标人可以设有最高投标限价，也可以只设标底不设最高投标限价（第六条）。

③ 规定最高投标限价的编制依据，即依据工程量清单、工程计价有关规定和市场价格信息等编制（第八条第一款）。

④ 规定最高投标限价的公布方法,除了公布最高投标限价的总价外,还应公布组成总价的分部分项费用(第八条第二款)。

⑤ 规定投标报价不得高于最高投标限价,如果高于最高投标限价的,评标委员会应当否决投标人的投标(第十一条)。

(3) 实际操作的规范

2008 年住建部公布《建设工程工程量清单计价规范》(GB 50500—2008),首先提出了招标控制价的定义、编制依据和投诉处理等规范,后来进行修改和补充到现行《建设工程工程量清单计价规范》(GB 50500—2013)中:

① 招标控制价的概念(术语部分):招标人根据国家或省级、行业建设主管部门颁发的有关计价依据和办法,以及拟定的招标文件和招标工程工程量清单,结合工程具体情况编制的招标工程的最高投标限价。

② 招标控制价制度的贯彻落实(条文 5.1.1):国有资金投资的建设工程招标,招标人必须编制招标控制价。

2. 招标控制价的作用

(1) 招标人有效控制项目投资,防止恶性投标带来的投资风险。

(2) 增强招标过程的透明度,有利于正常评标。

(3) 利于引导投标方投标报价,避免投标方无标底情况下的无序竞争。

(4) 招标控制价反映的是社会平均水平,为招标人判断最低投标价是否低于成本提供参考。

(5) 可为工程变更新增项目确定单价提供计算依据。

(6) 作为评标的参考依据,避免出现较大偏离。

(7) 投标人根据自己的企业实力、施工方案等报价,不必揣测招标人的标底,提高了市场交易效率。

(8) 减少了投标人的交易成本,使投标人不必花费人力、财力去套取招标人的标底。

(9) 招标人把工程投资控制在招标控制价范围内,提高了交易成功的可能性。

3. 编制招标控制价的原则

(1) 根据国家公布现行的《建设工程工程量清单计价规范》,统一工程项目划分、统一计量单位、统一计算规则以及施工图纸、招标文件,并参照国家、行业、地方规定的技术标准规范确定工程量,同时参考各地的预算定额以及主要材料的市场价格确定招标控制价价格。

(2) 招标控制价作为建设单位的期望价格,应力求与市场的时间变化吻合,要有利于竞争和保证工程量。要按照市场价格行情客观、公正的确定控制价价格,绝不能故意低估或高估招标控制价价格。

(3) 招标控制价应由成本、利润、税金等组成,应控制在批准的总概算及投资包干的限额内。

(4) 招标控制价应考虑人工、材料、设备、机械台班等价格变化因素,还应包括不可预见费、预算包干费、措施费、现场因素费、保险以及采用固定价格的工程风险金等。工程要求优良的还应增加相应的费用。

(5) 一个工程只能编制一个招标控制价,绝不能编制多个招标控制价和评标时任意选择招标控制价。

（6）控制价招标编制完成后，应密封报送招标管理机构审定。审定后必须及时妥善封存，直至开标时，所有接触过招标控制价价格的人员均负有保密责任，不得泄露。招标人或其委托的控制价编制单位泄露控制价的，要按《招标投标法》的有关规定处罚。

4. 编制招标控制价的主要依据

（1）《建设工程工程量清单计价规范》（GB 50500—2013）。

（2）省、市建设主管部门颁发的计价定额、计价办法及相关规定。

（3）建设工程设计文件及相关资料。

（4）招标文件及招标工程量清单。

（5）与建设项目相关的标准、规范及技术资料。

（6）施工现场情况、工程特点及常规施工方案。

（7）工程造价管理机构发布的工程造价信息，当工程造价信息没有发布时，参照市场价。

（8）其他相关资料。

招标控制价的编制
规定与依据

5. 招标控制价文件的主要内容

（1）招标控制价的综合编制说明。

（2）招标控制价价格审定书、招标控制价价格计算书、带有价格的工程量清单、现场因素、各种施工措施的测算明细以及采用固定价格工程的风险系数测算明细等。

（3）主要人工、材料、设备用量。

（4）招标控制价附件：如各项交底纪要、各种材料及设备的价格来源、现场的地质、水文、地上情况的有关资料、编制招标控制价价格所依据的施工方案或施工组织设计等。

（5）招标控制价编制的有关表格。

6. 编制招标控制价的主要程序

（1）确定招标控制价的编制单位。招标控制价应由具有编制能力的招标人或受其委托有相应资质的工程造价咨询人编制。工程造价咨询人不得同时接受招标人和投标人对工程的招标控制价和投标报价的编制。

（2）收集编制资料，包括全套施工图纸及现场地质、水文、地上情况的有关资料，招标文件，报审的有关表格控制价。

（3）编制招标控制价。编制人员应严格按照国家的有关政策、规定，科学公正地编制招标控制价。

（4）招标控制价审核。目前我国建设工程施工招标中招标控制价的编制主要采用工程量清单计价。

7. 招标控制价的编制方法

（1）分部分项工程费应根据招标文件中的分部分项工程量清单项目的特征描述及有关要求，按规定确定综合单价进行计算。综合单价中应包括招标文件中要求投标人承担的风险费用。招标文件提供了暂估单价的材料，按暂估的单价计入综合单价。

（2）措施项目费应按招标文件中提供的措施项目清单确定，措施项目采用分部分项工程综合单价形式进行计价的工程量，应按措施项目清单中的工程量，并按规定确定综合单价以"项"为单位的方式计价的，按规定确定除规费、税金以外的全部费用。措施项目费中的安全文明施工费应当按照国家或省级、行业建设主管部门的规定标准计价。

（3）其他项目费应按下列规定计价。① 暂列金额。暂列金额由招标人根据工程特点，按有关计价规定进行估算确定。为保证工程施工建设的顺利实施,在编制招标控制价时应对施工过程中可能出现的各种不确定因素对工程造价的影响进行估算,列出一笔暂列金额。暂列金额可根据工程的复杂程度、设计深度、工程环境条件(包括地质、水文、气候条件等)进行估算,一般可按分部分项工程费的 10%~15% 作为参考。② 暂估价。暂估价包括材料暂估价和专业工程暂估价。暂估价中的材料单价应按照工程造价管理机构发布的工程造价信息或参考市场价格确定;暂估价中的专业工程暂估价应分不同专业,按有关计价规定估算。③ 计日工。计日工包括计日工人工、材料和施工机械。在编制招标控制价时,对计日工中的人工单价和施工机械台班单价应按省级、行业建设主管部门或其授权的工程造价管理机构公布的单价计算;材料应按工程造价管理机构发布的工程造价信息中的材料单价计算,工程造价信息未发布材料单价的材料,其价格应按市场调查确定的单价计算。④ 总承包服务费。招标人应根据招标文件中列出的内容和向总承包人提出的要求,参照下列标准计算:

a. 招标人仅要求对分包的专业工程进行总承包管理和协调时,按分包的专业工程估算造价的 1.5% 计算。

b. 招标人要求对分包的专业工程进行总承包管理和协调,并同时要求提供配合服务时,根据招标文件中列出的配合服务内容和提出的要求,按分包的专业工程估算造价的 3%~5% 计算。

c. 招标人自行供应材料的,按招标人供应材料价值的 1% 计算。

d. 招标控制价的规费和税金必须按国家或省级、行业建设主管部门的规定计算。

8. 招标控制价的审定

招标人在发布招标文件时,将招标控制价及有关资料报送工程所在地工程造价管理机构备案。招标管理机构在规定的时间内完成招标控制价的审定工作,未经审查的招标控制价一律无效。

(1) 招标控制价审查时应提交的各类文件

招标控制价报送招标管理机构审查时,应提交工程施工图纸、方案或施工组织设计、填有单价与合价的工程量清单、招标控制价计算书、招标控制价汇总表、招标控制价审定书采用固定价格的工程的风险系数测算明细,以及现场因素、各种施工措施测算明细、主要材料用量、设备清单等。

(2) 招标控制价的审定内容

① 招标控制价计价内容。包括承包范围、招标文件规定的计价方法及招标文件的其他有关条款。

② 工程量清单单价组成分析。人工、材料、机械台班计取的价格、直接费、其他直接费、有关文件规定的调价、间接费、现场经费、预算包干费、利润、税金、采用固定价格的工程测算的在施工周期价格波动风险系数、不可预见费(特殊情况)以及主要材料数量等。

③ 设备的市场供应价格、措施费(赶工措施费、施工技术措施费),现场因素费用等。

(3) 招标控制价审定时间

招标控制价应在招标文件中注明,不应上调或下浮,招标人应将招标控制价及有关资料报送工程所在地工程造价管理机构备案。招标控制价超过批准的概算时,招标人应将其报原概算审批部门审核。投标人的投标报价高于招标控制价的,其投标应予拒绝。

思 政 案 例

案例4-2【最高投标限价:坚守职业道德】

案例背景:某国家重点工程项目,在项目开始招投标之前,投标人通过其他途径认识了该项目负责预算编制单位的工作人员,双方逐渐建立起良好的沟通关系。后投标人通过预算编制单位获得了该工程项目正在编制过程中的招标控制价清单,该招标控制价清单在投标人公开招标信息时没有对外公布,仅公布了招标控制价的总价(《建筑工程施工发包与承包计价管理办法》第八条规定:最高投标限价应当依据工程量清单、工程计价有关规定和市场价格信息等编制。招标人设有最高投标限价的,应当在招标时公布最高投标限价的总价,以及各单位工程的分部分项工程费、措施项目费、其他项目费、规费和税金。)

预算编制单位的工作人员在将控制价清单的过程稿私下拷贝给投标人时,告诉投标人千万不要直接用,要改一下再用,并且收受了投标人给予的财物。投标人通过获得的招标控制价清单,几乎直接照搬了控制价清单中各分项、子项的单价信息,有效地提高了自己标书制作的质量,在评标过程中获得了明显的优势地位,顺利中标该项目。

处理结果:该案因招标人中负责评标的公司高管涉嫌职务犯罪而案发,一二审人民法院认定预算编制单位和投标人均构成侵犯商业秘密罪,预算编制单位、投标人均以涉嫌侵犯商业秘密罪被追究刑事责任。

案例延伸:本案例就预算编制单位的工作人员而言,其有保守招标人相关招标信息的当然义务,将这些信息披露给投标人显然是不应该的,其行为方式属于"违反保密义务或者违反权利人有关保守商业秘密的要求,披露、使用或者允许他人使用其所掌握的商业秘密的";就投标人的工作人员而言,其通过这种非公开渠道获取投标人资料并直接用于标书制作显然也有失公允,其行为方式属于"以盗窃、贿赂、欺诈、胁迫、电子侵入或者其他不正当手段获取权利人的商业秘密"。本案发生在《刑法修正案(十一)》颁布实施之前,二审在《刑法修正案(十一)》颁布实施之后,还涉及刑法的溯及力问题,在兼顾国家的刑事司法政策以及"从旧兼从轻"的刑法原则下,对案件事实及定罪量刑作出了判决。

思政要点:本案例揭示了由于违反保密义务或者违反权利人有关保守商业秘密的要求导致了违法犯罪活动,相关责任人受到了法律制裁。同时,从另一个方面体现了坚守职业道德底线的重要性,招标方泄露招标控制价相关信息,本质上是违背了招投标的基本原则,也违背了招投标行业的职业道德规范。

技能训练

任务1 编制招标文件

1. 任务目标

通过技能训练环节,模拟真实工作环境,完成招标工作的核心工作——招标文件的编制,与实际工作岗位相对接。

2. 工作任务

按照《房屋建筑与市政工程标准施工招标文件》(2010年版),编制招标文件。参照项目1【背景案例】实施工作任务。

任务2 编制招标控制价

1. 任务目标

通过技能训练环节,模拟真实工作环境,完成招标工作的核心工作——招标控制价,与实际工作岗位相对接。

2. 工作任务

依据现行国家标准《建设工程工程量清单计价规范》(GB 50500—2013)与国家或省级、行业计价定额和计价办法等相关资料,编制招标控制价。

本招标项目××饰品电商园项目已由×发改委以×发〔2020〕253号批准建设,项目业主为江苏××实业有限公司,建设资金来自自筹,项目出资比例为100%。项目已具备招标条件,现对该项目××饰品电商园项目【7#、8#楼工程】的施工进行公开招标,特邀请有兴趣的潜在投标人参加投标。建设地点:××县××工业路西侧。建设规模:建筑面积约37 755.32平方米。合同估算价:约5 678.66万元。工期要求:441日历天。招标范围:工程量清单及施工图全部内容(土建、安装、桩基)。投标人须具备建筑工程施工总承包叁级(含)以上,安全生产许可证,并在人员、设备、资金等方面具有相应的施工能力。投标人拟派项目负责人须具备建筑工程贰级(含)以上,《建筑施工企业安全生产考核合格证书》(B证),且必须满足下列条件:(1)项目负责人不得同时在两个或者两个以上单位受聘或者执业[是指:a.同时在两个及以上单位签订劳动合同或交纳社会保险;b.将本人执(职)业资格证书同时注册在两个及以上单位]。(2)项目负责人是非变更后无在建工程,或项目负责人是变更后无在建工程(必须原合同工期已满且变更备案之日已满6个月),或因非承包方原因致使工程项目停工或因故不能按期开工且已办理了项目负责人解锁手续,或项目负责人有在建工程,但该在建工程与本次招标的工程属于同一工程项目、同一项目批文、同一施工地点分段发包或分期施工的情况且总的工程规模在项目负责人执业范围之内。项目负责人不得在其他项目中担任项目负责人、技术负责人、质检员、安全员、施工员任一职务(已在绿化养护、市政养护工程中担任项目负责人、技术负责人、质检员、安全员、施工员视为无在建工程)。(3)项目负责人无行贿犯罪行为记录;或有行贿犯罪行为记录,但自记录之日起已超过5年的。投标人不得有招标文件第二章投标人须知第 1.4.3 项规定的情形。本次招标<u>不接受联合体投标</u>。采用联合体投标的,应满足招标文件第二章投标人须知第 1.4.2 项的规定。投标人在递交投标文件截止时间前须取得《××市建筑业企业信用管理手册》。招标文件获取时间为:2020 年 6 月 19 日至 2020 年 7 月 3 日 9 时 30 分;招标文件获取方式:投标人使用"江苏 CA 数字证书"登录"电子招标投标交易平台"获取。招标文件每套售价 250 元,售后不退。投标截止时间为:2020 年 7 月 3 日 9 时 30 分。本次招标采用合理低价法,评标标准和方法详见招标文件第三章。

招标人:××实业有限公司　　　　招标代理机构:××建设工程造价咨询有限公司

地　址:××县××县××路××号　　地　址:××县××路××号××幢××层

邮　编:221200　　　　　　　　　邮　编:221200

联系人:××　　　　　　　　　　　联系人:××

电　话:××　　　　　　　　　　　电　话:××

<u>2020</u> 年 <u>6</u> 月 <u>19</u> 日

▶ 专题实训 3:招标文件的编制、备案与发售实训 ◀

实训目的

1. 拆分招标文件知识点,结合项目案例和实训操作手册,使学生掌握招标文件的编制方法;

2. 掌握招标相关业务流程、技能知识点;

3. 掌握招标工具中招标文件的软件操作。

实训资料

实训任务及要求

任务 1　编制招标文件

(1) 确定招标文件中技术、商务、市场等各类条款内容;

(2) 确定招标工程的评标办法;

(3) 完成一份电子版的招标文件。

任务 2　招标文件的备案及发售

(1) 完成招标文件的备案工作;

(2) 完成招标文件的发售工作。

任务 3　完成开标前的准备工作

(1) 完成开标评标标室的预约工作;

(2) 完成评审专家的申请、抽选工作。

实训准备

1. 硬件准备:多媒体设备、实训电脑、实训指导手册、实训软件加密锁。

2. 软件准备：工程招投标沙盘模拟执行评测系统、电子招标文件编制工具、工程交易管理服务平台、工程招投标沙盘模拟执行评测系统。

实训总结

1. 教师评测：评测软件操作，学生成果展示，评测学生学习成果。
2. 学生总结：小组组内讨论10分钟，写下实训心得，并分享讨论。

▶ 项目小结 ◀

　　招标文件是整个工程招标投标和施工过程中最重要的法律文件之一，是投标人编制投标文件和参加投标的依据，是评标委员会评标的依据，也是拟定合同的基础，对参与招标投标活动的各方均有法律效力。招标文件的编制应该正确、详细地反映项目实际，要按照规范要求进行编制。本章任务重点学习了招标文件的组成、招标控制价构成及招标文件备案与发售等。

[在线答题]·项目4
招标文件的编制与发售

项目 5 建设工程投标

知识目标

1. 了解建设工程施工投标的程序；
2. 掌握投标报价的构成与编制方法；
3. 掌握投标文件的组成及编制方法。

能力目标

1. 能够编制投标报价；
2. 能够编制投标文件。

素质目标

1. 正确树立时间观，增强时间观念，提高工作效率；
2. 牢固树立保密观，严格保密纪律，维护企业利益；
3. 坚定树立诚信观，牢记契约精神，践行诚信规范。

思维导图

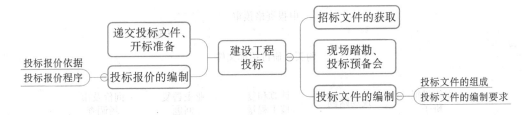

案例导入

某建设工程项目开标会议上,开启投标文件时出现下列情况:

1. 投标时间写错

网上答疑公布的"投标截止时间由 2016 年 5 月 10 日上午 10:00 改为 9:30",在开标现场,招标人对 9:30 过后投标人递交的标书予以拒收,由此引发了开标现场秩序混乱。

2. 把"二"写成"一"

在检查投标文件密封环节,发现其中一家投标人投标文件袋的封面内容存在问题(应该是第二个文件袋的"二"字,被写成了"一"字),经现场监督人、公证人、主持人等讨论决定:对该份投标文件不予开标。

3. 正本变副本

开启标书时,封面标注为正本文件的"跳"出副本文件,封面标注为副本文件的却"跑"出正本文件,主持人当场宣布该投标文件无效。

➢ **思考:** 通过案例分析,对投标工作有哪些启示?

任务一 招标文件的获取

一、建设工程施工投标程序

投标的工作程序应与招标程序相配合、相适应。为取得投标成功,潜在投标人具备投标资格的情况下,首先要了解投标的基本工作程序,如下图 5-1 所示。

1. 招标文件的购领及研究
2. 投标人资格条件

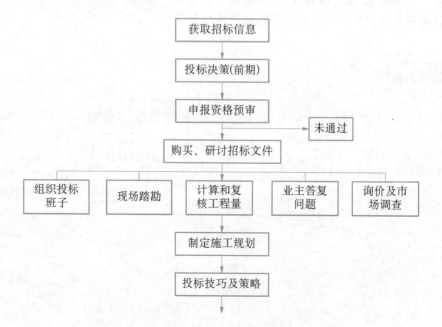

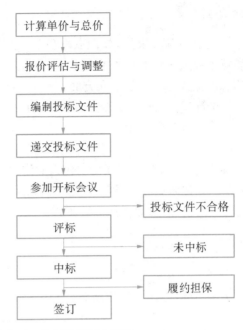

图 5-1 施工投标基本程序

二、建设工程项目投标的组织

投标人进行工程投标,不仅比报价的高低,而且比技术、经验、实力和信誉。特别是当前国际承包市场中,越来越多的工程项目是技术密集型项目,承包商要面对两方面的挑战:一方面是技术上的挑战,要求承包商具有先进的施工技术,能够完成高、新、尖、难工程;另一方面是管理上的挑战,要求承包商具有先进的组织管理水平,能够以较低价中标,靠管理和索赔获利。因此进行工程投标,需要有专门的机构和人员负责组织和管理投标活动的全过程。

投标组织

为迎接技术和管理方面的挑战,在竞争中取胜,投标人的投标班子应该由如下三种类型的人才组成:

(1)经营管理类人才。经营管理类人才是指制定和贯彻经营方针与规划、负责工作的全面筹划和安排、具有决策能力的人员,包括经理、副经理、总工程师、总经济师等具有决策权的人员,以及其他经营管理人才。

(2)专业技术类人才。专业技术类人才是指建筑师、结构工程师、设备工程师等各类专业技术人员,他们应具备熟练的专业技能、丰富的专业知识,能从本公司的实际技术水平出发,制订投标用的专业实施方案。

(3)商务金融类人才。商务金融类人才是指概预算、财务、合同、金融、保函、保险等方面的人才,在国际工程投标竞争中这类人才的作用尤其重要。

三、收集招标信息

收集招标信息

随着建筑市场竞争的日益激烈，如何获取信息，也关系到承包商的生存和发展。信息竞争成为承包商竞争的焦点。

获取投标信息的主要途径有以下几方面：

（1）通过有形建筑市场、网络、广播电视新闻、广告，主动获取招标工程、国家重点项目、企业改扩建计划信息。

（2）提前跟踪信息。有时承包人从工程立项就开始跟踪，并根据自身的技术优势和工程经验为发包人提供合理化建议，加强与发包人的沟通和联系。

（3）公共关系。经常派业务人员深入政府有关部门、企事业单位，广泛联系，获取信息。

（4）取得老客户的信任，从而承接后续工程。

四、对初定目标项目的调查

对初定项目的调查

1. 工程业主和工程项目本身情况

了解项目投资的可靠性、工程投资是否已到位、业主资信情况、履约态度、合同管理经验，工程价款的支付方式，在其他项目上有无拖欠工程款的情况，对实施的工程需求的迫切程度等。工程项目方面的情况包括工程性质、规模、发包范围，工程的技术规模和对材料性能及工人技术水平的要求，总工期及分批竣工交付使用的要求，施工场地的地形、地质、地下水位、交通运输、给排水、供电、通信条件的情况，监理工程师的资历、职业道德、工作作风等。

（1）政治和法律方面。投标人首先应当了解在招投标活动中以及在合同履行过程中有可能涉及的法律，也应当了解与项目有关的政治形势、国家政策等，即国家对该项目采取的是鼓励政策还是限制政策。

（2）自然条件。自然条件包括工程所在地的地理位置，地形、地貌，气象状况（包括气温、强度、主导风向、年降水量等），洪水、台风及其他自然灾害状况等。

（3）市场状况。投标人调查市场情况是一项非常艰巨的工作，其内容也非常多，主要包括：材料设备的市场情况，如建筑材料、施工机械设备、燃料、动力、水和生活用品的供应情况、价格水平（包括过去几年批发物价和零售物价指数以及今后的变化趋势和预测）等；劳务市场情况，如工人技术水平、工资水平、有关劳动保护和福利待遇的规定等；金融市场情况，如银行贷款的难易程度以及银行贷款利率等。

其中，对材料设备的市场情况尤其需详细了解。这些了解包括原材料和设备的来源方式，购买的成本、来源国或厂家供货情况，材料、设备购买时的运输、税收、保险等方面的规定、手续和费用，施工设备的租赁、维修费用，使用投标人本地原材料、设备的可能性以及成本比较。

2. 投标人自身情况

投标人对自己内部情况、资料也应当进行归纳管理。这类资料主要用于招标人要求的资格审查和本企业履行项目的可能性。投标人自身方面的因素主要包括技术实力、经济、管理和信誉。

3.竞争对手资料

掌握竞争对手的情况,是投标策略中的一个重要环节。也是投标人参加投标能否获胜的重要因素。投标人在商定投标策略时应考虑竞争对手的情况。

五、投标项目选择的决策

1.做出投标决策

承包商参与投标的目的就是为了中标,并获得利润。投标决策的意义就在于考虑项目的可行性与可能性,减少盲目投标增加的成本,既要能中标承包到工程,又要从承包工程中获得利润。投标决策贯穿在整个投标过程中,关键是处理好2个问题:一是是否投标,即针对所招标的项目决定是投标还是不投标;二是投标性质的决策,即若投标,投什么性质的标,如何争取中标,获得合理的效益。

一般来说有下列情形之一的招标项目,承包商不宜参加投标:

(1)本企业业务范围和经营能力以外的工程。

(2)本企业现有工程任务比较饱满,而招标工程风险大或盈利水平较低的工程。

(3)本企业资源投入量过大的工程。

(4)有技术等级、信誉度和实力等方面具有明显优势的潜在竞争对手参加竞标的工程。

2.投标的类型

(1)按投标性质分,投标有保险标和风险标

保险标是指承包商对招标工程基本上不存在技术、设备、资金等方面的问题,或是虽有技术、设备、资金和其他方面的问题,但已有了解决的办法。投标不存在太大的风险。

投标的类型

风险标是指承包商对存在技术、设备、资金等方面尚未解决的问题,完成工程承包任务难度较大的工程投标。投风险标,关键是要想办法解决好工程存在的问题,如果问题解决得好,可获得丰厚的利润,开拓出新的技术领域,使企业实力增强,如果问题解决得不好,企业的效益、声誉都会受到损失。因此,承包商对投风险标的决策要慎重。

(2)按投标效益分,投标有盈利标、保本标和亏损标

盈利标是指承包商对能获得丰厚利润工程而投的标。如果企业现有任务饱满,但招标工程是本企业的优势项目,且招标人授标意向明确时,可投盈利标。

保本标是指承包商对不能获得太多利润,但一般也不会出现亏损的招标工程而投的标。一般来说,当企业现有任务少,或可能出现无后继工程时,不求盈利,保本求生存时,可投此标。

亏损标是指承包商对不能获利、反而亏本的工程而投的标。我国禁止投标人以低于成本价竞标,一旦被评标委员会认定为低于成本的报价,会被判定为无效标书。因此,投亏损标是承包商的一种非常手段。一般来说,承包商急于开辟市场的情况下可考虑投此标。

(3)对投标项目选择定量分析

面对竞争激烈的工程承包市场,投标企业要充分考虑影响投标的各种因素后做出决策,判断的方法除了定性分析方法外,还需要定量分析方法辅助决策,定量分析方法常用的是评分法。

思政案例

案例5-1【增强时间观念,提高工作效率】

案例背景:2021年5月27日,国家发改委法规司关于招标文件两个时间期间的法律问题进行了解释。招投标法和招投标法实施条例规定招标文件的发售期不得少于5日,自招标文件开始发出之日起至投标人提交投标文件截止之日止,最短不得少于二十日。

网友问题:由于现在我们都实行了电子招投标,招标文件都是潜在投标人自己在网上交易平台获取,也不收费,我们就有一个想法,就是不限制招标文件获取时间,这样是否可以? 即投标截止时间前潜在投标人都可以从网上交易平台获取招标文件,但是从潜在投标人可以获取招标文件之日起到投标截止时间仍然要求不少于二十日。

官方答复:《招标投标法实施条例》第十六条规定招标文件发售期不得少于5日,是为了保证潜在投标人有足够的时间获取招标文件,以保证招标投标的竞争效果。因此,为了更多地吸引潜在投标人参与投标,招标人在确定具体招标项目的资格预审文件或者招标文件发售期时,应当综合考虑节假日、文件发售地点、交通条件和潜在投标人的地域范围等情况,在招标公告中规定一个不少于5日的合理期限。

案例分析:(1) 招投标法规定,"自招标文件开始发出之日起至投标人提交投标文件截止之日止,最短不得少于二十日"。注意,招标文件是陆续发出,那么"开始发出之日"如何确定? 似乎有点模糊,是从第一份招标文件开始发出计算,还是从最后一份招标文件开始发出计算? 从"二十日"规定的本意来说,是为了让投标人有足够的时间编制其投标书,按此推理,最后一份招标文件的发出应作为"二十日"的起算日。但是招投标法并没有规定招标文件的发售期,而实施条例对此进行了明确。(2) 实施条例只是规定了招标文件的"发售期不得少于5日",并没有最长发售期的限制,因此问题中的"是否可以不限制招标文件的获取时间",应该说只要比5日更长即可。规定5日的本意是为了保证有足够的投标人投标,以维持恰当的竞争性。(3) "二十日"和"5日"的本意存在不同,因此提出该问题的实质应该是为了突破5日的限制条件,即从招标文件开始发售(不是"发出")之日起至投标书递交截止时间止,可能少于25天。如果少于25天(即没有5天的限制)会发生什么事? 比如22天,那么全部潜在投标人可能在前两天都获取了电子标书,而招投标法规定,对招标文件的质疑或澄清,应该在投标书递交截止时间的第15天之前,这意味着投标人只有5天的时间分析招标文件并提出澄清,这期间还要进行现场考察和召开标前会议,时间将过于仓促,影响了投标人对招标文件澄清的权利。

思政要点:高尔基曾说过,"时间是最公平合理的,它从不多给谁一分。勤劳者能让时间留下串串果实,懒惰者时间留给他们的是一头白发,两手空空。"招投标方要做好招标策划工作,合理安排各环节工作时间,既要符合法律规定,又要满足工作实际,以保证招标工作顺利完成。

▶ 任务二 现场踏勘与投标预备会 ◀

现场踏勘是指去工地现场进行考察,招标单位一般在招标文件中要注明现场考察的时间和地点,在文件发出后就应安排投标者进行现场考察的准备工作。

1. 现场踏勘和投标预备会
2. 现场踏勘目的与内容

按照国际惯例,投标者提出的报价单一般被认为是在现场考察的基础上编制报价的。因此,投标者在报价以前必须全面地、仔细地调查了解工地及其周围的政治、经济、地理等情况。一旦报价单提出之后,投标者就无权因为现场考察不周、情况了解不细或因素考虑不全面而提出修改投标、调整报价或提出补偿等要求。

现场踏勘之前,应先仔细地研究招标文件,特别是文件中的工作范围、专用条款,以及设计图纸和说明,然后拟定出调研提纲,确定重点要解决的问题,做到事先有准备。

投标人参加现场踏勘的费用,由投标人自行承担。现场踏勘一般主要包括如下内容:

(1) 自然地理条件

包括:施工现场的地理位置;地形、地貌;用地范围;气象、水文情况;地质情况;地震及其设防烈度;洪水、台风及其他自然灾害情况等。

这些条件有的直接涉及风险费用的估算,有的则涉及施工方案的选择,从而涉及工程费用的估算。

(2) 市场情况

包括:建筑材料、施工机械设备、燃料、动力和生活用品的供应状况、价格水平与变动趋势;劳务市场状况;银行利率和外汇汇率等情况。

对于不同建设地点,由于地理环境和交通条件的差异,价格变化会很大。因此,要准确估算工程造价就必须对这些情况进行详细调查。

(3) 施工条件

包括:临时设施、生活用地位置和大小;供排水、供电、进场道路、通信设施现状;引接供排水线路、电源、通信线路和道路的条件和距离;附近已有建(构)筑物、地下和空中管线情况;环境对施工的限制等。

这些条件,有的直接关系到临时设施费的支出的多少,有的则与施工工期有关,或与施工方案有关,或涉及措施项目费用,从而影响工程造价。

投标预备会,又称答疑会、标前会议,一般在现场踏勘之后的1~2天进行。答疑会的目的是解答投标人对招标文件和在现场踏勘中所提出的各种问题,并对图纸进行交底和解释。投标人代表应以书面形式在标前会议上提出,招标人将以书面形式答复。书面答复与招标文件具有同等法律效力。

思 政 案 例

案例5-2 【加强保密意识，严格保密纪律】

案例背景：江苏某市有一个招标公告中规定，通知潜在招标人于某日上午九点在招标人办公处集合，招标人统一组织现场踏勘。当日在集合处，招标人准备了纸质签到本，要求潜在投标人在签到本上签名写下单位名称、地址、联系方式等基本信息，以便统计来现场踏勘的潜在投标人数量，如果当日有未到场的，再约定其他时间单独安排进行现场踏勘。

案例分析：该行为被招标人监察部门及时发现给予制止，要求招标人员不得让潜在招标人统一签名，以免违反相关规定。《工程建设项目施工招标投标办法》第三十二条规定，招标人根据招标项目的具体情况，可以组织潜在投标人踏勘项目现场，向其介绍工程场地和相关环境的有关情况。潜在投标人依据招标人介绍情况作出的判断和决策，由投标人自行负责。第三十二条第二款规定特别说明，招标人不得单独或者分别组织任何一个投标人进行现场踏勘。《招标投标法实施条例》第二十八条同样对招标人组织踏勘项目现场作出明确的规定，招标人不得组织单个或者部分潜在投标人踏勘项目现场。根据《工程建设项目施工招标投标办法》第二十二条第二款规定，招标代理机构也可以在招标人委托的范围内，承担组织投标人现场踏勘事宜。

思政要点：要从根本上加强工程招标的保密，还要加强对工程招标代理机构工作人员相关保密知识的培训，加强保密意识。招标工作人员应该加强学习招标投标法、政府采购法、民法典、保密法，做到依法招标，严格保密纪律，同时加大对泄密问题的查处，确保招投标活动的公正性、公平性。

任务三　投标文件的编制

一、投标文件的组成

建设工程投标文件，是建设工程投标人单方面阐述自己响应招标文件要求，旨在向招标人提出愿意订立合同的意思表示，是投标人确定和解释有关投标事项的各种书面表达形式的统称。从合同订立过程来分析，建设工程投标文件在性质上属于一种要约，其目的在于向招标人提出订立合同的意愿。

思政·投标文件编制

建设工程投标文件是由一系列有关投标方面的书面资料组成的。一般来说，投标文件由以下几个部分组成：

（1）投标函及投标函附录；

（2）法定代表人身份证明或附有法定代表人身份证明的授权委托书；

（3）联合体协议书；

（4）投标保证金；

（5）已标价工程量清单和报价表；

（6）施工组织设计；

（7）项目管理机构；

（8）资格审查资料。

二、投标文件的编制要求

1. 投标文件编制的一般要求

（1）投标人编制投标文件时必须使用招标文件提供的投标文件表格格式，但表格可以按同样格式扩展。投标保证金、履约保证金的方式，按招标文件有关条款的规定可以选择。投标人根据招标文件的要求和条件填写投标文件的空格时，凡要求填写的空格都必须填写，不得留空，否则，即被视为放弃意见。实质性的项目或数字如工期、质量等级、价格等未填写的，将被作为无效或作废的投标文件处理。将投标文件按规定的日期送交招标人，等待开标、定标。

（2）应当编制的投标文件"正本"一份，"副本"则按招标文件前附表所述的份数提供，同时要在标书封面标明"投标文件正本"和"投标文件副本"字样。投标文件正本和副本如有不一致之处，以正本为准。电子招投标的按照电子招投标相关要求执行。

（3）投标文件正本和副本均应使用不能擦去的墨水打印或书写，各种投标文件的填写都要字迹清晰、端正，补充设计图纸要整洁、美观。

（4）所有投标文件均由投标人的法定代表人签署、加盖印鉴，并加盖法人单位公章。

（5）填报投标文件应反复校核，保证分项和汇总计算均无错误。全套投标文件均应无涂改和行间插字，除非这些删改是根据招标人的要求进行的，或者是投标人造成的必须修改的错误。修改处应由投标文件签字人签字证明并加盖印鉴。

（6）如招标文件规定投标保证金为合同总价的百分比时，开投标保函不要太早以防泄漏己方报价。但有的投标商提前开出并故意加大保函金额，以麻痹竞争对手的情况也是存在的。

（7）投标人应将投标文件的技术标和商务标分别密封在内层包封，再密封在一个外层包封中，并在内封上标明"技术标"和"商务标"。标书包封的封口处都必须加贴封条，封条贴缝应全部加盖密封章或法人章。内层和外层包封都应由投标人的法定代表人签署、加盖印鉴，并加盖法人单位公章。内层和外层包封都应写明投标人名称和地址、工程名称、招标编号，并注明开标时间以前不得开封。在内层和外层包封上还应写明投标人的名称与地址、邮政编码，以便投标出现逾期送达时能原封退回。如果内外层包封没有按上述规定密封并加写标志，投标文件将被拒绝，并退还给投标人。投标文件应按时递交至招标文件前附表所述的单位和地址。

（8）投标文件的打印应力求整洁、清晰，避免评标专家产生反感。投标文件的装订也要力求精美，使评标专家从侧面产生对投标人企业实力的认可。

2. 技术标编制的要求

技术标与施工组织设计虽然在内容上是一致的，但在编制要求上却有一定差别。施工组织设计的编制一般注重管理人员和操作人员对规定和要求的理解和掌握。而技术标则要求能让评标委员会的专家们在较短的时间内，发现标书的价值和独到之处，从而给予较高的评价。因此，技术标编制应注意以下问题：

（1）针对性

在评标过程中，常常发现投标人为了使标书内容充实，以体现投标人的水平，把技术标做得很厚。其中的内容往往都是对规范标准的成篇引用，或对其他项目标书的成篇抄袭，使投标文件毫无针对性。该有的内容没有，无需有的内容却充斥标书，这样的投标文件易引起评标专家的反感，导致技术标部分得分较低。

（2）全面性

如前面评标办法介绍的，对技术标的评分标准一般分为许多项目，这些项目都分别被赋予一定的评分分值。这就意味着，这些项目不能发生缺项，一旦发生缺项，该项目就可能被评为零分，这样中标概率将会大大降低。

另外，对一般项目而言，评标的时间往往有限，评标专家没有时间对技术标深入分析，因此，只要有关内容齐全，且无明显的错误，技术标部分一般扣分较少。所以，对一般工程而言，技术标部分的全面比内容的深入细致更重要。

（3）先进性

技术标部分应尽量使用最新施工工艺。没有技术亮点，没有特别吸引招标人的技术方案，一般得分较低。因此，投标文件编制时，投标人应仔细分析招标文件，采用先进的技术、设备、材料或工艺，使投标文件有更多的亮点。

（4）可行性

技术标的内容为指导施工实施，因此，技术标应有较强的可行性。为了凸现技术标的先进性，盲目提出不切实际的施工方案、设备计划，都会给今后具体实施带来困难，甚至导致建设单位或监理工程师提出违约指控。

（5）经济性

投标人参加投标承揽业务的最终目的是为了获取最大的经济利益，而施工方案的经济性，直接关系到投标人的效益，因此必须谨慎考虑。另外，施工方案也是投标报价的一个重要影响因素，经济合理的施工方案，能降低投标报价，使报价更具竞争力。

三、投标文件的编制步骤

编制投标文件，首先要满足招标文件的各项实质性要求，再次要贯彻企业从实际出发确定的投标策略和技巧，按招标文件规定的投标文件格式文本填写。其具体步骤如下：

1. 准备工作

编制投标文件的准备工作主要包括：熟读招标文件、踏勘现场、参加答疑会议、市场调查及询价、定额资料和标准图集的准备等。

（1）组建投标班子，确定该工程项目投标文件的编制人员。一般由三类人员组成：经营管理类人员、技术专业类人员、商务金融类人员。

（2）收集有关文件和资料。投标人应收集现行的规范、预算定额、费用定额、政策调价文件以及各类标准图等。上述文件和资料是编制投标报价书的重要依据

（3）分析研究招标文件。招标文件是编制投标文件的主要依据，也是衡量投标文件响应性的标准，投标人必须仔细分析研究。重点放在投标须知、合同专用条款、技术规范、工程量清单和图纸等部分。要领会业主的意图，掌握招标文件对投标报价的要求，预测到承包该工程的风险，总结存在的疑问，为后续的踏勘现场、标前会议、编制标前施工组织设计和投标

报价做准备。

（4）踏勘现场。投标人的投标报价一般被认为是经过现场考察后的，即考虑了现场的实际情况后编制的，在合同履行中不允许承包人因现场考察不周方面的原因调整价格。投标人应做好下列现场勘察工作：

① 现场勘察前充分准备。认真研究招标文件中发包范围和工作内容、合同专用条款、工程量清单、图纸及说明等，明确现场勘察要解决的重点问题。

② 制定现场考察提纲。按照保证重点、兼顾一般的原则有计划地进行现场勘察，重点问题一定要勘察清楚，一般情况尽可能多了解一些。

（5）市场调查及询价。材料和设备在工程造价中一般达到50％以上，报价时应谨慎对待材料和设备供应。通过市场调查和询价，了解市场建筑材料价格并分析价格变动趋势，随时随地能够报出体现市场价格和企业定额的各分部分项工程的综合单价。

2. 编制施工组织设计

标前施工组织设计又称施工规划，内容包括施工方案、施工方法、施工进度计划、用料计划、劳动力计划、机械使用计划、工程质量和施工进度的保证措施、施工现场总平面图等，由投标班子中的专业技术人员编制。

3. 校核或计算工程量

（1）校核或计算工程量

校核或计算工程量分为以下两种情况：

① 如果招标文件同时提供了工程量清单和图纸，投标人一定根据图纸对工程量清单的工程量进行校对，因为它直接影响投标报价和中标机会。校核时，可根据招标人规定的范围和方法：如果招标人规定中标后调整工程量清单的误差或按实际完成的工程量结算工程价款，投标人应详细全面地进行校对，为今后的调整做准备；如果招标人采用固定总价合同，工程量清单的差错不予调整的，则不必详细全面地进行校对，只需对工程量大和单价高的项目进行校对，工程量差错较大的子项采用扩大标价法报价，以避免损失过大。

② 如果招标文件仅提供施工图纸，则投标人根据图纸计算工程量，为投标报价做准备。

（2）校核工程量的目的

① 核实承包人承包的合同数量和义务，明确合同责任。

② 查找工程量清单与图纸之间的差异，为中标后调整工程量或按实际完成的工程量结算工程价款做准备。

③ 通过校核，掌握工程量清单的工程量与图纸计算的工程量的差异，为应用报价技巧做准备。

4. 计算投标报价

计算投标报价有两个方面的内容：

（1）从实际情况出发，通过投标决策确定投标期望利润率和风险费用。

（2）按照招标文件的要求，确定采用定额计价方式还是工程量清单计价方式计算投标报价。

5. 编制投标文件

投标人按招标文件提供的投标文件格式，填写投标文件。

投标人在投标文件编制全部完成后，应认真进行核对、整理和装订成册，再按照招标文件的要求进行密封和标志,并在规定的截止时间以前将投标文件递交给招标人。

四、投标文件编制注意事项

(1)投标文件必须使用招标人提供的投标文件格式,不能随意更改。

(2)规定格式的每一空格都必须填写,如有空缺,则被视为放弃意见。若有重要数字不填写的,比如工期、质量、价格未填,将被作为废标处理。

(3)保证计算数字及书写正确无误,单价、合价、总标价及其大、小写数字均应仔细反复核对。按招标人要求修改的错误,应由投标文件的法定代表人签字并加盖印章证明。

(4)投标文件必须字迹清楚,签名及印鉴齐全,装帧美观大方。

(5)编制投标文件正本一份,副本数为招标文件要求的份数,并注明"正本""副本";当正本与副本不一致时,以正本为准。

(6)投标文件编制完成后应按招标文件的要求整理、装订成册、密封和标志,且做好保密工作。

(7)投递标书不宜太早,通常在截止日期前 1—2 天内递标,但也必须防止投递标书太迟,超过截止时间送达的标书是无效的。

五、准备备忘录

招标文件中一般都有明确规定,不允许投标者对招标文件的各项要求进行随意取舍、修改或提出保留。但是在投标过程中,投标人对招标文件反复深入地进行研究后,往往会发现很多问题,这些问题大体可分为三类:

(1)对投标人有利的,可以在投标时加以利用或在以后提出索赔要求的,这类问题投标者一般在投标时是不提的;

(2)发现的错误明显对投标人不利的,如总价包干合同工程项目漏项或是工程量偏少的,这类问题投标人应及时向业主提出质疑,要求业主更正;

(3)投标者企图通过修改某些招标文件和条款或是希望补充某些规定,以使自己在合同实施时能处于主动地位的问题。

上述问题在准备投标文件时应单独写成一份备忘录提要。但这份备忘录提要不能随同投标文件一起提交,只能自己保存。第三类问题留待合同谈判时使用、也就是说,当该投标使招标人感兴趣,邀请投标人谈判时,再把这些问题根据当时情况、一个一个地拿出来谈判,并将谈判结果写入合同协议书的备忘录中。

除了上述规定的投标书外,投标者还可以写一封更为详细的致函,对自己的投标报价做必要的说明,以吸引招标人、咨询工程师和评标委员会对递送这份投标书的投标人感兴趣和有信心。例如,关于降价的决定,可说明在编完报价单后考虑到同业主友好的长远合作的诚意,决定按报价单的汇总价格无条件地降低某一个百分比,即总价降到多少金额,并愿意以这一降低后的价格签订合同。又如若招标文件允许替代方案,并且投标人又制定了替代方案,可以说明替代方案的优点,明确如果采用替代方案,可能降低或增加的标价。还应说明愿意在评标时,同业主或咨询公司进行进一步讨论,使报价更为合理等。

知识链接 5-1

投标文件格式

《房屋建筑与市政工程标准施工招标文件》(2010 年版)

_____(项目名称)_____标段施工招标

投 标 文 件

投标人：_____(盖单位章)

法定代表人或其委托代理人：_____(签字)

___年___月___日

目 录

一、投标函及投标函附录

二、法定代表人身份证明

三、授权委托书

四、联合体协议书

五、投标保证金

六、已标价工程量清单

七、施工组织设计

八、项目管理机构

九、拟分包项目情况表

十、资格审查资料

十一、其他材料

一、投标函及投标函附录

(一)投标函

致：_____(招标人名称)

在考察现场并充分研究_____(项目名称)_____标段(以下简称"本工程")施工招标文件的全部内容后,我方兹以：

人民币(大写)：_____元

RMB￥：_____元

的投标价格和按合同约定有权得到的其他金额,并严格按照合同约定,施工、竣工和交付本工程并维修其中的任何缺陷。

在我方的上述投标报价中,包括：

安全文明施工费 RMB￥：＿＿＿＿＿＿＿＿＿＿元

暂列金额(不包括计日工部分)RMB￥：＿＿＿＿＿元

专业工程暂估价 RMB￥：＿＿＿＿＿＿＿＿元

如果我方中标,我方保证在＿＿年＿＿月＿＿日或按照合同约定的开工日期开始本工程的施工,＿＿天(日历日)内竣工,并确保工程质量达到＿＿标准。我方同意本投标函在招标文件规定的提交投标文件截止时间后,在招标文件规定的投标有效期期满前对我方具有约束力,且随时准备接受你方发出的中标通知书。

随本投标函递交的投标函附录是本投标函的组成部分,对我方构成约束力。

随同本投标函递交投标保证金一份,金额为人民币(大写)：＿＿＿＿＿元(￥：元)。

在签署协议书之前,你方的中标通知书连同本投标函,包括投标函附录,对双方具有约束力。

投标人(盖章)：

法人代表或委托代理人(签字或盖章)：

日期：＿＿年＿＿月＿＿日

备注:采用综合评估法评标,且采用分项报价方法对投标报价进行评分的,应当在投标函中增加分项报价的填报。

(二) 投标函附录

工程名称：＿＿＿＿＿＿(项目名称)＿＿＿＿＿标段

序 号	条款内容	合同条款号	约定内容	备 注
1	项目经理	1.1.2.4	姓名：＿＿＿＿	
2	工期	1.1.4.3	＿＿＿＿日历天	
3	缺陷责任期	1.1.4.5		
4	承包人履约担保金额	4.2		
5	分包	4.3.4	见分包项目情况表	
6	逾期竣工违约金	11.5	＿＿＿元/天	
7	逾期竣工违约金最高限额	11.5	＿＿＿	
8	质量标准	13.1		
9	价格调整的差额计算	16.1.1	见价格指数权重表	
10	预付款额度	17.2.1		
11	预付款保函金额	17.2.2		
12	质量保证金扣留百分比	17.4.1		
	质量保证金额度	17.4.1		

序 号	条款内容	合同条款号	约定内容	备 注
……	……			

备注:投标人在响应招标文件中规定的实质性要求和条件的基础上,可做出其他有利于招标人的承诺。此类承诺可在本表中予以补充填写。

投标人(盖章):

法人代表或委托代理人(签字或盖章):

日期:＿＿年＿＿月＿＿日

价格指数权重表

名 称		基本价格指数		权 重			价格指数来源
		代 号	指数值	代 号	允许范围	投标人建议值	
定值部分				A			
变值部分	人工费	F_{01}		B_1	＿＿至＿＿		
	钢材	F_{02}		B_2	＿＿至＿＿		
	水泥	F_{03}		B_3	＿＿至＿＿		
	……	……		……	……		
合 计						1.00	

备注:在专用合同条款16.1款约定采用价格指数法进行价格调整时适用本表。表中除"投标人建议值"由投标人结合其投标报价情况选择填写外,其余均由招标人在招标文件发出前填写。

二、法定代表人身份证明

投标人:＿＿＿＿＿＿＿＿＿＿＿＿＿＿＿＿＿＿＿＿

单位性质:＿＿＿＿＿＿＿＿＿＿＿＿＿＿＿＿＿＿＿＿

地 址:＿＿＿＿＿＿＿＿＿＿＿＿＿＿＿＿＿＿＿＿

成立时间:＿＿年＿＿月＿＿日

经营期限:＿＿＿＿＿＿＿＿＿＿＿＿＿＿＿＿＿＿＿＿

姓 名:＿＿＿＿＿ 性 别:＿＿＿＿＿

年 龄:＿＿＿＿＿ 职 务:＿＿＿＿＿

系＿＿＿＿＿＿＿＿＿＿＿＿＿＿＿＿＿(投标人名称)的法定代表人。

特此证明。

投标人:＿＿＿＿＿＿＿(盖单位章)

＿＿＿年＿＿月＿＿日

三、授权委托书

本人＿＿＿＿＿＿(姓名)系＿＿＿＿＿＿(投标人名称)的法定代表人,现委托＿＿＿＿＿

＿＿＿＿(姓名)为我方代理人。代理人根据授权,以我方名义签署、澄清、说明、补正、递交、撤回、修改_____（项目名称）_____标段施工投标文件、签订合同和处理有关事宜，其法律后果由我方承担。

委托期限：_____

_____。

代理人无转委托权。

附：法定代表人身份证明

投　标　人：_____（盖单位章）

法定代表人：_____（签字）

身份证号码：_____

委托代理人：_____（签字）

身份证号码：_____

___年___月___日

四、联合体协议书

牵头人名称：_____

法定代表人：_____

法定住所：_____

成员二名称：_____

法定代表人：_____

法定住所：_____

……

鉴于上述各成员单位经过友好协商，自愿组成_____（联合体名称）联合体，共同参加_____（招标人名称）（以下简称招标人）_____（项目名称）_____标段（以下简称本工程）的施工投标并争取赢得本工程施工承包合同（以下简称合同）。现就联合体投标事宜订立如下协议：

1._____（某成员单位名称）为_____（联合体名称）牵头人。

2.在本工程投标阶段，联合体牵头人合法代表联合体各成员负责本工程投标文件编制活动，代表联合体提交和接收相关的资料、信息及指示，并处理与投标和中标有关的一切事务；联合体中标后，联合体牵头人负责合同订立和合同实施阶段的主办、组织和协调工作。

3.联合体将严格按照招标文件的各项要求，递交投标文件，履行投标义务和中标后的合同，共同承担合同规定的一切义务和责任，联合体各成员单位按照内部职责的部分，承担各自所负的责任和风险，并向招标人承担连带责任。

4.联合体各成员单位内部的职责分工如下：_____。按照本条上述分工，联合体成员单位各自所承担的合同工作量比例如下：_____。

5.投标工作和联合体在中标后工程实施过程中的有关费用按各自承担的工作量分摊。

6. 联合体中标后,本联合体协议是合同的附件,对联合体各成员单位有合同约束力。

7. 本协议书自签署之日起生效,联合体未中标或者中标时合同履行完毕后自动失效。

8. 本协议书一式____份,联合体成员和招标人各执一份。

牵头人名称:_____(盖单位章)

法定代表人或其委托代理人:_____(签字)

成员二名称:_____(盖单位章)

法定代表人或其委托代理人:_____(签字)

......

____年____月____日

备注:本协议书由委托代理人签字的,应附法定代表人签字的授权委托书。

五、投标保证金

保函编号:_____

_____(招标人名称):

鉴于_____(投标人名称)(以下简称"投标人")参加你方_____(项目名称)_____标段的施工投标,_____(担保人名称)(以下简称"我方")受该投标人委托,在此无条件地、不可撤销地保证:一旦收到你方提出的下述任何一种事实的书面通知,在 7 日内无条件地向你方支付总额不超过_____(投标保函额度)的任何你方要求的金额:

1. 投标人在规定的投标有效期内撤销或者修改其投标文件。

2. 投标人在收到中标通知书后无正当理由而未在规定期限内与贵方签署合同。

3. 投标人在收到中标通知书后未能在招标文件规定期限内向贵方提交招标文件所要求的履约担保。

本保函在投标有效期内保持有效,除非你方提前终止或解除本保函。要求我方承担保证责任的通知应在投标有效期内送达我方。保函失效后请将本保函交投标人退回我方注销。

本保函项下所有权利和义务均受中华人民共和国法律管辖和制约。

担保人名称:_____(盖单位章)

法定代表人或其委托代理人:_____(签字)

地　　址:_____

邮政编码:_____

电　　话:_____

传　　真:_____

____年____月____日

备注:经过招标人事先的书面同意,投标人可采用招标人认可的投标保函格式,但相关内容不得背离招标文件约定的实质性内容。

六、已标价工程量清单

说明:已标价工程量清单按第五章"工程量清单"中的相关清单表格式填写。构成合同文件的已标价工程量清单包括第五章"工程量清单"有关工程量清单、投标报价以及其他说明的内容。

七、施工组织设计

1. 投标人应根据招标文件和对现场的勘察情况,采用文字并结合图表形式,参考以下要点编制本工程的施工组织设计:

(1) 施工方案及技术措施;

(2) 质量保证措施和创优计划;

(3) 施工总进度计划及保证措施(包括以横道图或标明关键线路的网络进度计划、保障进度计划需要的主要施工机械设备、劳动力需求计划及保证措施、材料设备进场计划及其他保证措施等);

(4) 施工安全措施计划;

(5) 文明施工措施计划;

(6) 施工场地治安保卫管理计划;

(7) 施工环保措施计划;

(8) 冬季和雨季施工方案;

(9) 施工现场总平面布置(投标人应递交一份施工总平面图,绘出现场临时设施布置图表并附文字说明,说明临时设施、加工车间、现场办公、设备及仓储、供电、供水、卫生、生活、道路、消防等设施的情况和布置);

(10) 项目组织管理机构(若施工组织设计采用"暗标"方式评审,则在任何情况下,"项目管理机构"不得涉及人员姓名、简历、公司名称等暴露投标人身份的内容);

(11) 承包人自行施工范围内拟分包的非主体和非关键性工作(按第二章"投标人须知"第1.11款的规定)、材料计划和劳动力计划;

(12) 成品保护和工程保修工作的管理措施和承诺;

(13) 任何可能的紧急情况的处理措施、预案以及抵抗风险(包括工程施工过程中可能遇到的各种风险)的措施;

(14) 对总包管理的认识以及对专业分包工程的配合、协调、管理、服务方案;

(15) 与发包人、监理及设计人的配合;

(16) 招标文件规定的其他内容。

2. 若投标人须知规定施工组织设计采用技术"暗标"方式评审,则施工组织设计的编制和装订应按附表七"施工组织设计(技术暗标部分)编制及装订要求"编制和装订施工组织设计。

3. 施工组织设计除采用文字表述外可附下列图表,图表及格式要求附后。若采用技术暗标评审,则下述表格应按照章节内容,严格按给定的格式附在相应的章节中。

附表一 拟投入本工程的主要施工设备表

附表二 拟配备本工程的试验和检测仪器设备表

附表三 劳动力计划表

附表四 计划开、竣工日期和施工进度网络图

附表五 施工总平面图

附表六 临时用地表

附表七 施工组织设计(技术暗标部分)编制及装订要求

附表一:拟投入本工程的主要施工设备表

序号	设备名称	型号规格	数量	国别产地	制造年份	额定功率(kW)	生产能力	用于施工部位	备注

附表二:拟配备本工程的试验和检测仪器设备表

序　号	仪器设备名称	型号规格	数　量	国别产地	制造年份	已使用台时数	用　途	备　注

附表三:劳动力计划表

单位:人

工　　种	按工程施工阶段投入劳动力情况

续 表

工 种	按工程施工阶段投入劳动力情况

附表四:计划开、竣工日期和施工进度网络图

1. 投标人应递交施工进度网络图或施工进度表,说明按招标文件要求的计划工期进行施工的各个关键日期。

2. 施工进度表可采用网络图和(或)横道图表示。

附表五:施工总平面图

投标人应递交一份施工总平面图,绘出现场临时设施布置图表并附文字说明,说明临时设施、加工车间、现场办公、设备及仓储、供电、供水、卫生、生活、道路、消防等设施的情况和布置。

附表六:临时用地表

用 途	面积(平方米)	位 置	需用时间

续 表

用　途	面积(平方米)	位　置	需用时间

附表七：施工组织设计(技术暗标部分)编制及装订要求

（一）施工组织设计中纳入"暗标"部分的内容

_____

（二）暗标的编制和装订要求

1. 打印纸张要求：_____。

2. 打印颜色要求：_____。

3. 正本封皮（包括封面、侧面及封底）设置及盖章要求：_____。

4. 副本封皮（包括封面、侧面及封底）设置要求：_____。

5. 排版要求：_____。

6. 图表大小、字体、装订位置要求：_____。

7. 所有"技术暗标"必须合并装订成一册，所有文件左侧装订，装订方式应牢固、美观，不得采用活页方式装订，均应采用_____方式装订；

8. 编写软件及版本要求：Microsoft Word_____；

9. 任何情况下，技术暗标中不得出现任何涂改、行间插字或删除痕迹；

10. 除满足上述各项要求外，构成投标文件的"技术暗标"的正文中均不得出现投标人的名称和其他可识别投标人身份的字符、徽标、人员名称以及其他特殊标记等。

备注："暗标"应当以能够隐去投标人的身份为原则，尽可能简化编制和装订要求。

八、项目管理机构

（一）项目管理机构组成表

职　务	姓　名	职　称	执业或职业资格证明					备　注
			证书名称	级　别	证　号	专　业	养老保险	

职　务	姓　名	职　称	执业或职业资格证明					备　注
			证书名称	级　别	证　号	专　业	养老保险	

（二）主要人员简历表

附1：项目经理简历表

项目经理应附建造师执业资格证书、注册证书、安全生产考核合格证书、身份证、职称证、学历证、养老保险复印件及未担任其他在施建设工程项目项目经理的承诺书，管理过的项目业绩须附合同协议书和竣工验收备案登记表复印件。类似项目限于以项目经理身份参与的项目。

姓　名		年　龄		学　历	
职　称		职　务		拟在本工程任职	项目经理
注册建造师执业资格等级			级	建造师专业	
安全生产考核合格证书					
毕业学校	年毕业于		学校	专业	
主要工作经历					
时　间	参加过的类似项目名称		工程概况说明	发包人及联系电话	

附2：主要项目管理人员简历表

主要项目管理人员指项目副经理、技术负责人、合同商务负责人、专职安全生产管理人员等岗位人员。应附注册资格证书、身份证、职称证、学历证、养老保险复印件，专职安全生产管理人员应附安全生产考核合格证书，主要业绩须附合同协议书。

岗位名称			
姓　　名		年　　龄	
性　　别		毕业学校	
学历和专业		毕业时间	
拥有的执业资格		专业职称	
执业资格证书编号		工作年限	
主要工作业绩及担任的主要工作			

附3：承诺书

承诺书

_____（招标人名称）：

我方在此声明，我方拟派往_____（项目名称）_____标段（以下简称"本工程"）的项目经理_____（项目经理姓名）现阶段没有担任任何在施建设工程项目的项目经理。

我方保证上述信息的真实和准确，并愿意承担因我方就此弄虚作假所引起的一切法律后果。

特此承诺

投标人：_____（盖单位章）

法定代表人或其委托代理人：_____（签字）

____年____月____日

九、拟分包计划表

序　　号	拟分包项目名称、范围及理由	拟选分包人					备　　注
			拟选分包人名称	注册地点	企业资质	有关业绩	
		1					
		2					
		3					
		1					
		2					
		3					

续　表

序　号	拟分包项目名称、范围及理由	拟选分包人				备　注
		拟选分包人名称	注册地点	企业资质	有关业绩	
		1				
		2				
		3				
		1				
		2				
		3				

备注:本表所列分包仅限于承包人自行施工范围内的非主体、非关键工程。

日　期:　年　月　日

十、资格审查资料

（一）投标人基本情况表

投标人名称					
注册地址			邮政编码		
联系方式	联系人		电　话		
	传　真		网　址		
组织结构					
法定代表人	姓　名		技术职称		电　话
技术负责人	姓　名		技术职称		电　话
成立时间			员工总人数:		
企业资质等级				项目经理	
营业执照号				高级职称人员	
注册资金			其中	中级职称人员	
开户银行				初级职称人员	
账号				技　工	
经营范围					
备　注					

备注:本表后应附企业法人营业执照及其年检合格的证明材料、企业资质证书副本、安全生产许可证等材料的复印件。

（二）近年财务状况表

备注:在此附经会计师事务所或审计机构审计的财务财务会计报表,包括资产负债表、损益表、现金流量表、利润表和财务情况说明书的复印件,具体年份要求见第二章"投标人须知"的规定。

（三）近年完成的类似项目情况表

项目名称	
项目所在地	
发包人名称	
发包人地址	
发包人联系人及电话	
合同价格	
开工日期	
竣工日期	
承担的工作	
工程质量	
项目经理	
技术负责人	
总监理工程师及电话	
项目描述	
备　　注	

备注：1. 类似项目指＿＿＿＿＿工程。

2. 本表后附中标通知书和(或)合同协议书、工程接收证书(工程竣工验收证书)的复印件,具体年份要求见投标人须知前附表。每张表格只填写一个项目,并标明序号。

（四）正在施工的和新承接的项目情况表

项目名称	
项目所在地	
发包人名称	
发包人地址	
发包人电话	
签约合同价	
开工日期	
计划竣工日期	
承担的工作	
工程质量	

续 表

项目名称	
项目经理	
技术负责人	
总监理工程师及电话	
项目描述	
备注	

备注:本表后附中标通知书和(或)合同协议书复印件。每张表格只填写一个项目,并标明序号。

(五) 近年发生的诉讼和仲裁情况

说明:近年发生的诉讼和仲裁情况仅限于投标人败诉的,且与履行施工承包合同有关的案件,不包括调解结案以及未裁决的仲裁或未终审判决的诉讼。

(六) 企业其他信誉情况表(年份要求同诉讼及仲裁情况年份要求)

1. 近年企业不良行为记录情况

2. 在施工程以及近年已竣工工程合同履行情况

3. 其 他

备注:1. 企业不良行为记录情况主要是近年投标人在工程建设过程中因违反有关工程建设的法律、法规、规章或强制性标准和执业行为规范,经县级以上建设行政主管部门或其委托的执法监督机构查实和行政处罚,形成的不良行为记录。应当结合第二章“投标人须知”前附表第 10.1.2 项定义的范围填写。

2. 合同履行情况主要是投标人近年所承接工程和已竣工工程是否按合同约定的工期、质量、安全等履行合同义务,对未竣工工程合同履行情况还应重点说明非不可抗力解除合同(如果有)的原因等具体情况,等等。

（七）主要项目管理人员简历表

说明："主要人员简历表"同本章附件七之（二）。未进行资格预审但本章"项目管理机构"已有本表内容的，无需重复提交。

十一、其他材料

思政案例

案例 5-3【人无信不立，业无信不兴】

案例背景： 2007 年 2 月份，温州医学院附属第一医院迁建工程土建 1 标段、3 标段在网上公开招标。郑某，温州某实业有限公司股东。郑某获悉后，先后与参与此工程的其他投标人鲁某、黄某等人商量串通投标，并承诺事成给予好处费。鲁某等人分别代表几家公司按照郑某确定的投标报价，制作投标文件参与投标。在 11 家投标的公司中郑某串通控制了参与投标中的 9 家公司。

处理结果： 郑某代表的公司以人民币 2.4 亿元的报价中标 3 标段。事后，郑某分给参与串标的鲁某、黄某等人（均另案处理）好处费 80 万元至 10 万元人民币不等。工程 1 标段涉及金额人民币 1.1 余亿元，郑某虽未中标，但是其参与串通投标也拿到了好处费。温州市鹿城区检察院以涉嫌串通投标罪对郑某等人提起公诉。此案是浙江省公安厅公布的 2010 年十大经济犯罪案件之一，工程标的合计达 3.5 亿元，是温州市近年来最大一起串通投标案。

思政要点： 人无信不立，业无信不兴。诚信和信用是社会主义核心价值观的重要内容，是企业长远发展的重要基石，是社会经济发展的必然产物，是现代经济社会有序运行的第一生命线。投标人应独立自主完成投标文件编制，不得干涉干预其他潜在投标人投标文件编制，更不得串通编制投标文件，突破法律红线。

▶ 任务四 投标报价 ◀

一、投标报价及其依据

思政·投标决策及报价

投标报价前，投标人首先应根据有关法规、取费标准、市场价格、施工方案等，并考虑企业管理费、风险费用、预计利润和税金等所确定的承揽该项工程的价格，即进行投标估价。投标估价是承包商生产力水平的真实体现，是确定最终报价的基础。

投标报价的主要依据有：

（1）招标文件，包括招标答疑文件；

1. 投标报价的概念与原则
2. 投标报价的编制方法
3. 投标报价的编制程序
4. 投标报价的编制
5. 投标报价案例分析

（2）建设工程工程量清单计价规范、预算定额、费用定额以及地方有关工程造价的文件，有条件的企业应尽量采用企业施工定额；

（3）劳动力、材料价格信息，包括由地方造价管理部门编制的造价信息；

（4）地质勘察报告，设计文件；

（5）施工规范、标准；

（6）施工方案和施工进度计划；

（7）现场踏勘和环境调查所获得的信息；

（8）当采用工程量清单招标时应包括工程量清单。

二、投标报价的程序

承包工程有总价合同，单价合同、成本加酬金合同等合同形式，不同合同形式的采用的报价计算方法是有差别的。计算报价主要程序有：

对招标文件的研究
案例分析

1. 研究招标文件

招标文件是投标的主要依据，承包商在计算报价之前和整个投标报价期间，均应组织参加投标报价的人员认真细致地阅读招标文件，仔细分析研究，弄清招标文件的要求和报价内容。应弄清报价范围，取费标准，采用定额、工料机定价方法、技术要求，特殊材料和设备，有效报价区间等。同时，在招标文件研究过程中要注意发现互相矛盾和表述不清的问题等。对这些问题，应及时通过招标预备会或采用书面形式提问，请招标人给予解答，在投标实践中，报价发生较大偏差甚至造成废标的原因，常见的有两个。其一是造价估算误差太大，其二是没弄清招标文件中有关报价的规定。因此，投标文件编制以前，必须反复认真研读招标文件。

2. 现场踏勘

现场条件是投标人投标报价的重要依据之一。现场踏勘不全面不细致，很容易造成与现场条件有关的工作内容遗漏或工程量计算错误。这些错误导致的损失，一般在合同履行中无法得到补偿。

3. 编制施工组织设计

施工组织设计包括进度计划和施工方案等内容，是技术标的重要组成部分。施工组织设计的水平反映了承包商的技术实力，也是决定承包商能否中标的主要因素。施工进度安排是否合理，施工方案选择是否恰当，对工程成本与报价有密切关系。一个好的施工组织设计可大大降低标价。因此，在估算工程造价之前，工程技术人员应认真编制施工组织设计，为准确估算工程造价提供依据。

4. 计算与复核工程量

要确定工程造价，首先要根据施工图和施工组织设计计算工程量，并列出工程量表，而当采用工程量清单招标时，这项工作可以省略。

工程量的大小是投标报价的直接依据，为确保复核工程量准确，在计算中应注意以下方面：

（1）正确划分分项工程，做到与当地定额或单位计价表项目一致；

（2）按一定顺序进行，避免漏算或重复；

（3）以施工图为依据；

（4）结合拟定的施工方案或施工方法；

（5）认真复核与检查。

5. 确定工、料、机单价

工、料、机的单价应通过市场调查或参考当地造价管理部门发布的造价信息确定。而工、料、机的用量尽量采用企业定额确定,无企业定额时,可依据国家或地方颁布的预算定额确定。

6.计算分部分项工程费和措施项目费

依据设计文件计算分部分项工程费和单价措施项目费,根据工程实际情况列出总价措施项目。

7.计算其他项目费

其他项目包含暂列金额、材料(工程设备)暂估价、专业工程暂估价、计日工、总承包服务费、索赔与现场签证、费用索赔申请、现场签证,根据工程量清单结合工程实际情况列支计算。

8.计算规费和税金

9.计算工程总报价

综合分部分项工程和措施项目费、其他项目费、规费和税金形成工程总报价。

10.审核工程报价

确定最终投标报价前,还需进行报价的宏观审核。宏观审核的目的在于通过变换角度的方式对报价进行审查,以提高报价的准确性,提高竞争优势。

宏观审核通常采用的观察角度主要有以下方面:

(1)单位工程造价

将投标报价折合成单位工程造价,例如房屋建筑工程的每平方米造价,铁路、公路的公里造价,铁路桥梁、隧道的每延米造价,公路桥梁的桥面平方米造价等等,并将该项目的单位工程造价与类似工程的单位工程造价进行比较,依次判定报价水平的高低。

(2)全员劳动生产率

所谓全员劳动生产率是指全体人员每工日的生产价值。一定时期内,由企业生产力水平决定,具有相对稳定的全员劳动生产率水平。因而企业在承揽同类工程或机械化水平相近的项目时应具有相近的全员劳动生产率水平。因此,可以此为尺度,将投标工程造价与类似工程造价进行比较,从而判断造价的正确性。

(3)单位工程消耗指标

各类建筑工程每平方米建筑面积所需的劳动力和各种材料的数量均有一个合理的指标。因而将投标项目的单位工程用工、用料水平与经验指标相比,也能判断其造价是否处于合理的水平。

(4)分项工程造价比例

一个单位工程是由基础、墙体、楼板、屋面、装饰、水电、各种附属设备等分项工程构成的,它们在工程造价中都有一个合理的比例,承包商可通过投标项目的各分项工程造价的比例与同类工程的统计数据相比较,从而判断造价估算的准确性。

(5)各类费用的比例

任何一个工程的费用都是由人工费、材料设备费,施工机械费、规费和税金等各类费用组成的,它们之间都应有一个合理的比例。将投标工程造价中的各类费用比例与同类工程的统计数据进行比较,也能判断估算造价的正确性和合理性。

(6)预测成本比较

若承包商曾对企业在同一地区的同类工程报价进行整理和统计,还可以采用线性规划、概率统计等预测方法进行计算,计算出投标项目造价的预测值。将造价估算值与预测值进行比较,也是衡量造价估算正确性和合理性的一种有效方法。

（7）扩大系数估算法

根据企业以往的施工实际成本统计资料,采用扩大系数估算投标工程的造价,是在掌握工程实施经验和资料的基础上的一种估价方法。其结果比较接近实际,尤其是在采用其他宏观指标对工程报价难以校准的情况下,本方法更具优势。扩大系数估算法,属宏观审核工程报价的一种手段。不能以此代替详细的报价资料,报价时仍应按招标文件的要求详细计算。

（8）企业内部定额估价法

根据企业的施工经验,确定企业在不同类型的工程项目施工中的工、料、机消耗水平,形成企业内部定额,以此为基础计算工程估价,此方法是核查报价准确性的重要手段,也是企业内部承包管理、提高经营管理水平的重要方法。

综合运用上述方法与指标,就可以减少报价中的失误,不断提高报价水平。

11. 确定报价策略和投标技巧

根据投标目标、项目特点、竞争形势等,在采用前述的报价决策的基础上,具体确定报价策略和投标技巧。

1. 投标报价技巧
2. 投标报价基本策略
3. 投标报价策略综合案例

12. 最终确定投标报价

根据已确定的报价策略和投标技巧对估算造价进行调整,最近确定投标报价。

三、工程量清单计价规定

如前所述,目前建设工程投标报价已普遍采用工程量清单计价,因此投标人应在报价中严格遵守《建设工程工程量清单计价规范》(GB 50500—2013)的有关规定。

投标价应由投标人或受其委托具有相应资质的工程造价咨询人编制。

投标报价不得低于工程成本。

投标人必须按招标工程量清单填报价格。项目编码、项目名称、项目特征、计量单位、工程量必须与招标工程量清单一致。

投标报价应根据下列依据编制和复核:

(1)《建设工程工程量清单计价规范》(GB 50500—2013);

(2)国家或省级、行业建设主管部门颁发的计价办法;

(3)企业定额,国家或省级、行业建设主管部门颁发的计价定额和计价办法;

(4)招标文件、招标工程量清单及其补充通知、答疑纪要;

(5)建设工程设计文件及相关资料;

(6)施工现场情况、工程特点及投标时拟定的施工组织设计或施工方案;

(7)与建设项目相关的标准、规范等技术资料;

(8)市场价格信息或工程造价管理机构发布的工程造价信息;

(9)其他的相关资料。

应高度重视对招标文件中分部分项工程清单项目的特征描述的研究,严格按项目特征描述计算综合单价。

综合单价中应考虑招标文件中要求投标人承担的风险费用。

措施项目清单计价应根据拟建工程的施工组织设计,可以计算工程量的措施项目,应按分部分项工程量清单的方式采用综合单价计价;其余的措施项目可以"项"为单位的方式计价,应包括除规费、税金外的全部费用。措施项目费应根据招标文件中的措施项目清单及投标时拟定的施工组织设计或施工方案按规定自主确定。投标人可根据工程实际情况结合施工组织设计,对招标人所列的措施项目进行增补。

措施项目清单中的安全文明施工费应按照国家或省级、行业建设主管部门的规定计价,不得作为竞争性费用。

暂列金额应按招标人在其他项目清单中列出的金额填写;材料暂估价应按招标人在其他项目清单中列出的单价计入综合单价;专业工程暂估价应按招标人在其他项目清单中列出的金额填写;计日工按招标人在其他项目清单中列出的项目和数量,自主确定综合单价并计算计日工费用;总承包服务费根据招标文件中列出的内容和提出的要求自主确定。

规费和税金应按国家或省级、行业建设主管部门的规定计算,不得作为竞争性费用。

投标总价应当与分部分项工程费、措施项目费、其他项目费和规费、税金的合计金额一致。

工程量清单与计价应采用《建设工程工程量清单计价规范》(GB 50500—2013)规定的统一格式。封面应按规定的内容填写、签字、盖章。总说明应接下列内容填写:

(1)工程概况:建设规模、工程特征、投标工期、施工现场及变化情况、施工组织设计的特点、自然地理条件、环境保护要求等。

(2)编制依据等。

投标人应按照招标文件的要求,附工程量清单综合单价分析表。

工程量清单与计价表中列明的所有需要填写的单价和合价,投标人均应填写,未填写单价和合价的项目,视为此项费用已包含在已标价工程量清单中其他项目的单价和合价中。

知识链接 5-2

_____工程

投标总价

投标人:_____(单位盖章)

___年___月___日

封-3

_____工程

投标总价

招 标 人:_____

工程名称:_____

投标总价(小写):_____

(大写):_____

投 标 人：_____

（单位盖章）

法定代表人或其授权人：_____

（签字或盖章）

编制人：_____

（造价人员签字盖专用章）

编制时间：_____

总 说 明

工程名称：　　　　　　　　　　　　　　　　　　第 1 页共 1 页

单位工程投标报价汇总表

工程名称：　　　　标段：　　　　　　　　　　　第 1 页共 1 页

序　号	汇总内容	金额:(元)	其中:暂估价(元)
1	分部分项工程		
1.1	人工费		
1.2	材料费		
1.3	施工机具使用费		
1.4	企业管理费		
1.5	利润		
2	措施项目		
2.1	单价措施项目费		
2.2	总价措施项目费		
2.2.1	其中:安全文明施工措施费		
3	其他项目		—
3.1	其中:暂列金额		—

序 号	汇总内容	金额:(元)	其中:暂估价(元)
3.2	其中:专业工程暂估价		—
3.3	其中:计日工		—
3.4	其中:总承包服务费		—
4	规费		—
5	税金		—
6	工程造价		
投标报价合计＝1＋2＋3＋4＋5－甲供材料费_含设备/1.01		0.00	0

表—04

分部分项工程和单价措施项目清单与计价表

工程名称: 标段: 第 1 页 共 1 页

序号	项目编码	项目名称	项目特征描述	计量单位	工程量	金额(元)		
						综合单价	综合合价	其中:暂估价
		整个项目						
		分部分项合计						
		措施项目						
		单价措施合计						

续 表

序号	项目编码	项目名称	项目特征描述	计量单位	工程量	金额（元）		
						综合单价	综合合价	其中:暂估价
			本页小计					
			合 计					

注:为计取规费等的使用,可在表中增设其中:"定额人工费"。

表—08

工程量清单综合单价分析表

工程名称: 第 页 共 页

子目编码			子目名称			计量单位		
清单综合单价组成明细								
定额编号	定额名称	定额单位	数量	单价				合价
				人工费	材料费	机械费	管理费和利润	人工费	材料费	机械费	管理费和利润

续　表

子目编码		子目名称		计量单位	
人工单价		小计			
元/工日		未计价材料和工程设备费			
清单子目综合单价					

材料费明细	主要材料和工程设备名称、规格、型号	单位	数量	单价	合计	暂估单价(元)	暂估单价(元)
	其他材料费						
	材料费小计						

注:如不使用省级或行业建设主管部门发布的计价定额,可不填定额项目、编号等。

总价措施项目清单与计价表

工程名称:　　　　标段:　　　　　　　　　　　　　第 1 页　共 4 页

序号	项目编码	项目名称	基数说明	费率(%)	金额(元)	调整费率(%)	调整后金额(元)	备注
1	011707001001	安全文明施工费						
1.1	1.1	基本费	分部分项合计+技术措施项目合计一分部分项设备费一技术措施项目设备费一税后独立费					
1.2	1.2	增加费	分部分项合计+技术措施项目合计一分部分项设备费一技术措施项目设备费一税后独立费					

序号	项目编码	项目名称	基数说明	费率（%）	金额（元）	调整费率（%）	调整后金额（元）	备注
1.3	1.3	扬尘污染防治增加费	分部分项合计＋技术措施项目合计－分部分项设备费－技术措施项目设备费－税后独立费					
2	011707010001	按质论价	分部分项合计＋技术措施项目合计－分部分项设备费－技术措施项目设备费－税后独立费					

编制人（造价人员）：　　　　　　　　　　　复核人（造价工程师）：

表-11

总价措施项目清单与计价表

工程名称：　　　　　　标段：　　　　　　　　　　　　　第2页　共4页

序号	项目编码	项目名称	基数说明	费率（%）	金额（元）	调整费率（%）	调整后金额（元）	备注
3	011707002001	夜间施工	分部分项合计＋技术措施项目合计－分部分项设备费－技术措施项目设备费－税后独立费					
4	011707003001	非夜间施工照明	分部分项合计＋技术措施项目合计－分部分项设备费－技术措施项目设备费－税后独立费					
5	011707004001	二次搬运	分部分项合计＋技术措施项目合计－分部分项设备费－技术措施项目设备费－税后独立费					

序号	项目编码	项目名称	基数说明	费率(%)	金额(元)	调整费率(%)	调整后金额(元)	备注
6	011707005001	冬雨季施工	分部分项合计＋技术措施项目合计－分部分项设备费－技术措施项目设备费－税后独立费					

编制人(造价人员)：　　　　　　　　　复核人(造价工程师)：

表-11

总价措施项目清单与计价表

工程名称：　　　　　标段：　　　　　　　　　　　　　　第3页　共4页

序号	项目编码	项目名称	基数说明	费率(%)	金额(元)	调整费率(%)	调整后金额(元)	备注
7	011707006001	地上、地下设施、建筑物的临时保护设施	分部分项合计＋技术措施项目合计－分部分项设备费－技术措施项目设备费－税后独立费					
8	011707007001	已完工程及设备保护	分部分项合计＋技术措施项目合计－分部分项设备费－技术措施项目设备费－税后独立费	0				
9	011707008001	临时设施	分部分项合计＋技术措施项目合计－分部分项设备费－技术措施项目设备费－税后独立费	0				
10	011707009001	赶工措施	分部分项合计＋技术措施项目合计－分部分项设备费－技术措施项目设备费－税后独立费	0				

编制人(造价人员)：　　　　　　　　　复核人(造价工程师)：

表-11

总价措施项目清单与计价表

工程名称：　　　　　标段：　　　　　　　　　　　　　　第4页　共4页

序号	项目编码	项目名称	基数说明	费率（%）	金额（元）	调整费率（%）	调整后金额（元）	备注
11	011707011001	住宅分户验收	分部分项合计＋技术措施项目合计－分部分项设备费－技术措施项目设备费－税后独立费	0				
12	011707012001	建筑工人实名制	分部分项合计＋技术措施项目合计－分部分项设备费－技术措施项目设备费－税后独立费					

编制人（造价人员）：　　　　　　　　　复核人（造价工程师）：

表-11

其他项目清单与计价汇总表

工程名称：　　　　　标段：　　　　　　　　　　　　　　第1页　共1页

序　号	项目名称	金额（元）	结算金额（元）	备　注
1	暂列金额			明细详见表-12-1
2	暂估价			
2.1	材料（工程设备）暂估价	—		明细详见表-12-2
2.2	专业工程暂估价			明细详见表-12-3
3	计日工			明细详见表-12-4
4	总承包服务费			明细详见表-12-5
5	索赔与现场签证			明细详见表-12-6

续 表

序 号	项目名称	金额(元)	结算金额(元)	备 注
	合 计			

表—12

暂列金额明细表

工程名称： 标段： 第 页 共 页

序 号	项目名称	计量单位	暂列金额(元)	备 注
	合 计			—

注：此表由招标人填写，如不能详列，也可只列暂定金额总额，投标人应将上述暂列金额计入投标总价中。

材料(工程设备)暂估单价及调整表

工程名称： 标段： 第 页 共 页

序号	材料(工程设备)名称、规格、型号	计量单位	数量(元)		暂估(元)		确认(元)		差额±(元)		备注
			暂估	确认	单价	合价	单价	合价	单价	合价	

序号	材料(工程设备)名称、规格、型号	计量单位	数量(元)		暂估(元)		确认(元)		差额±(元)		备注
			暂估	确认	单价	合价	单价	合价	单价	合价	
合　计											

注:此表由招标人填写"暂估单价",并在备注栏说明暂估价的材料、工程设备拟用在哪些清单项目上,投标人应将上述材料、工程设备暂估单价计入工程量清单综合单价报价中。

专业工程暂估价表

工程名称: 　　　　标段: 　　　　　　　　　　　　　第 页 共 页

序　号	工程名称	工程内容	暂估金额(元)	结算金额(元)	差额±(元)	备　注
合　计						

注:此表"暂估金额"由招标人填写,投标人应将"暂估金额"计入投标总价中。结算时按合同约定结算金额填写。

计日工表

工程名称: 标段: 　　　　　　　　　　　　　第 1 页 共 1 页

编　号	项目名称	单位	暂定数量	实际数量	单价(元)	合价(元)	
						暂定	实际
1	人工						
1.1							
人工小计							

编　　号	项目名称	单位	暂定数量	实际数量	单价(元)	合价(元)	
						暂定	实际
2	材料						
2.1							
	材料小计						
3	机械						
3.1							
	机械小计						
4	企业管理费和利润						
4.1							
	企业管理费和利润小计						
	总计						

总承包服务费计价表

工程名称： 　　标段： 　　　　　　第 页 共 页

序　　号	项目名称	项目价值(元)	服务内容	计算基础	费率(%)	金额(元)
1	发包人发包专业工程					
2	发包人提供材料					

续　表

序　号	项目名称	项目价值(元)	服务内容	计算基础	费率(%)	金额(元)
合　计		—	—		—	

　　注:此表项目名称、服务内容由招标人填写,编制招标控制价时,费率及金额由招标人按有关计价规定确定;投标时,费率及金额由投标人自主报价,计入投标总价中。

规费、税金项目清单与计价表

工程名称:　　　　　　标段:　　　　　　　　　　　　第1页　共1页

序　号	项目名称	计算基础	计算基数	计算费率(%)	金额(元)
1	规费	社会保险费+住房公积金+环境保护税			
1.1	社会保险费	分部分项工程+措施项目+其他项目一分部分项设备费一技术措施项目设备费一税后独立费			
1.2	住房公积金	分部分项工程+措施项目+其他项目一分部分项设备费一技术措施项目设备费一税后独立费			
1.3	环境保护税	分部分项工程+措施项目+其他项目一分部分项设备费一技术措施项目设备费一税后独立费			
2	税金	分部分项工程+措施项目+其他项目+规费一(甲供材料费+甲供主材费+甲供设备费)/1.01一税后独立费			

续　表

序　　号	项目名称	计算基础	计算基数	计算费率(%)	金额(元)
合　　计					

表—13

思 政 案 例

案例 5-4【泄露投标信息,侵害商业秘密】

案例背景: 苏北某市 A 电厂在建设施工项目招标过程中,招标工作由电厂的基建处具体负责。B 公司作为投标人,其公司负责人找到电厂的基建处长,通过贿赂手段,给其好处要求帮忙。基建处长私下将该工程的标底透露给了 B 投标人,结果在七家投标人中,只有 B 公司的价格接近标底价格,通过评标环节,B 公司最终以排名第一的身份中标。在中标公示期间,A 电厂纪检部门接到群众举报,发现在招标环节中,A 电厂的基建处长作为甲方代表,私下多次接触 B 公司的负责人。

案例分析:《招标投标法》第二十二条明确规定"招标人设有标底的,标底必须保密"。经 A 电厂纪检部门调查,了解到基建处长收取了 B 公司的好处,并泄露了工程标底。最终将 B 公司按废标处理,将排名第二的投标人作为中标人。电厂的基建处长被依法移送相关部门进一步调查。《招标投标法》第五十二条规定"依法必须进行招标的项目的招标人向他人透露已获取招标文件的潜在投标人的名称、数量或者可能影响公平竞争的有关招标投标的其他情况的,或者泄露标底的,给予警告,可以并处一万元以上十万元以下的罚款;对单位直接负责的主管人员和其他直接责任人员依法给予处分;构成犯罪的,依法追究刑事责任。"

思政要点: 投标报价既是重要数据,也是重要的商业秘密,既要保护好自己的商业秘密,也不能窥探别人的商业秘密,诚实信用是招投标的基本原则,是践行社会主义核心价值的实践要求,也是一个企业的生存之根本。

▶ 任务五 · 投标文件的递交与开标准备 ◀

投标人应在招标文件前附表规定的日期内将投标文件递交给招标人。当招标人按招标文件中投标须知规定，延长递交投标文件的截止日期时，投标人应按照新的截止时间执行，避免因标书的逾期送达导致废标。

投标文件的
递交与接收

投标人可以在递交投标文件以后，在规定的投标截止时间之前，采用书面形式向标人递交补充、修改或撤回其投标文件的通知。投标截止时间以后，不能更改投标文件。投标人的补充、修改或撤回通知，应按招标文件中投标须知的规定编制、密封、签章、标识和递交，并在包封上标明"补充""修改"或"撤回"字样。补充、修改的内容为投标文件的组成部分。之间的这段时间内，投标人不能再撤回投标文件，否则其投标保证金将不予退还。《招标投标法实施条例》第三十五条规定，投标人撤回已提交的投标文件，应当在投标截止时间前书面通知招标人。招标人已收取投标保证金的，应当自收到投标人书面撤回通知之日起 5 日内退还。投标截止后投标人撤销投标文件的，招标人可以不退还投标保证金。

投标人递交投标文件不宜太早，一般在招标文件规定的截止日期前一两天内密封送交指定地点。电子招投标按照规定截止时间前提交即可。

思政案例

案例5-5【强化工作时间意识，按时完成待办工作】

案例背景：某工程施工项目招标，共有 3 家投标人，开标时均迟到，未能在投标截止时间前递交投标文件。该项目时间紧，招标人不想重新走一遍流程，能否让三家单位写承诺书，同意将开标时间推迟？或者招标人能否现场将开标时间推迟？答案是不可以，因为《招标投标法》第二十八条第二款规定："在招标文件要求提交投标文件的截止时间后送达的投标文件，招标人应当拒收。"《招标投标法实施条例》第六十四条规定，"招标人有下列情形之一的，由有关行政监督部门责令改正，可以处 10 万元以下的罚款，'（四）接受应当拒收的投标文件。'"该条第二款同时规定，"招标人有前款第一项、第三项、第四项所列行为之一的，对单位直接负责的主管人员和其他直接责任人员依法给予处分。"

案例分析：有的投标人习惯抱着投标文件去参加开标会，认为提前出发半小时，不会耽误投标文件提交，建议投标文件的提交应当"宜早不宜迟"。一方面，可以避免开标临近手忙脚乱，一旦出现交通堵塞或其他异常情况造成投标人无法按时提交投标文件，将会给投标人造成无法挽回的损失。第二，投标人在招标文件要求提交投标文件的截止时间前，可以补充、修改或者撤回已提交的投标文件，补充、修改的内容为投标文件的组成部分。即使投标人代表因故未能参加开标，也不影响投标的有效性。

思政要点：时间管理是招投标行业的必修课，尤其是投标人，必须严格按照时间节点合理安排各环节工作任务，并确定各环节间预留充足时间，以免因时间仓促而导致投标工作失败。作为投标人应及时获取招标文件，为后续各项工作留足充分时间，提高中标率。

▶ 技能训练 ◀

1. 任务目标

通过投标程序模拟及投标报价及投标文件的编制,锻炼学生对基本理论知识的掌握和投标相关文件编制的能力,与工作岗位对接。

2. 工作任务

通过分析某学校新建图书馆工程,具体信息见项目1【背景案例】,完成以下任务:获取招标文件、学习现场踏勘的内容和要求、模拟投标预备会流程、编制投标报价文件、编制投标文件、模拟递交投标文件流程。

▶ 专题实训4:投标前期工作、投标文件的编制与递交实训 ◀

实训目的

1. 熟悉投标前期工作内容,完成投标文件编制与递交等工作内容;

2. 结合项目案例和实训操作手册,使学生掌握投标前期工作、投标文件编制与递交等业务流程、技能知识点;

3. 熟悉电子招投标前期工作、投标文件编制与递交的相关软件操作。

实训任务及要求

任务1 投标报名,获取招标文件

(1)确定投标决策,确定投标项目;

(2)登录电子招投标平台,获取电子招标文件。

任务2 参加现场踏勘,参加投标预备会

(1)根据项目特点,确定现场踏勘重点,参加现场踏勘;

(2)完成对招标文件问题、现场踏勘问题的汇总,参加投标预备会。

任务3 编制投标文件

(1)任务分配,确定工作内容,根据项目团队成员岗位角色分配任务;

(2)技术标编制,确定施工方案,完成技术标编制;

(3)商务标编制,确定投标报价,完成商务标编制;

(4)完成电子投标文件,技术标、商务标整合,生成电子投标文件。

任务4 投标文件递交

(1)投标文件递交;

(2)准备开标前准备。

实训准备

1. 硬件准备：多媒体设备、实训电脑、实训指导手册。
2. 软件准备：电子招投标服务平台。

实训总结

1. 教师评测：评测软件操作，学生成果展示，评测学生学习成果。
2. 学生总结：小组组内讨论 10 分钟，写下实训心得，并分享讨论。

▶ 项目小结 ◀

　　本项目对建设工程施工投标步骤和投标书做了较详细的阐述，包括投标报价和投标文件编制。建设工程施工投标的步骤有资质预审、购买招标文件及有关技术资料、现场踏勘并对有关疑问提出书面询问、参加答疑会、编制投标书及报价、参加开标会议等。

［在线答题］· 项目 5
建设工程投标

知识目标

1. 了解开标的时间、地点、主要程序；
2. 熟悉评标的原则、评标委员会成员要求、定标原则、签订合同规定；
3. 掌握施工评标的步骤；
4. 掌握评标的主要方法。

能力目标

1. 能够制定评标细则；
2. 能够组织开标、评标与定标。

素质目标

1. 提升行业自律意识，强化行业职业操守，秉承严谨细致、精益求精的职业精神；
2. 坚持开拓创新、积极履职尽责，努力构建公开、公平、公正、诚实信用的市场环境。

思维导图

案例导入

2019 年 4 月，某市公安局接到本市纪委移送案件线索：某县农村饮水安全工程涉嫌非国家工作人员受贿。经初查，该市公安局于年 5 月 2 日以杨某某涉嫌对非国家工作人员行贿立案侦查。涉案嫌疑人杨某某既是评标专家数据库内的专家，同时也是招揽工程项目的"标串串"。该案中，杨某某凭借自己在圈内的人脉关系，通过几通电话就了解到了评标专家的姓名及电话。"你今天去不去某地评标?""你不去的话,知不知道是哪个专家去?"这种人问人的方式,使杨某某很快与评标专家搭上了线,他在电话中恳请评标专家们关照其指定的一家公司。侦查过程中,细心的经侦民警隐约发现,杨某某背后隐藏着一个巨大的犯罪集团操纵了数十个建设工程项目的招投标。获此线索后,该市公安局立即向省公安厅汇报,该省随即成立了专案组,专案组先后跨越四川、重庆、江西、云南4省(市)近20个市州,分析通信记录30万余条,调取银行交易凭证1万余份,查阅招投标和评标资料1000余册,讯(询)问涉案人员300余人,终于查实了季某、胡某、何某等犯罪嫌疑人非法入侵计算机信息系统、向非国家工作人员行贿、串通招投标等重大犯罪事实。经查证,该犯罪团伙中,季某主要负责非法入侵某省建设网评标专家数据库,窃取、转卖评标专家名单等信息;胡某主要负责组织多家公司参与围标、转卖中标工程项目;何某主要负责利用窃取的专家名单有针对性地向评标专家行贿。全案涉及四川等省17个市州92个建设工程项目,涉案工程项目金额近20亿元,季某、胡某、何某等主要犯罪嫌疑人通过犯罪非法获利2 000余万元。经过经侦、情报、技侦、网监、巡特警等多部门联动,历时近5个月,专案组一举破获了以季某、胡某、何某等人为首实施串通投标等犯罪的"5.02"案。

上述案件犯罪集团通过"黑客"入侵评标专家数据库,精准掌握评标专家个人信息,比起以往的操作手法还要技高一筹。该案办案民警表示:评标专家会根据招标书中提出的要求,与各投标公司提供的标书比对,被"勾兑"的评标专家,不会对关照其指定的公司挑毛病,这也是被勾兑后评标时心照不宣的事。这样一来关照指定的公司很容易成为综合得分最高的公司,该公司通常就会作为中标单位进行公示,若无意外就会拿到中标通知书。而被"勾兑"成功的评标专家一般会因标的大小,拿到几千元到上万元的贿赂。由此可见开标过程的复杂性和评标专家的重要性。

> 思考:1. 通过案例分析串标、围标的危害?
>   2. 在实际工作过程中,如何防范串标、围标的发生?

▶ 任务一 建设工程开标 ◀

一、开标的时间、地点

公开招标和邀请招标均应举行开标会议,体现招标的公开、公平和公正原则。开标应在招标文件确定的投标截止同一时间公开进行。开标地点应是在招标文件规定的地点,已经建立建设工程交易中心的地方,开标应当在当地建设工程交易中心举行。

思政·开标评标

二、开标前的准备工作

开标会是招标投标工作中一个重要的法定程序。开标会上将公开各投标单位标书、宣布评定方法等,这表明招投标工作进入一个新的阶段。开标前应

参加开标会议

做好下列各项准备工作。

(1) 成立评标委员会,制定评标办法;

(2) 委托公证,通过公证人的公证,从法律上确认开标是合法有效的;

(3) 按招标文件规定的投标日期密封标箱。

三、推迟开标时间的情况

如果发生了下列情况,可以推迟开标时间:

(1) 招标文件发布后对原招标文件作了变更或补充;

(2) 开标前发现有影响招标公正情况的不正当行为;

(3) 出现突发事件等。

四、开标程序

开标会议按下列程序进行:

开标及开标会议程序

1. 招标人签收投标人递交的投标文件在开标当日且在开标地点

递交的投标文件的签收应当填写投标文件报送签收一览表招标人专人负责接收投标人递交的投标文件。提前递交的投标文件也应当办理签收手续,由招标人携带至开标现场。在招标文件规定的截止投标时间后递交的投标文件不得接收,由招标人原封退还给有关投标人。

在截标时间前递交投标文件的投标人少于三家的,招标无效,开标会即告结束,招标人应当依法重新招标。

2. 投标人出席开标会的代表签到

投标人授权出席开标会的代表本人填写开标会签到表,招标人专人负责核对签到人身份,应与签到的内容一致。

3. 主持人宣布开标会开始,主持人宣布开标人、唱标人、记录人和监督人员

主持人一般为招标人代表,也可以是招标人指定的招标代理机构的代表。开标人一般为招标人或招标代理机构的工作人员,唱标人可以是投标人的代表或者招标人或招标代理机构的工作人员,记录人由招标人指派,有形建筑市场工作人员同时记录唱标内容,招标办监管人员或招标办授权的有形建筑市场工作人员进行监督。记录人按开标会记录的要求开始记录。

4. 主持人介绍主要与会人员

主要与会人员包括到会的招标人代表、招标代理机构代表、各投标人代表、公证机构公证人员、见证人员及监督人员等。

5. 主持人宣布开标会程序、开标会纪律和当场废标的条件

开标会纪律一般包括以下内容:

(1) 场内严禁吸烟;

(2) 凡与开标无关人员不得进入开标会场;

(3) 参加会议的所有人员应关闭手机、遵纪守法等,开标期间不得大声喧哗;

(4) 投标人代表有疑问应举手发言,参加会议人员未经主持人同意不得在场内随意走动。

投标文件有下列情形之一的,应当场宣布为废标:

(1) 逾期送达的或未送达指定地点的;

(2) 未按招标文件要求密封的。

6. 核对投标人授权代表的身份证件、授权委托书及出席开标会人数

投标人代表出示法定代表人委托书和有效身份证件,同时招标人代表当众核查投标人的授权代表的授权委托书和有效身份证件,确认授权代表的有效性,并留存投权委托书和身份证件的复印件。法定代表人出席开标会的要出示其有效证件。主持人还应当核查各投标人出席开标会代表的人数,无关人员应当退场。

7. 主持人介绍招标文件、补充文件或答疑文件的组成和发放情况,投标人确认

主要介绍招标文件组成部分、发标时间、答疑时间、补充文件或答疑文件组成、发放和签收情况。可以同时强调主要条款和招标文件中的实质性要求。

8. 主持人宣布投标文件截止和实际送达时间

宣布招标文件规定的递交投标文件的截止时间和各投标单位实际送达时间。在截止时后送达的投标文件应当场宣布为废标。

9. 招标人和投标人的代表共同(或公证机关)检查各投标书密封情况

密封不符合招标文件要求的投标文件应当场宣布为废标,不得进入评标。

10. 主持人宣布开标和唱标次序

一般按投标书送达时间逆顺序开标、唱标。

11. 按照唱标顺序依次开标并唱标

开标由指定的开标人在监督人员及与会代表的监督下当众拆封,拆封后应当检查投标文件组成情况并记入开标会记录,开标人应将投标书和投标书附件以及招标文件中可能规定需要唱标的其他文件交唱标人进行唱标。唱标内容一般包括投标报价、工期和质量标准、质量奖项等方面的承诺、替代方案报价、投标保证金、主要人员等,在递交投标文件截止时间前收到的投标人对投标文件的补充、修改要同时宣布,在递交投标文件截止时间前收到投标人撤回其投标的书面通知的投标文件不再唱标,但须在开标会上说明。

12. 开标会记录签字确认

开标会记录应当如实记录开标过程中的重要事项,包括开标时间、开标地点、出席开标会的各单位及人员、唱标记录、开标会程序、开标过程中出现的需要评标委员会评审的情况,有公证机构出席的还应记录公证结果;投标人的授权代表应当在开标会记录上签字确认,对记录内容有异议的可以注明,但必须对没有异议的部分签字确认。

13. 投标文件、开标会记录等送封闭评标区封存

实行工程量清单招标的,招标文件约定在评标前先进行清标工作的,封存投标文件正本,副本可用于清标工作。

14. 开标会结束

主持人宣布开标会议结束,转入评标阶段。

五、无效投标文件的认定

无效投标文件、重新招标

在开标时,如果投标文件出现下列情形之一,应当场宣布为无效投标文件,不再进入评标。

(1) 投标文件未按照招标文件的要求予以标志、密封、盖章。合格的密封标书,应将标书装入公文袋内,除袋口粘贴外,在缝口处用白纸条贴封并加盖骑缝章;

(2) 投标文件中的投标函未加盖投标人的企业及企业法定代表人印章,或者企业法定代表人委托代理人没有合法、有效的委托书(原件)及委托代理人印章;

(3) 投标文件未按照招标文件规定的格式、内容和要求填报,投标文件的关键内容字迹模糊、无法辨认;

(4) 投标人在投标文件中对同一招标项目报有两个或多个报价,且未书面声明以哪个报价为准;

(5) 投标人未按照招标文件的要求提供投标保证金或者投标保函;

(6) 组成联合体投标的,投标文件未附联合体各方共同投标协议;

(7) 投标人与通过资格审查的投标申请人在名称和法人地位上发生实质性改变;

(8) 投标人未按照招标文件的要求参加开标会议。

思政案例

案例6-1【严谨细致工作风,精益求精工匠心】

案例背景:某工程项目已由当地发展和改革委员会批准建设,该项目为政府投资项目,已经具备了施工招标条件,现采用公开招标的方式确定施工单位,凡符合资格条件的潜在投标人均可以购买招标文件,在规定的投标截止前时间完成投标工作。招标文件发售时间为2023年9月10日至9月15日,每日上午8时30分至12时00分,下午13时30分至17时30分(公休日、节假日除外),投标截止时间为2023年9月30日9时30分。某施工单位因投标专员粗心大意,在投标截止时间时,将需要签字盖章的投标文件未盖章就提交招投标代理机构,开标时直接认定为无效投标文件,虽经投标人代表说明缘由并据理力争,仍改变不了废标的结果。

案例分析:《招标投标法实施条例》第五十一条规定有下列情形之一的,评标委员会应当否决其投标,"(一)投标文件未经投标单位盖章和单位负责人签字。"《政府采购货物和服务招标投标管理办法》(财政部令第87号)第六十三条规定投标人存在下列情况之一的,投标无效,"(二)投标文件未按招标文件要求签署、盖章的。"

思政要点:本案例由于粗心大意,错失中标机会,招投标从业人员要不断提升自身专业素养,在工作过程中秉承"专业""敬业""正直""负责""严谨""认真""细致"等职业精神。

▶ 任务二　建设工程评标 ◀

一、评标原则

评标原则和
评标准备

评标人员应当按照招标文件确定的评标标准和方法，对投标文件进行评审和比较，要本着实事求是的原则，不得带有任何主观意愿和偏见，高质量、高效率完成评标工作，并应遵循以下原则。

1. 公平竞争、机会均等

制定评标办法时，对各投标人要一视同仁，不得存在歧视条款。不允许针对某一特定的投标人在某一方面的优势或弱势在评标具体条款中带有倾向性。

2. 客观公正、科学合理

对投标文件的评价、比较和分析要客观、公正，不以主观好恶为标准。对评审指标的设置和评分标准的具体划分，要充分考虑招标项目的具体特点和招标人合理意愿，尽量减少人为因素，做到科学合理。

3. 实事求是、择优定标

对投标文件的评审，要从实际出发，实事求是。评标定标活动既要全面，也要有重点，有理有据，不能草率评定。

二、评标要求

组建评标委员会
和清标工作组

1. 评标委员会

评标委员会依法组建，负责评标活动。评标委员会由招标人的代表和有关技术、经济等方面的专家组成，成员人数为 5 人以上单数，其中技术、经济等方面专家不得少于成员总数的三分之二。

评标委员会的专家成员，应当由招标人从建设行政主管部门及其他有关政府部门确定的专家名册或者工程招标代理机构的专家库内相关专业的专家名单中确定。确定专家成员一般应当采取随机抽取的方式。

与投标人有利害关系的人不得进入相关项目的评标委员会，已经进入的应当更换。评标委员会成员的名单在中标结果确定前应当保密。

评标委员会成员有下列情形之一的，应当回避。

（1）招标或投标主要负责人的近亲属；

（2）项目主管部门或者行政监督部门的人员；

（3）与投标人有经济利益关系，可能影响对投标公正评审的；

（4）曾因在招标、评标及其他与招标投标有关活动中从事违法行为而受过行政处罚或刑事处罚的。

评标委员会成员不得收受他人的财物或者其他好处，不得向他人透漏对投标文件的评审和比较、中标候选人的推荐情况及评标有关的其他情况。在评标活动中，评标委员会成员不得擅离职守，影响评标程序正常进行，不得使用"评标办法"没有规定的评审因素和标准进行评标。

2. 对招标人的纪律要求

招标人不得泄露招标投标活动中应当保密的情况和资料,不得与投标人串通损害国家利益、社会公共利益或者他人合法权益。

3. 对投标人的纪律要求

投标人不得相互串通投标或者与招标人串通投标,不得向招标人或评标委员会成员行贿谋取中标,不得以他人名义投标或者以其他方式弄虚作假骗取中标;投标人不得以任何方式干扰、影响评标工作。

4. 对与评标活动有关的工作人员的纪律要求

与评标活动有关的工作人员不得收受他人的财物或者其他好处,不得向他人透漏对投标文件的评审和比较、中标候选人的推荐情况及评标有关的其他情况。在评标活动中,与评标活动有关的工作人员不得擅离职守,影响评标程序正常进行。

5. 其他要求

投标人和其他利害关系人认为本次招标活动违反法律、法规和规章规定的,有权向有关行政监督部门投诉。

三、评标程序

施工招标的评标和定标依据招标工程的规模、技术复杂程度来决定评标的办法与时间。一般国际性招标项目评标大约需要 3～6 个月时间,如我国鲁布革水电站引水工程国际公开招标项目评标时间为 1983 年 11 月～1984 年 4 月。但小型工程由于承包工作内容较为简单、合同金额不大,可以采用即开、即评、即定的方式,由评标委员会及时确定中标人。国内大型工程项目的评审因评审内容复杂、涉及面宽,通常分成初步评审和详细评审两个阶段进行。

评标程序与方法

1. 初步评审

初步评审也称对投标书的响应性审查,此阶段不是比较各投标书的优劣,而是以投标须知为依据,检查各投标书是否为响应性投标,确定投标书的有效性。初步评审从投标书中筛选出符合要求的合格投标书,剔除所有无效投标和严重违法的投标书,以减少详细评审的工作量,保证评审工作的顺利进行。

初步评审主要包括以下内容。

（1）符合性评审

符合性评审包括商务符合性评审和技术符合性鉴定,审查内容有:

① 投标人的资格。核对是否为通过资格预审的投标人;或对未进行资格预审提交的资格材料进行审查,该项工作内容和步骤与资格预审大致相同。

② 投标文件的有效性。主要是指投标保证的有效性,即投标保证的格式、内容、金额、有效期,开具单位是否符合招标文件要求。

③ 投标文件的完整性。投标文件是否提交了招标文件规定应提交的全部文件,有无遗漏。

④ 与招标文件的一致性。即投标文件是否实质响应招标文件的要求,具体是指与招标文件的所有条款、条件和规定相符,对招标文件的任何条款、数据或说明是否有任何修改、保

留和附加条件。

（2）技术性评审

技术性评审包括施工方案、工程进度与技术措施、质量管理体系与措施、安全保证措施、环境保护管理体系与措施、资源（劳务、材料、机械设备）、技术负责人等方面是否与国家相应规定及招标项目符合。

（3）商务性评审

商务性评审主要是对投标报价的审核，审查全部报价数据计算的准确性。如投标书中存在计算或统计的错误，由招标委员会予以修正后请投标人签字确认。修正后的投标报价对投标人起约束作用。如投标人拒绝确认，则按投标人违约对待，没收其投标保证金。

（4）对招标文件响应的偏差

通过初步评审，评标委员会应当根据招标文件，审查并逐项列出投标文件的全部投标偏差。投标偏差分为重大偏差和细微偏差。所有存在重大偏差的投标文件应按规定作废标处理。

投标偏差

下列情况属于重大偏差：

① 没有按照招标文件要求提供投标担保或者所提供的投标担保有瑕疵；

② 投标文件没有投标人授权代表签字和加盖公章；

③ 投标文件载明的招标项目完成期限超过招标文件规定的期限；

④ 明显不符合技术规格、技术标准的要求；

⑤ 投标文件载明的货物包装方式、检验标准和方法等不符合招标文件的要求；

⑥ 投标文件附有招标人不能接受的条件；

⑦ 不符合招标文件规定的其他实质性要求。

投标文件有上述情形之一的，为未能对招标文件作出实质性响应，并按规定作废标处理。

细微偏差是指投标文件在实质上响应招标文件要求，但在个别地方存在漏项或者提供了不完整的技术信息和数据等情况，并且补正这些遗漏或者不完整不会对其他投标人造成不公平的结果。细微偏差不影响投标文件的有效性。评标委员会应当书面要求存在细微偏差的投标人在评标结束前予以补正。拒不补正的，在详细评审时可以对细微偏差作不利于该投标人的量化，量化标准应在招标文件中规定。

（5）投标文件作废标处理的其他情况

投标文件有下列情形之一的，由评标委员会初审后按废标处理。

① 无单位盖章并无法定代表人或法定代表人授权的代理人签字或盖章的；

② 未按规定的格式填写，内容不全或关键字迹模糊、无法辨认的；

③ 投标人递交两份或多份内容不同的投标文件，或在一份投标文件中对同一招标项目报有两个或多个报价，且未声明哪一个有效，按招标文件规定提交备选投标方案的除外；

④ 投标人名称或组织结构与资格预审时不一致的；

⑤ 未按招标文件要求提交投标保证金的；

⑥ 联合体投标未附联合体各方共同投标协议的。

评标委员会根据相关规定否决不合格投标或者界定为废标后，因有效投标不足 3 个使得投标明显缺乏竞争的，评标委员会可以否决全部投标。

投标人少于 3 个或者所有投标被否决的,招标人应依法重新招标。

2. 详细评审

详细评审指在初步评审的基础上,对经初步评审合格的投标文件,按照招标文件确定的评标标准和方法,对其技术部分(技术标)和商务部分(经济标)进一步审查、比较。在此基础上再由评标委员会对各投标书分项进行量化比较,从而评定出优劣次序。

3. 对投标文件的澄清

为了有助于对投标文件的审查、评价和比较,评标委员会可以书面方式要求投标人对投标文件中含义不明确、对同类问题表述不一致或者有明显文字和计算错误的内容做必要的澄清、说明或补正。对于大型复杂工程项目评标委员会可以分别召集投标人对某些内容进行澄清或说明。在澄清会上对投标人进行质询,先以口头形式询问并解答,随后在规定的时间内投标人以书面形式予以确认作出正式答复。但澄清或说明的问题不允许更改投标价格或投标书的实质内容。

4. 评标报告

评标委员会在完成评标后,应向招标人提出书面评标结论性报告,并抄送有关行政监督部门。

评标报告应当如实记载以下内容:

(1) 本情况和数据表;

(2) 评标委员会成员名单;

(3) 开标记录;

(4) 符合要求的投标一览表;

(5) 废标情况说明;

(6) 评标标准、评标方法或者评标因素一览表;

(7) 经评审的价格或者评分比较一览表;

(8) 经评审的投标人排序;

(9) 推荐的中标候选人名单与签订合同前要处理的事宜;

(10) 澄清、说明、补正事项纪要。

评标报告由评标委员会全体成员签字。对评标结论持有异议的评标委员会成员可以书面方式阐述其不同意见和理由。评标委员会成员拒绝在评标报告上签字且不陈述其不同意见和理由的,视为同意评标结论。评标委员会应当对此作出书面说明并记录在案。评标委员会推荐的中标候选人应当限定在 1～3 人,并标明排列顺序。

向招标人提交书面评标报告后,评标委员会即告解散。评标过程中使用的文件、表格及其他资料应当即时归还招标人。

四、建设工程评标主要方法

建设工程评标的方法很多,我国目前常用的评标方法有经评审的最低投标价法和综合评估法等。

评标方法

1. 经评审的最低投标价法

经评审的最低投标价法是指对符合招标文件规定的技术标准,满足招标文件实质性要求的投标,根据招标文件规定的量化因素及量化标准进行价格折算,按照经评审的投标价由低到高的顺序推荐中标候选人，或根据招标人授权直接确定中标人，投标报价低于成本的除外。经评审的投标价相等时，投标报价低的优先；投标报价也相等的，由招标人自行确定。

（1）适用情况

一般适用于具有通用技术、性能标准或者招标人对其技术、性能没有特殊要求的招标项目。

（2）评标程序及原则

① 评标委员会根据招标文件中评标办法规定对投标人的投标文件进行初步评审。有一项不符合评审标准的，作废标处理。最低投标价法初步评审内容和标准可参考《标准施工招标文件（2007 年版）》评标办法。

② 评标委员会应当根据招标文件中规定的评标价格调整方法，对所有投标人的投标报价及投标文件的商务部分做必要的价格调整。但评标委员会无需对投标文件的技术部分进行价格折算。

评标委员会发现投标人的报价明显低于其他投标报价，或者在设有标底时明显低于标底，使其投标报价可能低于其成本的，应当要求该投标人作出书面说明并提供相应的证明材料。投标人不能合理说明或者不能提供相应证明材料的，由评标委员会认定该投标人以低于成本报价竞标，其投标作废标处理。

③ 根据经评审的最低投标价法完成详细评审后，评标委员会应当拟定一份"标价比较表"，连同书面评标报告提交招标人。"标价比较表"应当注明投标人的投标报价、对商务偏差的价格调整和说明以及经评审的最终投标价。

④ 除招标文件中授权评标委员会直接确定中标人外，评标委员会按照经评审的价格由低到高的顺序推荐中标候选人。

2. 综合评估法

综合评估法，是对价格、施工组织设计（或施工方案）、项目经理的资历和业绩、质量、工期、信誉和业绩等各方面因素进行综合评价，从而确定中标人的评标定标方法。它是适用最广泛的评标定标方法。

综合评估法按其具体分析方式的不同，可分为定性综合评估法和定量综合评估法。

（1）定性综合评估法（评估法）

定性综合评估法又称评估法。通常的做法是，由评标组织对工程报价、工期、质量、施工组织设计、主要材料消耗、安全保障措施、业绩、信誉等评审指标，分项进行定性比较分析，综合考虑，经评估后选出其中被大多数评标组织成员认为各项条件都比较优良的投标人为中标人，也可用记名或无记名投票表决的方式确定中标人。定性评估法的特点是不量化各项评审指标。它是一种定性的优选法。采用定性综合评估法，一般要按从优到劣的顺序，对各投标人排列名次，排序第一名的即为中标人。

采用定性综合评估法，有利于评标组织成员之间的直接对话和交流，能充分反映不同意见，在广泛深入地开展讨论、分析的基础上，集中大多数人的意见，一般也比较简单易行。但这种方法评估标准弹性较大，衡量的尺度不具体，各人的理解可能会相去甚远，造成评标意见相差过大，会使评标决策左右为难，不能让人信服。

（2）定量综合评估法（打分法、百分法）

定量综合评估法又称打分法、百分制计分评估法（百分法）。通常的做法是，事先在招标文件或评标定标办法中对评标的内容进行分类,形成若干评价因素,并确定各项评价因素在百分之内所占的比例和评分标准,开标后由评标组织中的每位成员按照评分规则,采用无记名方式打分,最后统计投标人的得分,得分最高者(排序第一名)或次高者(排序第二名)为中标人。

定量综合评估法的主要特点是要量化各评审因素。对各评审因素的量化是一个比较复杂的问题,各地的做法不尽相同。从理论上讲,评标因素指标的设置和评分标准分值的分配,应充分体现企业的整体素质和综合实力,准确反映公开、公平、公正的竞标法则,使质量好、信誉高、价格合理、技术强、方案优的企业能中标。

思政案例

案例6-2【提升自律意识,强化职业操守】

案例背景: 贵州省毕节强制隔离戒毒所场平施工招标项目在毕节市公共资源交易中心开标,随机抽取异地专家参与评标。其间,贵州省综合评标专家库专家吴永刚(遵义市建筑设计院高级工程师)受当事人请托协调专家,开标当日吴永刚获知专家集合地点后,将写有竞标单位的纸条递给左波(原遵义市建威建筑公司技术负责人)、姚强(原遵义市第二建筑安装总公司副总经理)、胡恪双(原遵义市第一建筑安装工程有限公司)3位专家。评标时,左波、姚强、胡恪双有意向性地给吴永刚提供的竞标单位偏高打分。事后,左波、姚强、胡恪双分别收受当事人壹万元人民币。经属地公安、监察机关调查,吴永刚、左波、姚强、胡恪双承认收受他人财物,其行为违反了《中华人民共和国招标投标法》第四十四条等有关法律法规的规定。有关机关已依法追究当事人法律责任,贵州省综合评标专家库管理委员会已将吴永刚、左波、姚强、胡恪双4人清除出省评标专家库。

案例分析:《中华人民共和国招标投标法》第四十四条规定评标委员会成员应当客观、公正地履行职务,遵守职业道德,对所提出的评审意见承担个人责任。

评标委员会成员不得私下接触投标人,不得收受投标人的财物或者其他好处。评标委员会成员和参与评标的有关工作人员不得透露对投标文件的评审和比较、中标候选人的推荐情况以及与评标有关的其他情况。

思政要点: 加快完善长效监管机制,常态化推进行业领域乱象治理。建筑市场各方主体要切实引以为戒,不断提高自律意识,杜绝违法违规行为发生。招标投标专家及相关单位要以案为戒、以案示警、以案促改,切实增强法纪意识、责任意识,强化职业操守与履职水平,信守入库承诺,公正廉洁履职尽责,严格依法依规开展评标工作,共同维护招标投标市场公平秩序。

▶ 任务三 建设工程定标及签订合同 ◀

思政·中标与
签订合同

1. 定标
2. 中标无效、合同签订
3. 签订合同

一、建设工程定标

定标也称决标，是指招标人最终确定中标的单位。除特殊情况外，评标和定标应当在投标有效期结束日 30 个工作日前完成。招标文件应当载明投标有效期。投标有效期从提交投标文件截止日起计算。

招标人根据评标委员会提出的书面评标报告和推荐的中标候选人确定中标人，也可以授权评标委员会直接确定中标人。使用国有资金投资或者国家融资的项目，招标人应当确定排名第一的中标候选人为中标人。排名第一的中标候选人放弃中标、因不可抗力提出不能履行合同，或者招标文件规定应当提交履约保证金而在规定的期限内未能提交的，招标人可以确定排名第二的中标候选人为中标人。排名第二的中标候选人因前款规定的同样原因不能签订合同的，招标人可以确定排名第三的中标候选人为中标人。

在确定中标人之前，招标人不得与投标人就投标价格、投标方案等实质性内容进行谈判。

中标人的投标应当符合下列条件：

（1）能够最大限度满足招标文件中规定的各项综合评价标准；

（2）能够满足招标文件的实质性要求，并且经评审的投标报价最低，投标报价低于成本的除外；

招标人在评标委员会依法推荐的中标候选人以外确定中标人的，依法必须进行招标的项目在所有投标被评标委员会否决后自行确定中标人的，中标无效。

二、发出中标通知书

中标人确定后，招标人应当向中标人发出《中标通知书》，同时通知未中标人，并与中标人在 30 个工作日之内签订合同。《中标通知书》对招标人和中标人具有法律约束力。《中标通知书》发出后，招标人改变中标结果或者中标人放弃中标的，应当承担法律责任。

三、签订合同

1. 合同签订

招标人和中标人应当在《中标通知书》发出 30 日内，按照招标文件和中标人的投标文件订立书面合同。招标人与中标人不得再行订立背离合同实质性内容的其他协议。

如果投标书内提出某些非实质性偏离的意见而发包人也同意接受时，双方应就这些内容谈判达成书面协议，不改动招标文件中专用条款和通用条款条件，将对某些条款协商一致后,改动的部分在合同协议书附录中予以明确。合同协议书附录经双方签字后作为合同的组成部分。

2. 投标保证金和工程担保

（1）投标保证金的退还

招标人与中标人签订合同后5个工作日内,应当向中标人和未中标的投标人退还投标保证金。中标人不与招标人订立合同的,投标保证金不予退还并取消其中标资格,给招标人造成的损失超过投标保证金数额的,应当对超过部分予以赔偿;没有提交投标保证金的,应当对招标人的损失承担赔偿责任。

（2）提交履约保证

招标文件要求中标人提交履约保证金的,中标人应当提交。若中标人不能按时提供履约保证,可以视为投标人违约,没收其投标保证金,招标人再与下一位候选中标人签订合同。当招标文件要求中标人提供履约保证时,招标人也应当向中标人提供工程款支付担保。

（3）工程担保制度

住房和城乡建设部办公厅征求《关于进一步加强房屋建筑和市政基础设施工程招标投标监管的指导意见（征求意见稿）》意见的函（建办市函〔2019〕559号）,明确提出优化招标投标市场环境,加快推行工程担保制度。推行银行保函制度,在有条件的地区推行工程担保公司保函和工程保证保险。招标人要求中标人提供履约担保的,招标人应当同时向中标人提供工程款支付担保。对采用合理最低价中标的探索实行高保额履约担保。

思 政 案 例

案例6-3【深化 "放管服"改革,优化招投标市场环境】

案例背景:"评定分离"起源于深圳市,业内人士认为这是招标投标制度的大胆创新,有利于解决招标人责权利统一的问题;也有不同观点认为这种改革是一种倒退,对其合法性和合理性存在质疑。深圳市自2012年起推行"评定分离"已数年,珠海市也自2017年也开始推行"评定分离"制度,最近几年有越来越多的地区开始试点推行"评定分离",我国的招标投标制度迎来较大的变革。"评定分离"制度夯实了招标人主体责任,限制了评标专家自由裁量权,较大程度上避免了专家水平良莠不齐和廉政风险带来的政府投资风险,使招投标活动实现竞价、严谨、效率并重,各主体责任边界清晰。同时也存在招标人廉政风险、项目适用性等问题,大多地市目前处于不断进一步探索完善配套监管机制的阶段。

案例分析:"评定分离"作为扩大招标人自主权,践行"放管服"改革的举措,其本质是实现择优招标。但如果过度强调招标人的主体责任和权力,可能会适得其反。根据其他省市"评定分离"办法的操作流程,在评标委员会推荐定标候选人后,招标人须组建定标委员会对定标候选人再次进行筛选。实则把原来一个阶段完成的工作分解为两阶段完成,不利于提高评标定标工作效率。同时,由于项目业主的管理水平、技术力量、廉政意识参差不齐,由其自行开展定标工作未必能保证质量,而定标过程缺乏监管还可能导致招标人滥用权力,项目业主的主要负责人和相关决策人员将成为投标人围猎拉拢的对象,容易带来极大的廉政风险。

　　思政要点:对于招投标领域长期以来存在的各种顽疾,要用合法、正当的手段,通过行之有效的政策制度和严格的监管措施来解决和防范,需要在提高招标文件的编制质量和水平、提高评委的综合素质、规范市场主体的行为等方面综合施策、形成合力,努力构建"公开、公平、公正、诚实信用"的招投标市场环境。

任务解析

▶ 技能训练 ◀

　　1. 任务目标

　　通过模拟开标、评标、定标实训,让学生熟悉评标工作流程,锻炼学生组织开标、评标的实操能力、沟通协调能力和语言表达能力。

　　2. 工作任务

　　通过分析某学校新建图书馆工程,具体信息见项目1【背景案例】,完成以下任务:利用项目四完成的招标文件和项目五完成的投标文件,用角色扮演法演练完成开标、评标、定标工作。本实训模拟真实的开标、评标情境,分别扮演招标人、招标代理人、公证人、公共资源交易中心工作人员、投标人、评标专业等不同角色,各角色履行本职工作,完成开标、评标、定标工作。

◢ 专题实训 5:开标、评标、定标实训 ◣

实训资料

实训目的

　　1. 学习开标相关知识点,结合项目案例和实训操作手册,使学生掌握开标流程、评标流程、定标及签订合同等工作内容;

　　2. 掌握开标、评标、定标及合同签订等业务流程、技能知识点;

　　3. 掌握标、评标、定标及合同签订的相关软件操作。

实训任务及要求

　　任务1　利用电子招投标服务平台完成开标流程

　　(1)签到;

　　(2)开标;

　　(3)唱标。

　　任务2　利用电子招投标服务平台完成评标流程

（1）评标专家准备，登录电子招投标服务平台，完成抽取评标专家；

（2）技术标评审，审阅技术标，完成技术标评审；

（3）资信标评审，审阅资信标，完成资信标评审；

（4）商务标评审，审阅商务标，完成商务标评审。

任务3　定标及合同签到

（1）确定中标人；

（2）发出中标通知书；

（3）合同签订。

实训准备

1. 硬件准备：多媒体设备、实训电脑、实训指导手册。
2. 软件准备：电子招投标服务平台、电子评标系统。

实训总结

1. 教师评测：评测软件操作，学生成果展示，评测学生学习成果。
2. 学生总结：小组组内讨论 10 分钟，写下实训心得，并分享讨论。

▶ 项目小结 ◀

建设工程开标、评标、定标必须遵循国家相关规定。开标时间为投标截止时间的同一时间。在招标人的主持下邀请所有投标人参加投标会议。

评标委员会由招标人代表和评标专家组成，成员为 5 人以上单数，其中技术、经济方面的专家不少于成员总数的三分之二。评标方法有综合评估法和经评审的最低投标价法。

投标人的投标文件应能最大限度满足招标文件中规定的各项综合评价标准，或者能够满足招标文件的实质性要求，并且经评审的投标报价最低，但低于成本的除外。

［在线答题］•项目6
建设工程开标、评标与定标

项目 7 建设工程合同管理

知识目标

1. 了解建设工程合同的概念、分类、订立；
2. 熟悉建设工程施工合同的概念、特点、作用；
3. 掌握建设工程合同的主要内容；
4. 掌握建设工程施工合同管理中发承包双方权利与义务；
5. 掌握建设工程施工合同质量、安全、进度、成本管理方法；
6. 熟悉建设工程施工合同违约责任、施工合同争议处理方式。

能力目标

1. 能够拟定建设工程施工合同文本；
2. 能够掌握洽谈技巧进行合同谈判；
3. 能够进行施工不同阶段合同管理。

素质目标

1. 引导学生树立自由、平等、守信的契约精神，诚信履约；
2. 启发学生树立法治意识，增强法制观念，强化依法办事思维；
3. 培养学生认真负责的工作态度，严谨细致的工作作风。

思维导图

《示范文本》的组成
《示范文本》的性质和适用范围 ── 建设工程施工合同的主要内容
合同文件构成及解释顺序

建设工程合同的概念
建设工程合同概述 ── 建设工程合同的分类
建设工程合同的订立

建设工程合同管理

施工准备阶段的合同管理
施工阶段的合同管理 ── 建设工程施工合同管理
竣工阶段的合同管理

建设工程施工合同的概念
建设工程施工合同的特点
建设工程施工合同概述 ── 建设工程施工合同的作用
工程分包、不可抗力、争议的解决
建设工程施工合同的解除

某学院教学楼,建筑面积 8 000 m²,发包人与承包人于 2023 年 4 月签订了建设施工合同,承包人承包范围包括建筑与机电安装工程,合同价暂定为 9 600 万元,结算按实计,合同对计价原则进行了约定,合同工期 900 天。承包商于 2023 年 5 月开工,施工至主体封顶,发包人与承包人因工程进度款、施工质量等问题产生纠纷造成停工,承包人中途离场,双方当事人在没有对已完工程量、现场备料、施工设备等进行核对并形成清单的情况下,发包人单方面解除了建设工程施工合同,直接将工程发包给第三方施工,双方引起了争议。

➤ 思考:1. 什么是建设工程施工合同? 合同的主客体有哪些?

2. 建设工程施工合同订立与解除有什么要求?

3. 本案例中争议的焦点在哪里? 怎样解决该争议?

4. 通过此案例的分析,对建设工程施工合同管理有怎样的认识?

▶ 任务一 建设工程合同概述 ◀

一、建设工程合同的概念

合同及相关概念

建设工程合同所涉及的内容复杂,履行期较长,为便于明确各自的权利和义务,减少履行困难和争议,建设工程合同应当采用书面形式,建设工程合同是承包人进行工程建设,发包人支付价款的合同。进行工程建设的行为包括勘察、设计、施工,建设工程实行监理的,发包人应当与监理人订立委托监理合同。建设工程合同是诺成合同,合同订立生效后,双方应该严格履行。

建设工程合同也是一种双务、有偿合同,当事人双方在合同中都有各自的权利和义务,在享有权利的同时必须履行义务。建设工程合同是广义的承揽合同的一种,也是承揽人(承包人)按照定作人(发包人)的要求完成工作(工程建设),交付工作成果(竣工工程),定作人给付报酬的合同。但由于工程建设合同在经济活动、社会生活中的重要作用,以及在国家管理、合同标的等方面均有别于一般的承揽合同,我国一直将建设工程合同列为单独的一类重要合同。同时,考虑到建设工程合同毕竟是从承揽合同中分离出来的,《民法典》规定:建设工程合同适用承揽合同的有关规定。

二、建设工程合同的分类

施工合同的类型

依据不同的分类标准,建设工程合同可做以下分类。

1. 按合同签约的对象内容划分

(1) 建设工程勘察、设计合同

是指业主(发包人)与勘察人、设计人为完成一定的勘察、设计任务,明确双方权利和义务的协议。

（2）建设工程施工合同

通常也称为建筑安装工程承包合同，是指建设单位（发包人）和施工单位（承包人），为了完成商定的或通过招标投标确定的建筑工程安装任务，明确相互权利和义务关系的书面协议。

（3）建设工程委托监理合同

简称监理合同，是指工程建设单位聘请监理单位代其对工程项目进行管理，明确双方权利和义务的协议。建设单位称委托人（甲方），监理单位称受委托人（乙方）。

（4）工程项目物资购销合同

是由建设单位或承建单位根据工程建设的需要，分别与有关物资、供销单位，为执行建设工程物资（包括设备、建材等）供应协作任务，明确双方权利和义务而签订的具有法律效力的书面协议。

（5）建设项目借款合同

是由建设单位与中国人民建设银行或其他金融机构，根据国家批准的投资计划、信贷计划，为保证项目贷款资金供应和项目投产后能及时收回贷款而签订的明确双方权利和义务关系的书面协议。

除以上合同外，还有运输合同、劳务合同、供电合同等。

2. 按合同签约各方的承包关系划分

（1）总包合同

是指建设单位（发包人）将工程项目建设全过程或其中某个阶段的全部工作，发包给一个承包单位总包，发包人与总包方签订的合同。总包合同签订后，总承包单位可以将若干专业性工作交给不同的专业承包单位去完成，并统一协调和监督他们的工作。在一般情况下，建设单位仅同总承包单位发生法律关系，而不同各专业承包单位发生法律关系。

（2）分包合同

即总承包人与发包人签订了总包合同之后，将若干专业性工作分给不同的专业承包单位去完成，总包方分别与几个分包方签订的合同。对于大型工程项目，有时也可由发包人直接与每个承包人签订合同，而不采取总包形式。这时每个承包人都是处于同样的地位，各自独立地完成本单位所承包的任务，并直接向发包人负责。

3. 按建设工程合同的价格形式划分

发包人和承包人应在合同协议书中选择下列某种合同价格形式。

（1）单价合同

单价合同是指合同当事人约定以工程量清单及其综合单价进行合同价格计算、调整和确认的建设工程施工合同，在约定的范围内合同单价不做调整。合同当事人应在专用合同条款中约定综合单价包含的风险范围和风险费用的计算方法，并约定风险范围以外的合同价格的调整方法，其中因市场价格波动引起的调整按《建设工程施工合同（示范文本）》（GF—2017—0201）第11.1条款〔市场价格波动引起的调整〕约定执行。实行工程量清单计价的建筑工程，鼓励发承包双方采用单价方式确定合同价款。

（2）总价合同

总价合同是指合同当事人约定以施工图、已标价工程量清单或预算书及有关条件进行合同价格计算、调整和确认的建设工程施工合同，在约定的范围内合同总价不做调整。合同当事人应在专用合同条款中约定总价包含的风险范围和风险费用的计算方法,并约定风险范围以外的合同价格的调整方法,其中因市场价格波动引起的调整按《建设工程施工合同(示范文本)》(GF—2017—0201)第 11.1 款〔市场价格波动引起的调整〕约定执行,因法律变化引起的调整按第 11.2 款〔法律变化引起的调整〕约定执行。建设规模较小、技术难度较低、工期较短的建筑工程,发承包双方可以采用总价方式确定合同价款。

(3)其他价格形式

合同当事人可在专用合同条款中约定其他合同价格形式。

三、建设工程合同的订立

建设工程合同是《民法典》第三篇第十八章规定的合同类型。建设工程合同属于经济合同范畴,适用《民法典》和有关条法。按建设工程合同的主体进行分类,建设工程合同可分为国内建设工程合同与国际建设工程合同两大类。国内建设工程合同又分为国内非涉外建设工程合同与国内涉外建设工程合同。由于建设工程合同本身的特殊性,其合同订立也存在自身的特殊性。

1. 建设工程施工合同的订立条件

(1)工程项目初步设计已经批准。

(2)工程项目已经列入年度建设计划。

(3)有能够满足施工需要的设计文件和有关技术资料。

(4)建设资金和主要材料设备来源已经落实。

(5)实行招标投标的工程,中标通知书已经下达。

2. 建设工程施工合同的订立原则

订立合同必须遵守国家法律法规,不得有违反和抵触法律法规的条款内容。订立合同也要尊重公共秩序和善良风俗习惯。

(1)平等自愿的原则

订立合同的当事人地位是平等的,意思表示必须是完全真实自愿的,一方不得将自己的意志强加给另一方。

(2)公平原则

订立合同当事人应当遵循公平原则确定各方的权利和义务。

(3)诚实信用原则

订立和履行合同要讲究信用,恪守诺言,诚实不欺。

3. 建设工程施工合同的订立程序

要约和承诺是订立合同的两个基本程序,建设工程合同订立自然也要经历这两个程序。

(1)招标公告(或投标邀请书)是要约邀请

招标人通过发布招标公告或者发出投标邀请书吸引潜在投标人投标,希望潜在投标人向自己发出"内容明确的订立合同的意思表示",所以,招标公告(或投标邀请书)是要约邀请。

(2)投标文件是要约投标文件中含有投标人期望订立的具体内容,表达了投标人期望订立合同的意思,因此,投标文件是要约

(3)中标通知书是承诺

中标通知书是招标人对投标文件(要约)的肯定答复,因而是承诺。

思政案例

案例 7-1【未依法进行招投标，合同效力如何判定？】

案例背景：某置业公司与某建设公司签订施工合同，约定由某建设公司承包案涉工程的施工。现案涉工程因未办理报建手续而停工，某置业公司诉请解除合同及某建设公司支付误工损失、租金损失等；某建设公司反诉请求某置业公司支付工程款及损失。

案例分析：法院审理认为，某集团公司系国有资金投资的公司，其投资设立的某置业公司亦存在国有资金的投入。某置业公司与某建设公司签订的建设工程合同具有未依法进行招投标、违背法律、行政法规等强制性规定，遂依法判决该合同无效。

思政要点：建设工程施工合同的订立应符合法律规定。法律规定必须进行招投标却未经招投标订立的建设工程施工合同无效，且此种情况下无法通过其他方式对合同效力进行补正。本案提示建设工程的发包单位应按照法律规定进行招投标程序，促进市场主体规范订立合同、合法依规经营。

▶ 任务二　建设工程施工合同概述 ◀

一、建设工程施工合同的概念

建设工程施工合同是发包人与承包人之间为完成商定的建设工程项目，确定双方权利和义务的协议。

1. 施工合同的谈判策略
2. 施工合同类型的选择

建设工程施工合同是建设工程的主要合同，是工程建设质量控制、进度控制、投资控制的主要依据。在市场经济条件下，建设市场主体之间相互的权利义务关系主要是通过合同确立的，因此，在建设领域加强对施工合同的管理具有十分重要的意义。

建设工程施工合同的当事人是发包人和承包人，双方是平等的民事主体。发承包双方签订施工合同，必须具备相应资质条件和履行施工合同的能力。对合同范围内的工程实施建设时，发包人必须具备组织协调能力；承包人必须具备有关部门核定的资质等级并持有营业执照等证明文件。依照施工合同，承包方应完成一定的建筑、安装工程任务，发包人应提供必要的施工条件并支付工程价款。

二、建设工程施工合同的特点

由于建筑产品是特殊的商品，它具有单件性、固定性、建设周期长、施工生产和技术复杂、工程付款和质量论证具备阶段性、受外界自然条件影响大等特点，因此施工合同与其他经济合同相比，具有自身的特点。

1. 合同标的的特殊性

施工合同的标的是各类建筑产品，建筑产品是不动产，建造过程中往往受到各种因素的影响，这就决定了每个施工合同的标的物不同于工厂批量生产的产品，具有单件性的特点。

"单件性"是指不同地点建造的相同类型和级别的建筑,施工过程中所遇到的情况不尽相同,在甲工程施工中遇到的困难在乙工程不一定发生,而在乙工程施工中可能出现甲工程没有出现的问题。这就决定了每个施工合同的标的都是特殊的,相互间具有不可替代性。

2.合同履行期限的长期性

由于建筑产品体积庞大、结构复杂、施工周期都较长,施工工期少则几个月,一般都是几年甚至十几年,在合同实施过程中不确定性影响因素多,受外界自然条件影响大,合同双方承担的风险高,当主观和客观情况发生变化时,就有可能造成施工合同的变化,因此施工合同的变更较频繁,施工合同争议和纠纷也比较多。

3.合同内容的多样性和复杂性

与大多数合同相比,施工合同的履行期限长、标的额大,涉及的法律关系则包括了劳动关系、保险关系、运输关系、购销关系等,具有多样性和复杂性。这就要求施工合同的条款应当尽量详尽。

4.合同管理的严格性

合同的主体必须具有履约能力。发包人一般只能是经过批准进行工程项目建设的法人,必须有国家已批准的建设项目,落实了投资来源,并且应具备相应的组织管理能力;承包人必须具备法人资格,而且应当具备相应的施工资质。无营业执照或无承包资质的单位不能作为建设工程施工合同的主体,资质等级低的单位不能越级承包建设单位。

订立建设工程合同必须以国家批准的投资计划为前提。即使建设项目是非国家投资的,以其他方式筹集的投资也要受到当年的贷款规模和批准限额的限制。建设工程施工合同的订立和履行还必须符合国家关于建设程序的规定,并满足法定或其内在规律所必须要求的前提条件。

三、建设工程施工合同的作用

1.明确建设单位和施工企业在施工中的权利和义务

施工合同一经签订,即具有法律效力,是合同双方在履行合同过程中的行为准则,双方都应以施工合同作为行为的依据。

2.有利于对工程施工的有效管理

合同当事人对工程施工的管理应以合同为依据。有关的国家机关、金融机构对施工的监督和管理,也是以施工合同为其重要依据的。

3.进行监理的依据和推行监理制的需要

在监理制度中,行政干预的作用被淡化了,建设单位(业主)、施工企业(承包商)、监理单位三者的关系是通过工程建设监理合同和施工合同来确立的。国内外实践经验表明,工程建设监理的主要依据是合同。监理工程师在工程监理过程中要做到坚持按合同办事,坚持按规范办事,坚持按程序办事。监理工程师必须根据合同秉公办事,监督业主和承包商都履行各自的合同义务,因此发承包双方签订一个内容合法,条款公平、完备,适应建设监理要求的施工合同是监理工程师实施公正监理的根本前提条件,也是推行建设监理制的内在要求。

4.有利于建筑市场的培育和发展

随着社会主义市场经济新体制的建立,建设单位和施工单位将逐渐成为建筑市场的合格主体,建设项目实行真正的业主负责制,施工企业参与市场公平竞争。在建筑商品交换过程中,双方都要利用合同这一法律形式,明确规定各自的权利和义务,以最大限度地实现自己的经济目的和经济效益。施工合同作为建筑商品交换的基本法律形式,贯穿于建筑交易的全过程。无数建设工程合同的依法签订和全面履行,是建立一个完善的建筑市场的最基本条件。

四、工程分包

承包人不得将其承包的全部工程转包给第三人,或将其承包的全部工程肢解后以分包的名义转包给第三人。承包人不得将工程主体结构、关键性工作及专用合同条款中禁止分包的专业工程分包给第三人,主体结构、关键性工作的范围由合同当事人按照法律规定在专用合同条款中予以明确。

承包人不得以劳务分包的名义转包或违法分包工程。

承包人应按专用合同条款的约定进行分包,确定分包人。已标价工程量清单或预算书中给定暂估价的专业工程,按照〔暂估价〕确定分包人。除此约定的情况或专用合同条款另有约定外,分包合同价款由承包人与分包人结算,未经承包人同意,发包人不得向分包人支付分包工程价款;生效法律文书要求发包人向分包人支付分包合同价款的,发包人有权从应付承包人工程款中扣除该部分款项。

按照合同约定进行分包的,承包人应确保分包人具有相应的资质和能力。工程分包不减轻或免除承包人的责任和义务,承包人和分包人就分包工程向发包人承担连带责任。除合同另有约定外,承包人应在分包合同签订后7天内向发包人和监理人提交分包合同副本。

承包人应向监理人提交分包人的主要施工管理人员表,并对分包人的施工人员进行实名制管理,包括但不限于进出场管理、登记造册以及各种证照的办理。

分包人在分包合同项下的义务持续到缺陷责任期届满以后的,发包人有权在缺陷责任期届满前,要求承包人将其在分包合同项下的权益转让给发包人,承包人应当转让。除转让合同另有约定外,转让合同生效后,由分包人向发包人履行义务。

五、不可抗力

1. 不可抗力的确认

不可抗力是指合同当事人在签订合同时不可预见,在合同履行过程中不可避免且不能克服的自然灾害和社会性突发事件,如地震、海啸、瘟疫、骚乱、戒严、暴动、战争和专用合同条款中约定的其他情形。

不可抗力

不可抗力发生后,发包人和承包人应收集证明不可抗力发生及不可抗力造成损失的证据,并及时认真统计所造成的损失。合同当事人对是否属于不可抗力或其损失的意见不一致的,由监理人按〔商定或确定〕的约定处理。发生争议时,按〔争议解决〕的约定处理。

2. 不可抗力的通知

合同一方当事人遇到不可抗力事件,使其履行合同义务受到阻碍时,应立即通知合同另一方当事人和监理人,书面说明不可抗力和受阻碍的详细情况,并提供必要的证明。

不可抗力持续发生的,合同一方当事人应及时向合同另一方当事人和监理人提交中间报告,说明不可抗力和履行合同受阻的情况,并于不可抗力事件结束后28天内提交最终报告及有关资料。

3. 不可抗力后果的承担

不可抗力引起的后果及造成的损失由合同当事人按照法律规定及合同约定各自承担。不可抗力发生前已完成的工程应当按照合同约定进行计量支付。

不可抗力导致的人员伤亡、财产损失、费用增加和(或)工期延误等后果,由合同当事人按以下原则承担:永久工程、已运至施工现场的材料和工程设备的损坏,以及因工程损坏造成的第三方人员伤亡和财产损失由发包人承担;承包人施工设备的损坏由承包人承担;发包人和承包人承担各自人员伤亡和财产的损失;因不可抗力影响承包人履行合同约定的义务,已经引起或将引起工期延误的,应当顺延工期,由此导致承包人停工的费用损失由发包人和承包人合理分担,停工期间必须支付的工人工资由发包人承担;因不可抗力引起或将引起工期延误,发包人要求赶工的,由此增加的赶工费用由发包人承担;承包人在停工期间按照发包人要求照管、清理和修复工程的费用由发包人承担。

不可抗力发生后,合同当事人均应采取措施尽量避免和减少损失的扩大,任何一方当事人没有采取有效措施导致损失扩大的,应对扩大的损失承担责任。

因合同一方迟延履行合同义务,在迟延履行期间遭遇不可抗力的,不免除其违约责任。

4. 因不可抗力解除合同

因不可抗力导致合同无法履行连续超过 84 天或累计超过 140 天的,发包人和承包人均有权解除合同。合同解除后,由双方当事人按照〔商定或确定〕商定或确定发包人应支付的款项,该款项包括:

(1) 合同解除前承包人已完成工作的价款;

(2) 承包人为工程订购的并已交付给承包人,或承包人有责任接受交付的材料、工程设备和其他物品的价款;

(3) 发包人要求承包人退货或解除订货合同而产生的费用,或因不能退货或解除合同而产生的损失;

(4) 承包人撤离施工现场以及遣散承包人人员的费用;

(5) 按照合同约定在合同解除前应支付给承包人的其他款项;

(6) 扣减承包人按照合同约定应向发包人支付的款项;

(7) 双方商定或确定的其他款项。

除专用合同条款另有约定外,合同解除后,发包人应在商定或确定上述款项后 28 天内完成上述款项的支付。

六、争议的解决

1. 和解

合同当事人可以就争议自行和解,自行和解达成协议的经双方签字并盖章后作为合同补充文件,双方均应遵照执行。

争议解决

2. 调解

合同当事人可以就争议请求建设行政主管部门、行业协会或其他第三方进行调解,调解达成协议的,经双方签字并盖章后作为合同补充文件,双方均应遵照执行。

3. 争议评审

合同当事人在专用合同条款中约定采取争议评审方式解决争议以及评审规则,并按下列约定执行：

（1）争议评审小组的确定

合同当事人可以共同选择一名或三名争议评审员，组成争议评审小组。除专用合同条款另有约定外，合同当事人应当自合同签订后 28 天内，或者争议发生后 14 天内，选定争议评审员。

选择一名争议评审员的，由合同当事人共同确定；选择三名争议评审员的，各自选定一名，第三名成员为首席争议评审员，由合同当事人共同确定或由合同当事人委托已选定的争议评审员共同确定，或由专用合同条款约定的评审机构指定第三名首席争议评审员。

除专用合同条款另有约定外，评审员报酬由发包人和承包人各承担一半。

（2）争议评审小组的决定

合同当事人可在任何时间将与合同有关的任何争议共同提请争议评审小组进行评审。争议评审小组应秉持客观、公正原则，充分听取合同当事人的意见，依据相关法律、规范、标准、案例经验及商业惯例等，自收到争议评审申请报告后 14 天内作出书面决定，并说明理由。合同当事人可以在专用合同条款中对本项事项另行约定。

（3）争议评审小组决定的效力

争议评审小组作出的书面决定经合同当事人签字确认后，对双方具有约束力，双方应遵照执行。

任何一方当事人不接受争议评审小组决定或不履行争议评审小组决定的，双方可选择采用其他争议解决方式。

4. 仲裁或诉讼

因合同及合同有关事项产生的争议，合同当事人可以在专用合同条款中约定以下一种方式解决争议：

（1）向约定的仲裁委员会申请仲裁；

（2）向有管辖权的人民法院起诉。

5. 争议解决条款效力

合同有关争议解决的条款独立存在，合同的变更、解除、终止、无效或者被撤销均不影响其效力。

七、建设工程施工合同的解除

建设工程施工合同订立后，当事人应当按照合同的约定履行。但是在一定的条件下，合同没有履行或者没有完全履行，当事人也可以解除合同。

1. 可以解除合同的情形

（1）合同的协商解除

施工合同当事人协商一致，可以解除。这是在合同成立之后、履行完毕之前，双方当事人通过协商而同意终止合同关系的解除。当事人的此项权利是合同中意思自治的具体体现。

（2）发生不可抗力时合同的解除

因不可抗力或者非合同当事人的原因，造成工程停建或缓建，致使合同无法履行，合同双方可以解除合同。

（3）当事人违约时合同的解除

① 发包人请求解除合同的条件。承包人有下列情形之一,发包人请求解除建设工程施工合同的,应予以支持:明确表示或者以行为表明不履行合同主要义务的;合同期限内没有完工,且在发包人催告的合理期限内仍未完工的;已经完成的建设工程质量不合格,并拒绝修复的;将承包的工程非法转包、违法分包的。

② 承包人请求解除合同的条件。发包人有下列情形之一,致使承包人无法施工,且在催告的合理期限内仍未履行义务,承包人请求解除建设工程施工合同的,应予以支持:未按约定支付工程价款的;提供的主要建筑材料、建筑构配件和设备不符合强制性标准的;不履行合同约定的协助义务的。

2. 合同解除后的法律后果

建设工程施工合同解除后,已经完成的建设工程质量合格的,发包人应当按照约定支付相应的工程价款。

已经完成的建设工程质量不合格的,按照下列情况处理:修复后的建设工程经竣工验收合格,发包人请求承包人承担修复费用的,应予以支持;修复后的建设工程经竣工验收不合格,承包人请求支付工程价款的,不予支持。因建设工程不合格造成的损失,发包人有过错的,也应承担相应的民事责任。

违约

3. 因一方违约导致合同解除的,违约方应当赔偿因此给对方造成的损失

思 政 案 例

案例 7－2【中标合同与实际履行合同不一致,工程款应如何结算?】

案例背景:甲公司与乙公司口头约定,由乙公司对工程项目进行施工。施工内容包含提供建筑材料、建设施工及劳务,约定报酬合计为 100 余万元。建筑公司于 2022 年至 2023 年施工,并于 2023 年 11 月完成最后一项工程。但在工程完工并验收合格之后,总包公司以双方不存在建设工程合同关系为由拒绝支付工程款。因此,建筑公司起诉要求总包公司给付工程款并支付延期利息。

案例分析:乙公司与甲公司虽未签订书面施工合同,但多项工程确认单上均有甲公司职工赵某、钱某、孙某三人的签字,且甲公司承认赵某、钱某、孙某系本公司职工,能够证明对于涉案工程施工存在合意且已实际履行完毕,甲公司应当支付工程款及其相应利息。

思政要点:实践中,在建设工程施工中,中标合同与实际合同不一致的情况时有发生。就本案例而言,工程施工前未订立书面合同,许多事项未予固定,矛盾更显尖锐。无论中标合同的有无以及如何规定,其具体的施工范围和工程量以及工程款的多少,都应当以实际施工范围和施工量为准。法院对该案的判决体现了对实质权利的维护,更有利于维护社会公平,强化法制观念,培养依法办事的意识。

▶ 任务三　建设工程施工合同的主要内容 ◀

为了指导建设工程施工合同当事人的签约行为，维护合同当事人的合法权益，依据《中华人民共和国民法典》《中华人民共和国建筑法》《中华人民共和国招标投标法》以及相关法律法规，住房城乡建设部、国家工商行政管理总局对《建设工程施工合同（示范文本）》（GF—2013—0201）进行了修订，制定了《建设工程施工合同（示范文本）》（GF—2017—0201）（以下简称《示范文本》）。本合同示范文本自 2017 年 10 月 1 日起执行，原《建设工程施工合同（示范文本）》（GF—2013—0201）同时废止。

思政·施工合同
示范文本

一、《示范文本》的组成

《示范文本》由合同协议书、通用合同条款和专用合同条款三部分组成。

1. 《示范文本》中相关词语定义与解释
2. 施工合同文本的组成
3. 施工合同文件的组成及解释顺序

1. 合同协议书

《示范文本》合同协议书共计 13 条，主要包括：工程概况、合同工期、质量标准、签约合同价和合同价格形式、项目经理、合同文件构成、承诺以及合同生效条件等重要内容，集中约定了合同当事人基本的合同权利义务。

2. 通用合同条款

通用合同条款是合同当事人根据《中华人民共和国建筑法》《中华人民共和国民法典》等法律法规的规定，就工程建设的实施及相关事项，对合同当事人的权利义务作出的原则性约定。

通用合同条款共计 20 条，具体条款分别为：一般约定、发包人、承包人、监理人、工程质量、安全文明施工与环境保护、工期和进度、材料与设备、试验与检验、变更、价格调整、合同价格、计量与支付、验收和工程试车、竣工结算、缺陷责任与保修、违约、不可抗力、保险、索赔和争议解决。前述条款安排既考虑了现行法律法规对工程建设的有关要求，也考虑了建设工程施工管理的特殊需要。

3. 专用合同条款

专用合同条款是对通用合同条款原则性约定的细化、完善、补充、修改或另行约定的条款。合同当事人可以根据不同建设工程的特点及具体情况，通过双方的谈判、协商对相应的专用合同条款进行修改补充。在使用专用合同条款时，应注意以下事项：

（1）专用合同条款的编号应与相应的通用合同条款的编号一致；

（2）合同当事人可以通过对专用合同条款的修改，满足具体建设工程的特殊要求，避免直接修改通用合同条款；

（3）在专用合同条款中有横道线的地方，合同当事人可针对相应的通用合同条款进行细化、完善、补充、修改或另行约定；如无细化、完善、补充、修改或另行约定，则填写"无"或划"/"。

二、《示范文本》的性质和适用范围

《示范文本》为非强制性使用文本。《示范文本》适用于房屋建筑工程、土木工程、线路管道和设备安装工程、装修工程等建设工程的施工发承包活动,合同当事人可结合建设工程具体情况,根据《示范文本》订立合同,并按照法律法规规定和合同约定承担相应的法律责任及合同权利义务。

三、合同文件构成及解释顺序

组成合同的各项文件应互相解释,互为说明。除专用合同条款另有约定外,解释合同文件的优先顺序如下:

(1) 合同协议书;

(2) 中标通知书;

(3) 投标函及其附录;

(4) 专用合同条款及其附件;

(5) 通用合同条款;

(6) 技术标准和要求;

(7) 图纸;

(8) 已标价工程量清单或预算书;

(9) 其他合同文件。

上述各项合同文件包括合同当事人就该项合同文件所作出的补充和修改,属于同一类内容的文件,应以最新签署的为准。

在合同订立及履行过程中形成的与合同有关的文件均构成合同文件组成部分,并根据其性质确定优先解释顺序。

思 政 案 例

案例 7-3【不公平的合同必须要履行吗?】

案例背景:甲公司通过公开招标确定乙公司为中标单位,但在签订合同时,甲公司提出招投标文件中关于工程结算的条款比较烦琐,要将工程确定为固定总价合同,除甲方提出的造价变动超过 100 万元以上的重大设计变更外,结算时一律不得调整工程价款。乙公司认为合同工期长达两年,材料价格波动的不可控因素太多,改为固定总价合同对施工方而言风险太大,因此不同意变更结算条款。但甲公司领导坚持变更,并声言如果乙公司不接受固定总价,则视为其放弃中标,甲公司将没收乙公司的投标保证金,并确定排名第二的中标候选人中标。乙公司在无奈之下接受了甲公司的条件,签订了施工合同。在其后的施工中,因为钢材价格大幅上涨,采购价格比报价时的预算价格高了 75%,导致乙公司的成本增加了 380 万元。但在结算时,甲公司以合同约定固定总价的理由,对该项材料调差不予认可。经多次商议未果,乙公司向法院提起诉讼,请求法院撤销合同中关于固定总价的约定。

案例分析：根据《民法典》相关条款，一方当事人利用优势或者利用对方没有经验，致使双方的权利义务明显违反公平、等价有偿原则的，可以认定为显失公平。本案中甲公司利用招标人的强势地位，强行变更招投标文件的实质内容，不但违反了《中华人民共和国招标投标法》及其实施条例的有关规定，也违背了合同的公平原则，乙公司可以基于《民法典》相关条款的规定请求撤销该约定。

思政要点：合同当事人的法律地位是平等的，一方不得将自己的意志强加给另一方。当事人应当遵循公平原则确定各方的权利和义务。无论是甲方还是乙方的项目负责人、合同管理人员都应当秉持平等、公平、诚实、信用的基本精神与对方签订、履行合同。

▶ 任务四 建设工程施工合同管理 ◀

一、施工准备阶段的合同管理

1. 一般约定

（1）合同

是指根据法律规定和合同当事人约定具有约束力的文件，构成合同的文件包括合同协议书、中标通知书、投标函及其附录、专用合同条款及其附件、通用合同条款、技术标准和要求、图纸、已标价工程量清单或预算书以及其他合同文件。

思政·合同的谈判和履约

（2）合同协议书

是指构成合同的由发包人和承包人共同签署的称为"合同协议书"的书面文件。

（3）中标通知书

是指构成合同的由发包人通知承包人中标的书面文件。

（4）投标函

是指构成合同的由承包人填写并签署的用于投标的称为"投标函"的文件。

（5）投标函附录

是指构成合同的附在投标函后的称为"投标函附录"的文件。

（6）其他合同文件

是指经合同当事人约定的与工程施工有关的具有合同约束力的文件或书面协议。合同当事人可以在专用合同条款中进行约定。

2. 发包人义务

发包人是指与承包人签订合同协议书的当事人及取得该当事人资格的合法继承人。

发包人的权利与义务

（1）图纸会审及设计交底

发包人应按照专用合同条款约定的期限、数量和内容向承包人免费提供图纸，并组织承包人、监理人和设计人进行图纸会审和设计交底。

（2）有关施工证件和批件办理

发包人应遵守法律，并办理法律规定由其办理的许可、批准或备案，包括但不限于建设用地规划许可证、建设工程规划许可证、建设工程施工许可证、施工所需临时用水、临时用电、中断道路交通、临时占用土地等许可和批准。发包人应协助承包人办理法律规定的有关施工证件和批件。

（3）发包人应提供施工现场、施工条件和基础资料

将施工用水、电力、通信线路等施工所必需的条件接至施工现场内；保证向承包人提供正常施工所需要的进入施工现场的交通条件；协调处理施工现场周围地下管线和邻近建筑物、构筑物、古树名木的保护工作，并承担相关费用；按照专用合同条款约定应提供的其他设施和条件。

发包人应当在移交施工现场前向承包人提供施工现场及工程施工所必需的毗邻区域内供水、排水、供电、供气、供热、通信、广播电视等地下管线资料，气象和水文观测资料，地质勘察资料，相邻建筑物、构筑物和地下工程等有关基础资料，并对所提供资料的真实性、准确性和完整性负责。

（4）测量放线

除专用合同条款另有约定外，发包人应在至迟不得晚于第7.3.2项〔开工通知〕载明的开工日期前7天通过监理人向承包人提供测量基准点、基准线和水准点及其书面资料。发包人应对其提供的测量基准点、基准线和水准点及其书面资料的真实性、准确性和完整性负责。

3. 承包人义务

承包人是指与发包人签订合同协议书的，具有相应工程施工承包资质的当事人及取得该当事人资格的合法继承人。

（1）承包人应按照专用合同条款的约定提供应当由其编制的与工程施工有关的文件，并按照专用合同条款约定的期限、数量和形式提交监理人，并由监理人报送发包人。

承包人的权利与义务

（2）现场查勘

承包人应对施工现场和施工条件进行查勘，并充分了解工程所在地的气象条件、交通条件、风俗习惯以及其他与完成合同工作有关的其他资料。因承包人未能充分查勘、了解前述情况或未能充分估计前述情况所可能产生后果的，承包人承担由此增加的费用和（或）延误的工期。

（3）施工组织设计的提交和修改

除专用合同条款另有约定外，承包人应在合同签订后14天内，但至迟不得晚于〔开工通知〕载明的开工日期前7天，向监理人提交详细的施工组织设计，并由监理人报送发包人。

对发包人和监理人提出的合理意见和要求，承包人应自费修改完善。根据工程实际情况需要修改施工组织设计的，承包人应向发包人和监理人提交修改后的施工组织设计。

施工组织设计应包含以下内容：施工方案、施工现场平面布置图、施工进度计划和保证

措施、劳动力及材料供应计划、施工机械设备的选用、质量保证体系及措施、安全生产、文明施工措施、环境保护、成本控制措施、合同当事人约定的其他内容。

（4）开工准备

除专用合同条款另有约定外，承包人应按照〔施工组织设计〕约定的期限，向监理人提交工程开工报审表，经监理人报发包人批准后执行。

（5）测量放线

承包人发现发包人提供的测量基准点、基准线和水准点及其书面资料存在错误或疏漏的，应及时通知监理人。监理人应及时报告发包人，并会同发包人和承包人予以核实。

承包人负责施工过程中的全部施工测量放线工作，并配置具有相应资质的人员、合格的仪器、设备和其他物品。承包人应矫正工程的位置、标高、尺寸或准线中出现的任何差错，并对工程各部分的定位负责。

施工过程中对施工现场内水准点等测量标志物的保护工作由承包人负责。

4. 监理人职责

监理人是指在专用合同条款中指明的，受发包人委托按照法律规定进行工程监督管理的法人或其他组织。

（1）监理内容及监理权限

工程实行监理的，发包人和承包人应在专用合同条款中明确监理人的监理内容及监理权限等事项。监理人应当根据发包人授权及法律规定，代表发包人对工程施工相关事项进行检查、查验、审核、验收，并签发相关指示，但监理人无权修改合同，且无权减轻或免除合同约定的承包人的任何责任与义务。

（2）场所提供约定

除专用合同条款另有约定外，监理人在施工现场的办公场所、生活场所由承包人提供，所发生的费用由发包人承担。

（3）审查施工组织设计

除专用合同条款另有约定外，发包人和监理人应在监理人收到施工组织设计后7天内确认或提出修改意见。

（4）开工通知

监理人应在计划开工日期7天前向承包人发出开工通知，工期自开工通知中载明的开工日期起算。

二、施工阶段的合同管理

1. 一般约定

（1）工程

是指与合同协议书中工程承包范围对应的永久工程和（或）临时工程。

（2）单位工程

是指在合同协议书中指明的，具备独立施工条件并能形成独立使用功能的永久工程。

（3）工程设备

是指构成永久工程的机电设备、金属结构设备、仪器及其他类似的设备和装置。

（4）施工设备

是指为完成合同约定的各项工作所需的设备、器具和其他物品，但不包括工程设备、临时工程和材料。

（5）施工现场

是指用于工程施工的场所，以及在专用合同条款中指明作为施工场所组成部分的其他场所，包括永久占地和临时占地。

（6）临时设施

是指为完成合同约定的各项工作所服务的临时性生产和生活设施。

（7）开工日期

包括计划开工日期和实际开工日期。计划开工日期是指合同协议书约定的开工日期；实际开工日期是指监理人按照〔开工通知〕约定发出的符合法律规定的开工通知中载明的开工日期。

（8）工期

是指在合同协议书约定的承包人完成工程所需的期限，包括按照合同约定所做的期限变更。

（9）签约合同价

是指发包人和承包人在合同协议书中确定的总金额，包括安全文明施工费、暂估价及暂列金额等。

（10）合同价格

是指发包人用于支付承包人按照合同约定完成承包范围内全部工作的金额，包括合同履行过程中按合同约定发生的价格变化。

（11）费用

是指为履行合同所发生的或将要发生的所有必需的开支，包括管理费和应分摊的其他费用，但不包括利润。

（12）暂估价

是指发包人在工程量清单或预算书中提供的用于支付必然发生但暂时不能确定价格的材料、工程设备的单价、专业工程以及服务工作的金额。

（13）暂列金额

是指发包人在工程量清单或预算书中暂定并包括在合同价格中的一笔款项，用于工程合同签订时尚未确定或者不可预见的所需材料、工程设备、服务的采购，施工中可能发生的工程变更、合同约定调整因素出现时的合同价格调整以及发生的索赔、现场签证确认等的费用。

（14）计日工

是指合同履行过程中，承包人完成发包人提出的零星工作或需要采用计日工计价的变更工作时，按合同中约定的单价计价的一种方式。

2. 工程质量管理

工程质量标准必须符合现行国家有关工程施工质量验收规范和标准的要求。有关工程质量的特殊标准或要求由合同当事人在专用合同条款中约定。

工程质量

（1）责任划分

① 因发包人原因造成工程质量未达到合同约定标准的，由发包人承担由此增加的费用和（或）延误的工期，并支付承包人合理的利润。

② 因承包人原因造成工程质量未达到合同约定标准的，发包人有权要求承包人返工直至工程质量达到合同约定的标准为止，并由承包人承担由此增加的费用和（或）延误的工期。

（2）质量管理

① 发包人

发包人应按照法律规定及合同约定完成与工程质量有关的各项工作。

② 承包人

a. 承包人按照〔施工组织设计〕约定向发包人和监理人提交工程质量保证体系及措施文件，建立完善的质量检查制度，并提交相应的工程质量文件。

b. 承包人应对施工人员进行质量教育和技术培训，定期考核施工人员的劳动技能，严格执行施工规范和操作规程。

c. 承包人应按照法律规定和发包人的要求，对材料、工程设备以及工程的所有部位及其施工工艺进行全过程的质量检查和检验，并作详细记录，编制工程质量报表，报送监理人审查。

d. 承包人应按照法律规定和发包人的要求，进行施工现场取样试验、工程复核测量和设备性能检测，提供试验样品、提交试验报告和测量成果以及其他工作。

③ 监理人

监理人按照法律规定和发包人授权对工程的所有部位及其施工工艺、材料和工程设备进行检查和检验。监理人为此进行的检查和检验，不免除或减轻承包人按照合同约定应当承担的责任。

监理人的检查和检验不应影响施工正常进行。监理人的检查和检验影响施工正常进行的，且经检查检验不合格的，影响正常施工的费用由承包人承担，工期不予顺延；经检查检验合格的，由此增加的费用和（或）延误的工期由发包人承担。

（3）材料与设备质量控制

① 发包人供应材料与工程设备

发包人自行供应材料、工程设备的，应在签订合同时在专用合同条款的附件《发包人供应材料设备一览表》中明确材料、工程设备的品种、规格、型号、数量、单价、质量等级和送达地点。

承包人应提前 30 天通过监理人以书面形式通知发包人供应材料与工程设备进场。承包人按照〔施工进度计划的修订〕约定修订施工进度计划时，需同时提交经修订后的发包人供应材料与工程设备的进场计划。

发包人应按《发包人供应材料设备一览表》约定的内容提供材料和工程设备，并向承包人提供产品合格证明及出厂证明，对其质量负责。发包人应提前 24 小时以书面形式通知承包人、监理人材料和工程设备到货时间，承包人负责材料和工程设备的清点、检验和接收。

发包人提供的材料和工程设备的规格、数量或质量不符合合同约定的，或因发包人原因导致交货日期延误或交货地点变更等情况的，按〔发包人违约〕约定办理。

发包人供应的材料和工程设备，承包人清点后由承包人妥善保管，保管费用由发包人承担,但已标价工程量清单或预算书已经列支或专用合同条款另有约定除外。因承包人原因发生丢失毁损的,由承包人负责赔偿;监理人未通知承包人清点的,承包人不负责材料和工程设备的保管,由此导致丢失毁损的由发包人负责。发包人供应的材料和工程设备使用前,由承包人负责检验,检验费用由发包人承担,不合格的不得使用。

② 承包人采购材料与工程设备

承包人负责采购材料、工程设备的,应按照设计和有关标准要求采购,并提供产品合格证明及出厂证明,对材料、工程设备质量负责。合同约定由承包人采购的材料、工程设备,发包人不得指定生产厂家或供应商,发包人违反本款约定指定生产厂家或供应商的,承包人有权拒绝,并由发包人承担相应责任。

承包人采购的材料和工程设备,应保证产品质量合格,承包人应在材料和工程设备到货前 24 小时通知监理人检验。承包人进行永久设备、材料的制造和生产的,应符合相关质量标准,并向监理人提交材料的样本以及有关资料,并应在使用该材料或工程设备之前获得监理人同意。

承包人采购的材料和工程设备不符合设计或有关标准要求时,承包人应在监理人要求的合理期限内将不符合设计或有关标准要求的材料、工程设备运出施工现场,并重新采购符合要求的材料、工程设备,由此增加的费用和(或)延误的工期,由承包人承担。

承包人采购的材料和工程设备由承包人妥善保管,保管费用由承包人承担。法律规定材料和工程设备使用前必须进行检验或试验的,承包人应按监理人的要求进行检验或试验,检验或试验费用由承包人承担,不合格的不得使用。发包人或监理人发现承包人使用不符合设计或有关标准要求的材料和工程设备时,有权要求承包人进行修复、拆除或重新采购,由此增加的费用和(或)延误的工期,由承包人承担。

监理人有权拒绝承包人提供的不合格材料或工程设备,并要求承包人立即进行更换。监理人应在更换后再次进行检查和检验,由此增加的费用和(或)延误的工期由承包人承担。

(4)隐蔽工程检查

① 检查程序

承包人应当对工程隐蔽部位进行自检,并经自检确认是否具备覆盖条件。

除专用合同条款另有约定外,工程隐蔽部位经承包人自检确认具备覆盖条件的,承包人应在共同检查前 48 小时书面通知监理人检查,通知中应载明隐蔽检查的内容、时间和地点,并应附有自检记录和必要的检查资料。

经监理人检查确认质量符合隐蔽要求,并在验收记录上签字后,承包人才能进行覆盖。经监理人检查质量不合格的,承包人应在监理人指示的时间内完成修复,并由监理人重新检查,由此增加的费用和(或)延误的工期由承包人承担。

② 重新检查

承包人覆盖工程隐蔽部位后,发包人或监理人对质量有疑问的,可要求承包人对已覆盖的部位进行钻孔探测或揭开重新检查,承包人应遵照执行,并在检查后重新覆盖恢复原状。经检查证明工程质量符合合同要求的,由发包人承担由此增加的费用和(或)延误的工期,并支付承包人合理的利润;经检查证明工程质量不符合合同要求的,由此增加的费用和(或)延误的工期由承包人承担。

承包人未通知监理人到场检查,私自将工程隐蔽部位覆盖的,监理人有权指示承包人钻孔探测或揭开检查,无论工程隐蔽部位质量是否合格,由此增加的费用和(或)延误的工期均由承包人承担。

（5）不合格工程的处理及质量争议检测

因承包人原因造成工程不合格的,发包人有权随时要求承包人采取补救措施,直至达到合同要求的质量标准,由此增加的费用和(或)延误的工期由承包人承担。无法补救的,按照〔拒绝接收全部或部分工程〕约定执行。

因发包人原因造成工程不合格的,由此增加的费用和(或)延误的工期由发包人承担,并支付承包人合理的利润。

合同当事人对工程质量有争议的,由双方协商确定的工程质量检测机构鉴定,由此产生的费用及因此造成的损失,由责任方承担。合同当事人均有责任的,由双方根据其责任分别承担。合同当事人无法达成一致的,按照第 4.4 款〔商定或确定〕执行。

3. 施工安全管理

合同履行期间,合同当事人均应当遵守国家和工程所在地有关安全生产的要求,合同当事人有特别要求的,应在专用合同条款中明确施工项目安全生产标准化达标目标及相应事项。承包人有权拒绝发包人及监理人强令承包人违章作业、冒险施工的任何指示。

（1）发包人

① 在施工过程中,如遇到突发的地质变动、事先未知的地下施工障碍等影响施工安全的紧急情况,发包人应当及时下令停工并报政府有关行政管理部门采取应急措施。

② 除专用合同条款另有约定外,发包人应与当地公安部门协商,在现场建立治安管理机构或联防组织,统一管理施工场地的治安保卫事项,履行合同工程的治安保卫职责。

③ 安全文明施工费由发包人承担,发包人不得以任何形式扣减该部分费用。因基准日期后合同所适用的法律或政府有关规定发生变化,增加的安全文明施工费由发包人承担。

（2）承包人

① 在施工过程中,如遇到突发的地质变动、事先未知的地下施工障碍等影响施工安全的紧急情况,承包人应及时报告监理人和发包人。因安全生产需要暂停施工的,按照〔暂停施工〕的约定执行。

② 承包人应当按照有关规定编制安全技术措施或者专项施工方案,建立安全生产责任制度、治安保卫制度及安全生产教育培训制度,并按安全生产法律规定及合同约定履行安全职责。

③ 承包人应按照法律规定进行施工,开工前做好安全技术交底工作,施工过程中做好各项安全防护措施。

④ 需单独编制危险性较大分部分项专项工程施工方案的,及要求进行专家论证的超过一定规模的危险性较大的分部分项工程,承包人应及时编制和组织论证。

⑤ 承包人在工程施工期间,应当采取措施保持施工现场平整,物料堆放整齐。

⑥ 在工程移交之前,承包人应当从施工现场清除承包人的全部工程设备、多余材料、垃圾和各种临时工程,并保持施工现场清洁整齐。

（3）事故处理

工程施工过程中发生事故的,承包人应立即通知监理人,监理人应立即通知发包人。发包人和承包人应立即组织人员和设备进行紧急抢救和抢修,减少人员伤亡和财产损失,防止事故扩大,并保护事故现场。需要移动现场物品时,应作出标记和书面记录,妥善保管有关证据。发包人和承包人应按国家有关规定,及时如实地向有关部门报告事故发生的情况,以及正在采取的紧急措施等。

4. 工程进度管理

(1) 施工进度计划的编制

承包人应按照〔施工组织设计〕约定提交详细的施工进度计划,施工进度计划的编制应当符合国家法律规定和一般工程实践惯例,施工进度计划经发包人批准后实施。施工进度计划是控制工程进度的依据,发包人和监理人有权按照施工进度计划检查工程进度情况。

(2) 施工进度计划的修订

施工进度计划不符合合同要求或与工程的实际进度不一致的,承包人应向监理人提交修订的施工进度计划,并附具有关措施和相关资料,由监理人报送发包人。除专用合同条款另有约定外,发包人和监理人应在收到修订的施工进度计划后7天内完成审核和批准或提出修改意见。发包人和监理人对承包人提交的施工进度计划的确认,不能减轻或免除承包人根据法律规定和合同约定应承担的任何责任或义务。

(3) 工期延误

① 因发包人原因导致工期延误

在合同履行过程中,因下列情况导致工期延误和(或)费用增加的,由发包人承担由此延误的工期和(或)增加的费用,且发包人应支付承包人合理的利润:

a. 发包人未能按合同约定提供图纸或所提供图纸不符合合同约定的;

b. 发包人未能按合同约定提供施工现场、施工条件、基础资料、许可、批准等开工条件的;

c. 发包人提供的测量基准点、基准线和水准点及其书面资料存在错误或疏漏的;

d. 发包人未能在计划开工日期之日起7天内同意下达开工通知的;

e. 发包人未能按合同约定日期支付工程预付款、进度款或竣工结算款的;

f. 监理人未按合同约定发出指示、批准等文件的;

g. 专用合同条款中约定的其他情形。

因发包人原因未按计划开工日期开工的,发包人应按实际开工日期顺延竣工日期,确保实际工期不低于合同约定的工期总日历天数。因发包人原因导致工期延误需要修订施工进度计划的,按照〔施工进度计划的修订〕执行。

② 因承包人原因导致工期延误

因承包人原因造成工期延误的,可以在专用合同条款中约定逾期竣工违约金的计算方法和逾期竣工违约金的上限。承包人支付逾期竣工违约金后,不免除承包人继续完成工程及修补缺陷的义务。

(4) 暂停施工

① 发包人原因引起的暂停施工

因发包人原因引起暂停施工的,监理人经发包人同意后,应及时下达暂停施工指示。情况紧急且监理人未及时下达暂停施工指示的,按照〔紧急情况下的暂停施工〕执行。

因发包人原因引起的暂停施工,发包人应承担由此增加的费用和(或)延误的工期,并支付承包人合理的利润。

② 承包人原因引起的暂停施工

因承包人原因引起的暂停施工,承包人应承担由此增加的费用和(或)延误的工期,且承包人在收到监理人复工指示后84天内仍未复工的,视为〔承包人违约的情形〕约定的承包人无法继续履行合同的情形。

③ 指示暂停施工

监理人认为有必要时,并经发包人批准后,可向承包人作出暂停施工的指示,承包人应按监理人指示暂停施工。

④ 紧急情况下的暂停施工

因紧急情况需暂停施工,且监理人未及时下达暂停施工指示的,承包人可先暂停施工,并及时通知监理人。监理人应在接到通知后24小时内发出指示,逾期未发出指示,视为同意承包人暂停施工。监理人不同意承包人暂停施工的,应说明理由,承包人对监理人的答复有异议,按照〔争议解决〕约定处理。

⑤ 暂停施工后的复工

暂停施工后,发包人和承包人应采取有效措施积极消除暂停施工的影响。在工程复工前,监理人会同发包人和承包人确定因暂停施工造成的损失,并确定工程复工条件。当工程具备复工条件时,监理人应经发包人批准后向承包人发出复工通知,承包人应按照复工通知要求复工。

承包人无故拖延和拒绝复工的,承包人承担由此增加的费用和(或)延误的工期;因发包人原因无法按时复工的,按照〔因发包人原因导致工期延误〕约定办理。

⑥ 暂停施工持续56天以上

监理人发出暂停施工指示后56天内未向承包人发出复工通知,除该项停工属于〔承包人原因引起的暂停施工〕及〔不可抗力〕约定的情形外,承包人可向发包人提交书面通知,要求发包人在收到书面通知后28天内准许已暂停施工的部分或全部工程继续施工。发包人逾期不予批准的,则承包人可以通知发包人,将工程受影响的部分视为按〔变更的范围〕的可取消工作。

暂停施工持续84天以上不复工的,且不属于〔承包人原因引起的暂停施工〕及〔不可抗力〕约定的情形,并影响到整个工程以及合同目的实现的,承包人有权提出价格调整要求,或者解除合同。解除合同的,按照〔因发包人违约解除合同〕执行。

⑦ 暂停施工期间的工程照管

暂停施工期间,承包人应负责妥善照管工程并提供安全保障,由此增加的费用由责任方承担。

⑧ 暂停施工的措施

暂停施工期间,发包人和承包人均应采取必要的措施确保工程质量及安全,防止因暂停施工扩大损失。

(5) 提前竣工

发包人要求承包人提前竣工的,发包人应通过监理人向承包人下达提前竣工指示,承包人应向发包人和监理人提交提前竣工建议书,提前竣工建议书应包括实施的方案、缩短的时间、增加的合同价格等内容。发包人接受该提前竣工建议书的,监理人应与发包人和承包人协商采取加快工程进度的措施,并修订施工进度计划,由此增加的费用由发包人承担。承包人认为提前竣工指示无法执行的,应向监理人和发包人提出书面异议,发包人和监理人应在收到异议后7天内予以答复。任何情况下,发包人不得压缩合理工期。

发包人要求承包人提前竣工,或承包人提出提前竣工的建议能够给发包人带来效益的,合同当事人可以在专用合同条款中约定提前竣工的奖励。

5. 工程支付管理

发包人应按合同约定向承包人及时支付合同价款。

1. 安全施工与环境保护
2. 材料与设备
3. 工期和进度
4. 变更
5. 合同价格、计量与支付

(1) 安全文明施工费的支付

除专用合同条款另有约定外,发包人应在开工后28天内预付安全文明施工费总额的50%,其余部分与进度款同期支付。发包人逾期支付安全文明施工费超过7天的,承包人有权向发包人发出要求预付的催告通知,发包人收到通知后7天内仍未支付的,承包人有权暂停施工,并按〔发包人违约的情形〕执行。

(2) 计量

工程量计量按照合同约定的工程量计算规则、图纸及变更指示等进行计量。工程量计算规则应以相关的国家标准、行业标准等为依据,由合同当事人在专用合同条款中约定。除专用合同条款另有约定外,工程量的计量按月进行。

(3) 变更

① 变更的范围

除专用合同条款另有约定外,合同履行过程中发生以下情形的,应按照本条约定进行变更:增加或减少合同中任何工作,或追加额外的工作;取消合同中任何工作,但转由他人实施的工作除外;改变合同中任何工作的质量标准或其他特性;改变工程的基线、标高、位置和尺寸;改变工程的时间安排或实施顺序。

② 变更权

发包人和监理人均可以提出变更。变更指示均通过监理人发出,监理人发出变更指示前应征得发包人同意。承包人收到经发包人签认的变更指示后,方可实施变更。未经许可,承包人不得擅自对工程的任何部分进行变更。

涉及设计变更的,应由设计人提供变更后的图纸和说明。如变更超过原设计标准或批准的建设规模时,发包人应及时办理规划、设计变更等审批手续。

③ 变更程序

发包人提出变更的,应通过监理人向承包人发出变更指示,变更指示应说明计划变更的工程范围和变更的内容。

监理人提出变更建议的,需要向发包人以书面形式提出变更计划,说明计划变更工程范围和变更的内容、理由,以及实施该变更对合同价格和工期的影响。发包人同意变更的,由监理人向承包人发出变更指示。发包人不同意变更的,监理人无权擅自发出变更指示。

承包人收到监理人下达的变更指示后,认为不能执行,应立即提出不能执行该变更指示的理由。承包人认为可以执行变更的,应当书面说明实施该变更指示对合同价格和工期的影响,且合同当事人应当按照〔变更估价〕约定确定变更估价。

(4) 预付款的支付

预付款的支付按照专用合同条款约定执行,但至迟应在开工通知载明的开工日期7天前支付。预付款应当用于材料、工程设备、施工设备的采购及修建临时工程、组织施工队伍进场等。

除专用合同条款另有约定外,预付款在进度付款中同比例扣回。在颁发工程接收证书前,提前解除合同的,尚未扣完的预付款应与合同价款一并结算。

发包人逾期支付预付款超过 7 天的,承包人有权向发包人发出要求预付的催告通知,发包人收到通知后 7 天内仍未支付的,承包人有权暂停施工,并按第〔发包人违约的情形〕执行。

（5）工程进度款支付

承包人应于每月 25 日向监理人报送上月 20 日至当月 19 日已完成的工程量报告,并附具进度付款申请单、已完成工程量报表和有关资料。

监理人应在收到承包人提交的工程量报告后 7 天内完成对承包人提交的工程量报表的审核并报送发包人,以确定当月实际完成的工程量。监理人对工程量有异议的,有权要求承包人进行共同复核或抽样复测。承包人应协助监理人进行复核或抽样复测,并按监理人要求提供补充计量资料。承包人未按监理人要求参加复核或抽样复测的,监理人复核或修正的工程量视为承包人实际完成的工程量。

监理人未在收到承包人提交的工程量报表后的 7 天内完成审核的,承包人报送的工程量报告中的工程量视为承包人实际完成的工程量,据此计算工程价款。

除专用合同条款另有约定外,进度付款申请单应包括下列内容:

① 截至本次付款周期已完成工作对应的金额;

② 根据〔变更〕应增加和扣减的变更金额;

③ 根据〔预付款〕约定应支付的预付款和扣减的返还预付款;

④ 根据〔质量保证金〕约定应扣减的质量保证金;

⑤ 根据〔索赔〕应增加和扣减的索赔金额;

⑥ 对已签发的进度款支付证书中出现错误的修正,应在本次进度付款中支付或扣除的金额;

⑦ 根据合同约定应增加和扣减的其他金额。

（6）价格调整

① 市场价格波动引起的调整

除专用合同条款另有约定外,市场价格波动超过合同当事人约定的范围,合同价格应当调整。合同当事人可以在专用合同条款中约定选择以下一种方式对合同价格进行调整:

第 1 种方式:采用价格指数进行价格调整。

第 2 种方式:采用造价信息进行价格调整。

② 法律变化引起的调整

基准日期后,法律变化导致承包人在合同履行过程中所需要的费用发生除〔市场价格波动引起的调整〕约定以外的增加时,由发包人承担由此增加的费用;减少时,应从合同价格中予以扣减。基准日期后,因法律变化造成工期延误时,工期应予以顺延。

因法律变化引起的合同价格和工期调整,合同当事人无法达成一致的,由总监理工程师按〔商定或确定〕的约定处理。

因承包人原因造成工期延误,在工期延误期间出现法律变化的,由此增加的费用和（或）延误的工期由承包人承担。

三、竣工阶段的合同管理

1. 一般约定

（1）竣工日期：包括计划竣工日期和实际竣工日期。计划竣工日期是指合同协议书约定的竣工日期；实际竣工日期按照〔竣工日期〕的约定确定。

（2）缺陷责任期：是指承包人按照合同约定承担缺陷修复义务，且发包人预留质量保证金（已缴纳履约保证金的除外）的期限，自工程实际竣工日期起计算。

（3）保修期：是指承包人按照合同约定对工程承担保修责任的期限，从工程竣工验收合格之日起计算。

（4）质量保证金：是指按照〔质量保证金〕约定承包人用于保证其在缺陷责任期内履行缺陷修补义务的担保。

2. 工程试车

（1）试车程序

① 单机无负荷试车

承包人组织试车，并在试车前48小时书面通知监理人，通知中应载明试车内容、时间、地点。承包人准备试车记录，发包人根据承包人要求为试车提供必要条件。试车合格的，监理人在试车记录上签字。监理人在试车合格后不在试车记录上签字，自试车结束满24小时后视为监理人已经认可试车记录，承包人可继续施工或办理竣工验收手续。

监理人不能按时参加试车，应在试车前24小时以书面形式向承包人提出延期要求，但延期不能超过48小时，由此导致工期延误的，工期应予以顺延。监理人未能在前述期限内提出延期要求，又不参加试车的，视为认可试车记录。

② 无负荷联动试车

发包人组织试车，并在试车前48小时以书面形式通知承包人。通知中应载明试车内容、时间、地点和对承包人的要求，承包人按要求做好准备工作。试车合格，合同当事人在试车记录上签字。承包人无正当理由不参加试车的，视为认可试车记录。

（2）试车中的责任

因设计原因导致试车达不到验收要求，发包人应要求设计人修改设计，承包人按修改后的设计重新安装。发包人承担修改设计、拆除及重新安装的全部费用，工期相应顺延。因承包人原因导致试车达不到验收要求，承包人按监理人要求重新安装和试车，并承担重新安装和试车的费用，工期不予顺延。

因工程设备制造原因导致试车达不到验收要求的，由采购该工程设备的合同当事人负责重新购置或修理，承包人负责拆除和重新安装，由此增加的修理、重新购置、拆除及重新安装的费用及延误的工期由采购该工程设备的合同当事人承担。

（3）投料试车

如需进行投料试车的，发包人应在工程竣工验收后组织投料试车。发包人要求在工程竣工验收前进行或需要承包人配合时，应征得承包人同意，并在专用合同条款中约定有关事项。

投料试车合格的，费用由发包人承担；因承包人原因造成投料试车不合格的，承包人应按照发包人要求进行整改，由此产生的整改费用由承包人承担；非因承包人原因导致投料试车不合格的,如发包人要求承包人进行整改的,由此产生的费用由发包人承担。

3. 竣工验收

(1) 竣工验收条件

工程具备以下条件的,承包人可以申请竣工验收:

① 除发包人同意的甩项工作和缺陷修补工作外,合同范围内的全部工程以及有关工作,包括合同要求的试验、试运行以及检验均已完成,并符合合同要求;

② 已按合同约定编制了甩项工作和缺陷修补工作清单以及相应的施工计划;

③ 已按合同约定的内容和份数备齐竣工资料。

(2) 竣工验收程序

除专用合同条款另有约定外,承包人申请竣工验收的,应当按照以下程序进行:

承包人向监理人报送竣工验收申请报告,监理人应在收到竣工验收申请报告后 14 天内完成审查并报送发包人。监理人审查后认为尚不具备验收条件的,应通知承包人在竣工验收前承包人还需完成的工作内容,承包人应在完成监理人通知的全部工作内容后,再次提交竣工验收申请报告。

监理人审查后认为已具备竣工验收条件的,应将竣工验收申请报告提交发包人,发包人应在收到经监理人审核的竣工验收申请报告后 28 天内审批完毕并组织监理人、承包人、设计人等相关单位完成竣工验收。

竣工验收合格的,发包人应在验收合格后 14 天内向承包人签发工程接收证书。发包人无正当理由逾期不颁发工程接收证书的,自验收合格后第 15 天起视为已颁发工程接收证书。

竣工验收不合格的,监理人应按照验收意见发出指示,要求承包人对不合格工程返工、修复或采取其他补救措施,由此增加的费用和(或)延误的工期由承包人承担。承包人在完成不合格工程的返工、修复或采取其他补救措施后,应重新提交竣工验收申请报告,并按本项约定的程序重新进行验收。

工程未经验收或验收不合格,发包人擅自使用的,应在转移占有工程后 7 天内向承包人颁发工程接收证书;发包人无正当理由逾期不颁发工程接收证书的,自转移占有后第 15 天起视为已颁发工程接收证书。

除专用合同条款另有约定外,发包人不按照本项约定组织竣工验收、颁发工程接收证书的,每逾期一天,应以签约合同价为基数,按照中国人民银行发布的同期同类贷款基准利率支付违约金。

(3) 竣工日期

工程经竣工验收合格的,以承包人提交竣工验收申请报告之日为实际竣工日期,并在工程接收证书中载明;因发包人原因,未在监理人收到承包人提交的竣工验收申请报告 42 天内完成竣工验收,或完成竣工验收不予签发工程接收证书的,以提交竣工验收申请报告的日期为实际竣工日期;工程未经竣工验收,发包人擅自使用的,以转移占有工程之日为实际竣工日期。

(4) 竣工结算

除专用合同条款另有约定外,承包人应在工程竣工验收合格后 28 天内向发包人和监理人提交竣工结算申请单,并提交完整的结算资料,有关竣工

竣工结算

结算申请单的资料清单和份数等要求由合同当事人在专用合同条款中约定。

除专用合同条款另有约定外,监理人应在收到竣工结算申请单后14天内完成核查并报送发包人。发包人应在收到监理人提交的经审核的竣工结算申请单后14天内完成审批,并由监理人向承包人签发经发包人签认的竣工付款证书。监理人或发包人对竣工结算申请单有异议的,有权要求承包人进行修正和提供补充资料,承包人应提交修正后的竣工结算申请单。发包人在收到承包人提交竣工结算申请书后28天内未完成审批且未提出异议的,视为发包人认可承包人提交的竣工结算申请单,并自发包人收到承包人提交的竣工结算申请单后第29天起视为已签发竣工付款证书。

除专用合同条款另有约定外,发包人应在签发竣工付款证书后的14天内,完成对承包人的竣工付款。发包人逾期支付的,按照中国人民银行发布的同期同类贷款基准利率支付违约金;逾期支付超过56天的,按照中国人民银行发布的同期同类贷款基准利率的两倍支付违约金。

承包人对发包人签认的竣工付款证书有异议的,对于有异议部分应在收到发包人签认的竣工付款证书后7天内提出异议,并由合同当事人按照专用合同条款约定的方式和程序进行复核,或按照〔争议解决〕约定处理。对于无异议部分,发包人应签发临时竣工付款证书,并完成付款。承包人逾期未提出异议的,视为认可发包人的审批结果。

4. 缺陷责任期与保修

在工程移交发包人后,因承包人原因产生的质量缺陷,承包人应承担质量缺陷责任和保修义务。缺陷责任期届满,承包人仍应按合同约定的工程各部位保修年限承担保修义务。

(1) 缺陷责任期

缺陷责任期从工程通过竣工验收之日起计算,合同当事人应在专用合同条款约定缺陷责任期的具体期限,但该期限最长不超过24个月。

缺陷责任期与保修

单位工程先于全部工程进行验收,经验收合格并交付使用的,该单位工程缺陷责任期自单位工程验收合格之日起算。因承包人原因导致工程无法按合同约定期限进行竣工验收的,缺陷责任期从实际通过竣工验收之日起计算。因发包人原因导致工程无法按合同约定期限进行竣工验收的,在承包人提交竣工验收报告90天后,工程自动进入缺陷责任期;发包人未经竣工验收擅自使用工程的,缺陷责任期自工程转移占有之日起开始计算。

缺陷责任期内,由承包人原因造成的缺陷,承包人应负责维修,并承担鉴定及维修费用。如承包人不维修也不承担费用,发包人可按合同约定从保证金或银行保函中扣除,费用超出保证金额的,发包人可按合同约定向承包人进行索赔。承包人维修并承担相应费用后,不免除对工程的损失赔偿责任。发包人有权要求承包人延长缺陷责任期,并应在原缺陷责任期届满前发出延长通知。但缺陷责任期(含延长部分)最长不能超过24个月。

由他人原因造成的缺陷,发包人负责组织维修,承包人不承担费用,且发包人不得从保证金中扣除费用。

（2）工程保修

① 工程质量保修范围和内容

双方按照工程的性质和特点，具体约定保修的相关内容。房屋建筑工程的保修范围包括：地基基础工程、主体结构工程，屋面防水工程、有防水要求的卫生间和外墙面的防渗漏，供热与供冷系统，电气管线、给排水管道、设备安装和装修工程，以及双方约定的其他项目。

② 质量保修期

保修期从竣工验收合格之日起计算。发包人未经竣工验收擅自使用工程的，保修期自转移占有之日起算。

具体分部分项工程的保修期由合同当事人在专用合同条款中约定，但不得低于法定的最低保修年限。国务院颁布的《建设工程质量管理条例》明确规定，在正常使用条件下的最低保修期限如下：

a. 基础设施工程、房屋建筑的地基基础工程和主体工程，为设计文件规定的该工程的合理使用年限。

b. 屋面防水工程、有防水要求的卫生间、房间和外墙面的防渗漏，为 5 年。

c. 供热与供冷系统，为 2 个采暖期、供冷期。

d. 电气管线、给排水管道、设备安装和装修工程，为 2 年。

③ 质量保修责任

a. 属于保修范围、内容的项目，承包人应在接到发包人的保修通知起 7 天内派人保修。承包人不在约定期限内派人保修的，发包人可以委托其他人修理。

b. 发生紧急抢修事故时，承包人接到通知后应当立即到达事故现场抢修。

c. 涉及结构安全的质量问题，应当按照《房屋建筑工程质量保修办法》的规定，立即向当地建设行政主管部门报告，采取相应的安全防范措施。由原设计单位或具有相应资质等级的设计单位提出保修方案，承包人实施保修。

d. 质量保修完成后，由发包人组织验收。

④ 保修费用

保修期内，保修的费用按照以下约定处理：

a. 保修期内，因承包人原因造成工程的缺陷、损坏，承包人应负责修复，并承担修复的费用，以及因工程的缺陷、损坏造成的人身伤害和财产损失。

b. 保修期内，因发包人使用不当造成工程的缺陷、损坏，可以委托承包人修复，但发包人应承担修复的费用，并支付承包人合理的利润。

c. 因其他原因造成工程的缺陷、损坏，可以委托承包人修复，发包人应承担修复的费用，并支付承包人合理的利润，因工程的缺陷、损坏造成的人身伤害和财产损失由责任方承担。

因承包人原因造成工程的缺陷或损坏，承包人拒绝维修或未能在合理期限内修复缺陷或损坏，且经发包人书面催告后仍未修复的，发包人有权自行修复或委托第三方修复，所需费用由承包人承担。但修复范围超出缺陷或损坏范围的，超出范围部分的修复费用由发包人承担。

思政案例

案例7-4【施工合同争议,如何处理更高效?】

案例背景:某集团公司与某置业公司签订《建设工程施工合同》。合同履行过程中,因工程进度款支付、质量等问题,双方发生矛盾。后某集团公司起诉要求某置业公司支付欠付的工程款及利息,某置业公司亦提起反诉,要求某集团公司赔偿施工工期延误金、工程维修费等项目损失。

案例分析:法院审查认为,双方主要矛盾在于工程造价及修复费用问题,考虑到当前司法委托造价鉴定周期长,因鉴定所造成的工期延误对双方损失巨大的实际情况,法院积极引导双方厘清争议项目,减少当事人分歧,确保工程项目正常施工。通过长达3个月的细致调解,双方成功就该工程款结欠、支付、修复费扣减等核心问题达成调解方案,达到案结事了的良好效果。

思政要点:案涉工程金额高达上亿元,关系众多农民工合法权益,对地方经济发展大局和社会稳定有重大影响。法院通过依法调解促使案涉工程恢复施工,农民工工资及时发放,拖欠工程款得到清偿,不仅实现多方共赢,还对维护社会稳定起到重要作用。

▶ 技能训练 ◀

任务解析

任务1

1.任务目标

通过工作任务训练,理解建设工程合同概念,了解建设工程合同的订立过程及分类情况,并能够分析建设工程合同各方主体的责权利及风险分担情况。

2.工作任务

通过分析某学校新建图书馆工程,具体信息见项目1【背景案例】,完成以下任务:

(1)阐述本图书馆工程建造过程中需要订立的建设工程合同有哪些?

(2)合同参与主体有哪些?

(3)建设工程合同按照价格形式划分可以分为哪些合同类型?简述其基本概念与风险分担情况。

任务2

1.任务目标

通过工作任务训练,理解建设工程施工合同的概念、作用、特点。

2.工作任务

通过分析某学校新建图书馆工程,具体信息见项目一【背景案例】,分析本图书馆工程应当采用哪种建设工程施工合同类型?并进行原因分析?

任务3

1.任务目标

通过工作任务训练,熟悉《示范文本》的组成,能够签订建设工程施工合同。

2.工作任务

按照《建设工程施工合同(示范文本)》(GF—2017—0201),结合某学校新建图书馆工程,具体信息见项目一【背景案例】,签订建设工程施工合同协议书和合同专用条款。

任务4

1.任务目标

通过工作任务训练,熟悉施工准备阶段、施工阶段及竣工阶段的合同管理,能够进行有效的建设工程施工合同管理。

2.工作任务

某施工单位根据领取的某2 000平方米两层厂房工程项目招标文件和全套施工图纸,采用低报价策略编制了投标文件,并获得中标。该施工单位(乙方)于某年某月某日与建设单位(甲方)签订了该工程项目的固定总价合同。合同工期为8个月。甲方在乙方进入施工现场后,因资金紧张,无法如期支付工程款,口头要求乙方暂停施工一个月。乙方亦口头答应。工程按合同规定期限验收时,甲方发现工程质量有问题,要求返工。两个月后,返工完毕。结算时甲方认为乙方迟延交付工程,应按合同约定偿付逾期违约金。乙方认为临时停工是甲方要求的。乙方为抢工期,加快施工进度才出现了质量问题,因此迟延交付的责任不在乙方。甲方则认为临时停工和不顺延工期是当时乙方答应的。乙方应履行承诺,承担违约责任。

请分析该工程采用固定总价合同是否合适?该施工合同的变更形式是否妥当?此合同争议依据合同法律规范应如何处理?

专题实训6:建设工程施工合同拟定与备案实训

实训资料

实训目的

1. 拆分建设工程合同管理的知识点,结合项目案例和实训手册,使学生掌握建设工程施工合同的概念、分类和主要内容,学会如何拟定建设工程施工合同文本,模拟签订合同。

2. 模拟合同签订过程,使学生熟悉合同谈判流程,会运用合同谈判技巧。

实训任务及要求:

任务1 合同类型的选择

(1)熟悉项目案例资料,分析风险分担情况;

(2)确定合同类型。

任务2 拟定合同

(1)参照《建设工程施工合同(示范文本)》(GF-2017-0201),确定合同结构;

(2)结合项目案例背景,拟定合同协议书及相关条款。

任务3 模拟合同谈判,签订合同

(1)分组扮演不同角色,分析合同风险分担是否合理;

(2)根据不同角色,模拟合同谈判,签订合同协议书。

任务4 合同备案

(1)填写合同签订备案表,准备合同备案资料;

(2)模拟合同备案流程。

实训准备

1. 硬件准备:多媒体设备、实训电脑、实训指导手册。

2. 软件准备:建设工程交易管理服务平台、工程招投标沙盘模拟执行评测系统、《建设工程施工合同(示范文本)》(GF-2017-0201)等。

实训总结

1. 教师评测:评测软件操作,学生成果展示,评测学生学习成果。

2. 学生总结:小组组内讨论10分钟,写下实训心得,并分享讨论。

▶ 项目小结 ◀

　　建设工程施工合同是发包人和承包人为完成商定的建筑安装工程，明确相互权利和义务关系的合同。根据工程施工合同，承包人应完成一定的建筑工程任务，发包人应提供必要的施工条件并支付工程价款。在订立合同时双方应遵守自愿、公平、诚实和信用等原则。

　　本项目介绍了建设工程合同的概念、分类以及建设工程施工合同的概念、特点、作用等，并以《建设工程施工合同（示范文本）》(GF—2017—0201)为主要参考，介绍了建设工程施工合同的主要内容，并从施工准备阶段、施工阶段、竣工阶段等三个方面阐述了建设工程施工合同管理。

[在线答题]·项目 7
建设工程合同管理

项目 8　建设工程施工索赔

知识目标

1. 了解建设工程施工索赔的概念、特征、分类、原因、作用等；
2. 掌握施工索赔的程序；
3. 熟悉施工索赔的策略与技巧；
4. 掌握工期索赔、费用索赔的计算；
5. 了解反索赔的概念、内容；
6. 熟悉反索赔的程序。

能力目标

1. 能够根据具体事件进行索赔条件的分析；
2. 能够根据工程事件进行工期、费用索赔的计算；
3. 能够编制索赔报告，具备施工索赔的基本能力。

素质目标

1. 能从违规典型案例分析中，提升合同履约职业素养；
2. 能在完成任务过程中，遵守合同履行规范，践行诚信履约原则；
3. 培养学生认真负责的工作态度，严谨细致的工作作风。

思维导图

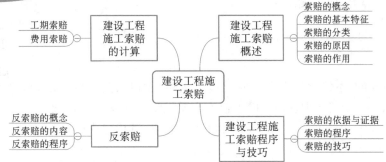

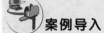 **案例导入**

　　某工程基坑开挖后发现地下情况和发包人提供的地质资料不符,有古河道,须将河道中的淤泥清除并对地基进行二次处理。为此,发包人以书面形式通知施工单位停工10天,并同意合同工期顺延10天。为确保继续施工,要求工人、施工机械等不要撤离施工现场,但在通知中未涉及由此造成施工单位停工损失如何处理。承包人认为对其损失过大,意欲索赔。

　　➤ **思考:** 1. 承包人的索赔能否成功?

　　　　　　2. 承包人怎样开展索赔工作?

　　　　　　3. 本案例中索赔的证据有哪些?

▶ 任务一　建设工程施工索赔概述 ◀

一、索赔的概念

1. 索赔
2. 索赔的概念及分类

　　索赔是当事人在合同实施过程中,根据法律、合同规定及惯例,对不应由自己承担责任情况造成的损失,向合同另一方当事人提出给予赔偿或补偿要求的行为。索赔是要求给予补偿的权利主张,是以合同文件及适用法律规定为依据的,因此必须要有切实的证据。

　　建设工程索赔通常是指在工程合同履行过程中,合同当事人一方因非自身因素或对方不履行或未能正确履行合同而受到经济损失或权利损害时,通过一定的合法程序向对方提出经济或时间补偿的要求。索赔是一种正当的权利要求,它是发包方、监理工程师和承包方之间一项正常的、大量发生而且普遍存在的合同管理业务,是一种以法律和合同为依据的、合情合理的行为。

　　建设工程索赔包括狭义的建设工程索赔和广义的建设工程索赔。狭义的建设工程索赔,是人们通常所说的工程索赔或施工索赔,即建设工程承包商在由于发包人的原因或发生承包商和发包人不可控制的因素而遭受损失时,向发包人提出的补偿要求。这种补偿包括补偿损失费用和延长工期。

　　广义的建设工程索赔,是指建设工程承包商由于合同对方的原因或合同双方不可控制的原因而遭受损失时,向对方提出的补偿要求。这种补偿可以是损失费用索赔,也可以是索赔实物。它不仅包括承包商向发包人提出的索赔,而且还包括承包商向保险公司、供货商、运输商、分包商等提出的索赔。

二、索赔的基本特征

1. 索赔是双向的

　　索赔是双向的,不仅承包人可以向发包人索赔,发包人同样也可以向承包人索赔。由于实践中发包人向承包人索赔发生的频率相对较低,而且在索赔处理中,发包人始终处于主动和有利地位,对承包人的违约

思政·施工索赔与管理

行为,发包人可以直接从应付工程款中扣抵、扣留保留金或通过履约保函向银行索赔来实现自己的索赔要求,因此在工程实践中大量发生的、处理比较困难的是承包人向发包人的索赔,这也是工程师进行合同管理的重要内容之一。

2. 只有实际发生了经济损失或权利损害,一方才能向对方索赔

经济损失是指因对方因素造成合同外的额外支出,如人工费、材料费、机械费、管理费等额外开支;权利损害是指虽然没有经济上的损失,但造成了一方权利上的损害,如由于恶劣气候条件对工程进度的不利影响,承包人有权要求工期延长等。因此,发生了实际的经济损失或权利损害,应是一方提出索赔的一个基本前提条件。

3. 索赔是一种未经对方确认的单方行为

索赔与我们通常所说的工程签证不同。在施工过程中,签证是发承包双方就额外费用补偿或工期延长等达成一致的书面证明材料和补充协议,它可以直接作为工程款结算或最终增减工程造价的依据。而索赔则是单方面行为,对对方尚未形成约束力,这种索赔要求能否得到最终实现,必须要通过确认(如双方协商、谈判、调解或仲裁、诉讼)后才能得知。

4. 造成费用增加或者工期损失的原因不是己方的过失

5. 索赔是合同双方依据合同约定维护自身合法利益的行为,其性质属于经济赔偿行为,而非惩罚

三、索赔的分类

1. 按照干扰事件的性质分类

(1)工期拖延的索赔

由于业主没有能够按照合同的规定提供施工条件,如没有及时交付设计图纸、技术资料、施工现场、道路等;或由于非承包商原因业主指令停止工程的实施;或由于其他不可抗力因素的作用等原因,造成工程项目实施的中断或工程进度放慢,使工期发生延误。承包商对此提出索赔。

(2)不可预见的外部障碍或条件索赔

如承包商在现场遇到一个有经验的承包商通常不能预见到的外界障碍或条件,又如地质条件与预测的(业主提供的资料)不同,出现没有预测到的岩石、淤泥或地下水等。

(3)工程变更的索赔

由于业主或工程师的指令修改设计、增加或减少工程量、增加或删除部分工程、修改实施计划、变更施工次序,造成工期的延长和费用的增加。

(4)工程终止索赔

由于某种原因,例如不可抗力的影响、业主违约,使工程被迫在竣工前停止实施,并不再继续施工,使承包商蒙受经济损失,承包商由此提出索赔。

(5)其他索赔

如货币贬值、汇率变化、物价和工资上涨、政策法令变化、业主推迟支付工程款等原因,引起的索赔。

2. 按照合同的类型分类

(1)总承包合同索赔,即承包商与发包人之间的索赔。

(2)分包合同索赔,即总承包商与分包商之间的索赔。

（3）联营体合同索赔，即联营体成员之间的索赔。

（4）劳务合同索赔，即承包商与劳务供应商之间的索赔。

（5）其他合同索赔，例如承包商与设备材料供应商、与保险公司、与银行等之间的索赔。

3. 按照索赔的要求分类

（1）工期索赔

即要求业主延长工期，推迟竣工的日期。与此相应，业主可以向承包商索赔缺陷通知期（即保修期）的延长。

（2）费用索赔

即要求业主补偿费用（包括利润）损失，调整合同价格。同样，业主可以向承包商索赔费用。

4. 按照索赔的起因分类

（1）当事人一方的违约行为

例如业主没有能够按照合同的规定及时提供图纸、技术资料、施工现场、道路等；工程师没有正确地行使合同赋予的权力，项目管理失误；业主没有按照合同及时地支付工程款等。

（2）合同变更索赔

例如双方签订新的变更协议、备忘录、修正案；工程师（业主）下达工程变更指令修改设计、增加或减少工程量、增加或删除部分工程、修改实施计划、变更施工方法和次序、指令工程暂时停工等。

（3）合同存在错误

例如合同条款不完整、错误、矛盾、有歧义，设计图纸、技术规程错误等。

（4）工程环境与合同订立时预测的不一致

例如在现场遇到一个有经验的承包商通常不能预见到的外界障碍或条件，地质条件与预测的（或业主提供的资料）不同，出现未预测到的岩石、淤泥或地下水，法律变化，市场物价上涨，货币兑换率变化等。

（5）不可抗力

例如恶劣的气候条件、地震、洪水、战争状态、禁运等。

5. 按索赔的合同依据分类

（1）合同内索赔

此种索赔是以合同条款为依据，在合同中有明文规定的索赔，如工期延误、工程变更、工程师提供的放线数据有误、发包人不按合同规定支付进度款等。这种索赔由于在合同中有明文规定，往往容易成功。

（2）合同外索赔

此种索赔在合同文件中没有明确的叙述，但根据合同文件的某些内容能合理推断出可以进行此类索赔，而且此类索赔并不违反合同文件的其他任何内容。例如，在国际工程承包中，当地货币贬值可能给承包商造成损失，对于合同工期较短的，合同条件中可能没有规定如何处理。当由于发包人原因使工期拖延，而又出现汇率大幅度下跌时，承包商可以提出这方面的补偿要求。

（3）道义索赔

道义索赔又称额外支付，是指承包商在合同内或合同外都找不到可以索赔的合同依据或法律根据,因而没有提出索赔的条件和理由,但承包商认为自己有要求补偿的道义基础,而对其遭受的损失提出具有优惠性质的补偿要求。道义索赔的主动权在发包人手中,发包人在下面四种情况下,可能会同意并接受这种索赔:若另找其他承包商,费用会更大;为了树立自己的形象;出于对承包商的同情和信任;谋求与承包商更理解或更长久的合作。

6. 按索赔处理方式分类

(1) 单项索赔

单项索赔是针对某一干扰事件提出的,在影响原合同正常运行的干扰事件发生时或发生后,由合同管理人员立即处理,并在合同规定的索赔有效期内向发包人或监理工程师提交索赔要求和报告。单项索赔通常原因单一、责任单一,分析起来相对容易,由于涉及的金额一般较小,双方容易达成协议,处理起来也比较简单。因此,合同双方应尽可能地用此种方式来处理索赔。

(2) 综合索赔

综合索赔又称一揽子索赔,一般在工程竣工前和工程移交前,承包商将工程实施过程中因各种原因未能及时解决的单项索赔集中起来进行综合考虑,提出一份综合索赔报告,由合同双方在工程交付前后进行最终谈判,以一揽子方案解决索赔问题。在合同实施过程中,有些单项索赔问题比较复杂,不能立即解决,为不影响工程进度,经双方协商同意后留待以后解决。有的是发包人或监理工程师对索赔采用拖延办法,迟迟不作答复,使索赔谈判旷日持久;还有的是承包商因自身原因,未能及时采用单项索赔方式等,这些情况都有可能出现一揽子索赔。由于在一揽子索赔中,许多干扰事件交织在一起,影响因素比较复杂而且相互交叉,责任分析和索赔值计算都很困难,索赔涉及的金额往往又很大,双方都不愿意或不容易作出让步,使索赔的谈判和处理都很困难。因此,综合索赔的成功率比单项索赔要低得多。

四、索赔的原因

由于建筑产品的特点、建筑生产过程、建筑产品的市场经营方式的特殊性,决定了建筑业是一个容易发生索赔的行业。引起索赔的原因很多,常见的有以下几个方面:

1. 工程项目的特殊性

工程项目工程量大、投资多、结构复杂、技术和质量要求高、工期长等特点。使得工程项目在实施过程中存在许多不确定因素,而合同则必须在工程开始前签订,它不可能对工程项目中所有可能出现的问题都做出合理的预见和规定,而且业主在实施过程中还会有许多新的决策,这一切使得合同变更极为频繁,而合同变更必然会导致项目工期和成本的变化。

2. 环境的复杂性、多变性

工程项目本身和工程所处的环境有很多不确定性,在实施的过程中会发生很大的变化,如:地质条件的变化、建筑市场和材料市场的变化、货币的贬值、城建和环保部门对工程新的建议和要求或干涉、自然条件的变化等。它们形成对工程实施的内外部环境干扰,直接影响工程项目的设计和计划,进而影响工期和成本。

3. 参与主体的多元性

工程项目的参与方多,各参与方的技术和经济关系错综复杂,互相联系又互相影响,其技术和经济责任的界面常常很难明确地区分。在实际的工作中,管理的失误是不可能避免的。但是,一方的失误不仅会造成自己的损失,而且会影响到其他的合作者,影响整个工程项目的实施。当然,应该按照合同原则平等地对待各方的利益,坚持"谁过失、谁赔偿"。索赔是受损失者向对方获得赔偿的正当权利。

4.合同的复杂性

合同双方对合同理解的差异造成工程项目实施过程中行为的偏差,或工程管理的失误。由于合同文件比较复杂、数量多、分析困难,再加上双方的立场、角度不同,会造成对合同权利和义务的范围、界限的划定理解不一致,造成合同争议。

5.业主需求变化

业主要求的变化导致大量的工程变更,例如:建筑的功能、形式、质量标准、实施方式和过程、工程量、工程质量的变化,业主管理的疏忽、没有履行或没有正确履行其合同责任。而合同中的工期和价格是以业主招标文件确定的要求为依据,同时,又以业主不干扰承包商的施工过程、业主圆满履行其合同责任为前提的。

五、索赔的作用

建设工程施工索赔是合同法律效力的具体体现,是维护施工企业利益的正常途径,是增加企业经济效益的重要手段。施工索赔需要依据合同条款,正常进行索赔程序可以提高合同意识,按照合同约定履行双方义务,起到强化合同管理、保障合同实施的作用。

1.索赔能够保证合同的顺利实施

合同一旦签订,合同双方即产生权利和义务关系。这种权利受法律的保护,这种义务也受法律的约束。索赔是合同法律效力的具体体现,是法律赋予承包商的正当权利,是保护自己正当权利的手段。如果没有索赔和关于索赔的法律规定,那么合同"形同虚设",对双方都难以形成约束,这样合同的履行也不能得到保证,就不会有正常的社会经济秩序。索赔能对违约者起到警戒的作用,使他考虑到违约的后果,以尽力避免违约事件的发生。所以,索赔有助于工程项目中双方更紧密地合作,有助于合同目标的实现。

2.索赔是落实和调整合同双方经济责权利关系的重要手段

有权利的同时就应承担相应的经济责任。一方没有履行合同责任,构成违约行为,造成对方的损失,侵害对方的权利,就应该承担合同规定的处罚,给对方以赔偿。如果合同中没有索赔条款,就不能充分地体现合同责任,合同双方的责权利关系就不够平衡。索赔能够在制衡中保证合同的顺利履行,保证合同履行的氛围,更能够顺利地实现项目的预期目标。

3.索赔是合同和法律赋予受损失者的权利

对承包商来说,是一种保护自己、维护自己正当权利、避免损失、增加利润的手段。在现代承包工程,特别是在国际承包工程中,如果承包商不能进行有效的索赔,不精通索赔业务,往往会使发生的损失得不到合理的、及时的补偿,从而不能进行正常的生产经营,甚至会破产。

4.索赔是发承包双方责权利及风险再分配的手段

从本质上而言,索赔是项目实施阶段承包商和业主之间责权利关系,以及工程风险承担比例的合理再分配。

5.索赔有利于承包商提高自身管理水平

索赔工作涉及工程项目管理的各个方面,加强索赔管理,有助于加强承包商的自我保护意识,提高自我保护的能力,提高履约的自觉性,自觉地防止自己侵害他人利益,进而能够提高施工企业管理和工程项目管理的整体水平。

思政案例

案例8-1【发包人、挂靠人、被挂靠人之间法律关系如何认定?】

案例背景:A局在明知李某系挂靠B公司承揽工程的情况下与B公司签订《施工合同》,约定将工程发包给B公司承建。其后,B公司某分公司与李某签订《企业内部管理协议》,约定上述工程由李某组织施工,并由李某向B公司某分公司交纳企业管理费。协议签订后,李某组织人员对案涉工程进行施工并交付验收和审定。后因工程款支付引发纠纷,李某将A局、B公司诉至法院。

案例分析:一审判决A局向李某支付工程款并驳回李某的其他诉讼请求。一审判决后双方未上诉。法院认为,根据《中华人民共和国民法典》第一百四十六条规定,A局在明知李某系案涉工程实际承包人的情况下与B公司签订《施工合同》,二者之间没有基于案涉工程签订施工合同的真实意思表示,所签订的《施工合同》系无效合同。而A局与李某之间具有基于案涉工程建设的合意,二者形成了事实上的建设工程施工合同关系,李某有权向A局主张权利。虽李某无资质,但案涉工程验收合格,根据相关法律规定,判决A局向李某支付工程款。

思政要点:实践中存在个人或建筑企业因欠缺建筑资质或资质不足,以其他有资质的建筑企业或资质等级较高的建筑企业名义,与发包人订立建设工程施工合同承揽工程的情形,通常称为"挂靠"。我国法律对"挂靠"持否定态度,本案例从各方签订合同时的意思表示、合同目的和权利义务的履行情况出发,厘清各方当事人之间的法律关系,精准认定发包人与挂靠人之间形成事实上的建设工程施工合同关系及效力,确定发包人为付款义务主体,继而判决发包人向挂靠人直接支付工程款。该案明确了"挂靠"法律关系,对于统一裁判尺度,减少衍生诉讼,进一步规范建筑行业发承包行为具有良好示范意义。从业者需遵守合同履行规范,践行诚信履约原则。

任务二　建设工程施工索赔的程序与技巧

一、索赔的依据与证据

1. 工程索赔依据

(1)构成合同的原始文件(招标文件、施工合同文本及附件、工程图纸、技术规范等)

这是索赔的主要依据。由于不同的具体工程有不同的合同文件,索赔的依据也就不完全相同,合同当事人的索赔权利也不同。

索赔的程序与索赔的证据

（2）订立合同所依据的法律法规

工程索赔是合同当事人双方正确履行合同，维护自身权利的一种重要手段，也是依法进行工程项目管理的重要方法。《中华人民共和国民法典》等一系列法律法规构成了工程索赔的法律依据。

（3）相关证据

索赔证据是关系到索赔成败的重要文件之一。工程实践中，承包人即使抓住施工合同履行中的索赔机会，但如果拿不出索赔证据或证据不充分，其索赔要求往往难以成功或被大打折扣。如果承包人拿出的索赔证据漏洞百出，前后自相矛盾，经不起对方的推敲和质疑，不仅不能促进索赔的成功，反而会被对方作为反索赔的证据，使自己在索赔问题上处于极为不利的地位。因此，收集有效的索赔证据是搞好索赔管理不可忽视的。

2. 工程索赔证据

《建设工程施工合同》中规定："当一方向另一方提出索赔时，要有正当索赔理由，而且要有索赔事件发生时的有效证据。"任何索赔事件的确立，其前提条件是必须有正当的索赔理由，对正当索赔理由的说明必须具有证据。索赔主要是靠证据说话，没有证据或证据不足，索赔则难以成功。

（1）索赔证据应满足的要求

① 真实性。索赔证据必须是在实施合同过程中确实存在和发生的，必须完全反映实际情况。

② 全面性。所提供的证据应能说明事件的全过程。索赔报告中涉及的索赔理由、事件过程、影响、索赔值等都应有相应证据。

③ 关联性。索赔的证据应当能互相说明，相互具有关联性，不能互相矛盾。

④ 及时性。索赔证据的取得和提出应当及时。

⑤ 具有法律证据效力。一般要求证据必须是书面文件，有关记录、协议、纪要必须是双方签署的；工程重大事件、特殊情况的记录和统计必须由工程师签证认可。

（2）工程索赔证据的种类

① 招标文件、工程合同文件及附件、业主认可的工程实施计划、施工组织设计、工程图纸、技术规范等。

② 工程各项有关设计交底记录、变更图纸、变更施工指令等。

③ 工程各项经业主或工程师签认的签证。

④ 工程各项往来信件、指令、信函、通知、答复等。

⑤ 工程各项会议纪要。

⑥ 施工计划及现场实施情况记录。

⑦ 施工日报及工程工作日志、备忘录。

⑧ 工程送电、送水、道路开通、封闭的日期及数量记录。

⑨ 工程停电、停水和干扰事件影响的日期及恢复施工的日期。

⑩ 工程预付款、进度款拨付的数额及日期记录。

⑪ 图纸变更、交底记录的送达份数及日期记录。

⑫ 工程有关施工部位的照片及录像等。

⑬ 工程现场气候记录。如有关天气的温度、风力、雨雪等。

⑭ 工程验收报告及各项技术鉴定报告等。

⑮ 工程材料采购、订货、运输、进场、验收、使用等方面的凭据。

⑯ 工程会计核算资料。

⑰ 国家、省、市有关影响工程造价和工期的文件、规定等。

二、索赔的程序

索赔工作程序是指从索赔事件产生到最终处理全过程所包括的工作内容和工作步骤。由于索赔工作实质上是承包商和业主在分担工程风险方面的重新分配过程,涉及双方的众多经济利益,因而是一项烦琐、细致、耗费精力和时间的工作。因此,合同双方必须严格按照合同规定办事,按合同规定的索赔程序工作,才能获得成功的索赔。

1. 提出索赔意向通知

索赔事件发生后,承包商应在合同规定的时间内,及时向发包人或工程师提出书面索赔意向通知,也即向发包人或工程师就某一个或若干个索赔事件表示索赔愿望、要求或声明保留索赔的权利。索赔意向的提出是索赔工作程序中的第一步,其关键是抓住索赔机会,及时提出索赔意向。

我国建设工程施工合同条件规定:承包商应在索赔事件发生后的 28 日内,将其索赔意向通知工程师;反之,如果承包商没有在合同规定的期限内提出索赔意向或通知,承包商则会丧失在索赔中的主动权和有利地位,发包人和工程师也有权拒绝承包商的索赔要求,这是索赔成立的有效和必备条件之一。因此,在实际工作中,承包商应避免合理的索赔要求由于未能遵守索赔时限的规定而导致无效。

在实际工程承包合同中,对索赔意向提出的时间限制不尽相同,只要双方经过协商达成一致并写入合同条款即可。一般索赔意向通知仅仅是表明意向,应写得简明扼要,涉及索赔内容但不涉及索赔数额。通常包括以下几个方面的内容:

(1) 事件发生的时间和情况的简单描述;

(2) 合同依据的条款和理由;

(3) 有关后续资料的提供,包括及时记录和提供事件发展的动态;

(4) 对工程成本和工期产生不利影响的严重程度,以期引起工程师(发包人)的注意。

2. 准备索赔证据

监理工程师和发包人一般都会对承包商的索赔提出一些质疑,要求承包商作出解释或出具有力的证明材料。因此,承包商在提交正式的索赔报告前,必须尽力准备好与索赔有关的一切详细资料,以便在索赔报告中使用,或在监理工程师和发包人要求时出示。根据工程项目的性质和内容不同,索赔时应准备的证据资料也是多种多样、复杂多变的。

3. 编写索赔报告

索赔报告是承包商在合同规定的时间内向监理工程师提交的、要求发包人给予一定经济补偿和延长工期的正式书面报告。索赔报告的水平与质量如何,直接关系到索赔的成败。承包商的索赔报告必须有力地证明自己正当合理的索赔资格、受损失的时间和金钱,以及有关事项与损失之间的因果关系。

(1) 索赔报告的基本要求

① 必须说明索赔的合同依据,即基于何种理由有资格提出索赔要求,一是根据合同某

条某款规定,承包商有资格因合同变更或追加额外工作而取得费用补偿和(或)延长工期;二是发包人或其代理人如果违反合同规定给承包商造成损失,承包商有权索取补偿。

② 索赔报告中必须有详细准确的损失金额及时间的计算。

③ 要证明客观事实与损失之间的因果关系,说明索赔事件前因后果的关联性,要以合同为依据,说明发包人违约或合同变更与引起索赔的必然性联系。

④ 责任分析应清楚、准确。在报告中提出索赔事件的责任是对方引起的,应把全部或主要责任推给对方,不能有责任含混不清和自我批评式的语言。要做到这一点,就必须强调索赔事件的不可预见性,承包商对它不能有所准备,事发后尽管采取了能够采取的一切措施也无法制止;指出索赔事件使承包商工期拖延、费用增加的严重性和索赔值之间的直接因果关系。

⑤ 索赔值的计算依据要正确,计算结果要准确。计算依据要用文件规定的和公认合理的计算方法,并加以适当的分析。

⑥ 用词要婉转和恰当。在索赔报告中,要避免使用强硬、不友好、抗议式的语言,不能因语言而伤害了和气和双方的感情。切忌断章取义、牵强附会、夸大其词等。

(2)索赔报告的形式和内容

① 总述

简要介绍索赔的事项、理由和要求,说明随函所附的索赔报告正文及证明材料情况等。

索赔文件的组成

② 正文

针对不同格式的索赔报告,索赔报告正文形式可能不同,但实质性的内容相似,一般主要包括:

a. 题目:简要地说明针对什么提出索赔。

b. 索赔事件陈述:叙述事件的起因,事件经过,事件过程中双方的活动,事件的结果,重点叙述己方按合同所采取的行为,对方不符合合同的行为。

c. 理由:总结上述事件,同时引用合同条文或合同变更和补充协议条文,证明对方行为违反合同或对方的要求超过合同规定,造成了该项事件,对方有责任对此造成的损失作出赔偿。

d. 影响:简要说明事件对承包商施工过程的影响,而这些影响与上述事件有直接的因果关系。重点应围绕由于上述事件原因造成的成本增加和工期延长做叙述说明。

e. 结论:对上述事件的索赔问题作出最后总结,提出具体的索赔要求,包括工期索赔和费用索赔。

③ 附件

索赔报告中所列举事实、理由、影响的证明文件和各种计算基础、计算依据的证明文件。

4. 递交索赔报告

索赔意向通知提交后的 28 日内,或工程师可能同意的其他合理时间,承包人应递送正式的索赔报告。

如果索赔事件的影响持续存在,28 日内还不能算出索赔额和工期顺延天数时,承包人应按工程师合理要求的时间间隔(一般为 28 日),定期陆续报出每一个时间段内的索赔证据资料和索赔要求。在该项索赔事件影响结束后的 28 日内,报出最终详细报告,提出索赔论证资料和累计索赔额。

5. 索赔审查

(1) 工程师审核承包人的索赔申请

接到承包人的索赔意向通知后,工程师应建立自己的索赔档案,密切关注事件的影响。检查承包人的同期记录时,随时就记录内容提出不同意见或希望予以增加的记录项目。

在接到正式索赔报告后,认真研究承包人报送的索赔资料。首先,在不确认责任归属的情况下,客观分析事件发生的原因,研究承包人的索赔证据,并检查其同期记录;其次,通过对事件的分析,工程师再依据合同条款划清责任界限,必要时还可以要求承包人进一步提供补充资料。尤其是对承包人与发包人或工程师都负有一定责任的事件影响,更应划出各方应该承担合同责任的比例;最后,再审查承包人提出的索赔补偿要求,剔除其中的不合理部分,拟定自己计算的合理索赔数额和工期顺延天数。

(2) 判定索赔成立的条件

工程师判定承包人索赔成立的条件为:

① 与合同相对照,事件已造成了承包人施工成本的额外支出或总工期延误。

② 造成费用增加或工期延误的原因,按合同约定不属于承包人应承担的责任,包括行为责任和风险责任。

③ 承包人按合同规定的程序提交了索赔意向通知和索赔报告。

上述三个条件没有先后主次之分,应当同时具备。只有工程师认定索赔成立后,才能处理应给予承包人的补偿数额。

(3) 审查索赔报告

① 事态调查。通过对合同实施的跟踪、分析,了解事件的起因、经过和结果,掌握事件的详细情况。

② 损害事件原因分析。即分析索赔事件是由何种原因引起的,责任应由谁来承担。在实际工作中,损害事件的责任有时是多方面原因造成的,故必须进行责任分解,划分责任范围,按责任大小承担损失。

③ 分析索赔理由。主要依据合同文件判明索赔事件是否属于未履行合同规定义务或未正确履行合同义务而导致,是否在合同规定的赔偿范围之内。只有符合合同规定的索赔要求才有合法性,索赔才能成立。

④ 实际损失分析。即分析索赔事件的影响,主要表现为工期的延长和费用的增加。如果索赔事件不造成损失,则无索赔可言。损失调查的重点是分析、对比实际和计划的施工进度,工程成本和费用方面的资料,在此基础上核算索赔值。

⑤ 证据资料分析。主要分析证据资料的有效性、合理性、正确性,这也是索赔要求有效的前提条件。如果在索赔报告中提不出证明其索赔理由、索赔事件的影响、索赔值的计算等方面的详细资料,索赔要求是不能成立的。如果工程师认为承包人提出的证据不能足以说明其要求的合理性时,可以要求承包人进一步提交索赔的证据资料。

6. 索赔的解决

从递交索赔文件到索赔结束是索赔解决的过程。工程师经过对索赔文件的评审,与承包商进行较充分的讨论后,应提出对索赔处理决定的初步意见,并参加发包人和承包商之间的索赔谈判,根据谈判达成索赔最后处理的一致意见。

如果索赔在发包人和承包商之间未能通过谈判得以解决,可将有争议的问题进一步提交工程师决定。如果一方对工程师的决定不满意,双方可寻求其他友好解决方式,如中间人调解、争议评审团评议等。友好解决无效,一方可将争端提交仲裁或诉讼。

建设工程项目实施中,会发生各种各样、大大小小的索赔、争议等问题。合同各方应该尽量争取在最早的时间、最低的层次,尽最大可能以友好协商的方式解决索赔问题,不要轻易提交仲裁。因为对工程争议的仲裁往往是非常复杂的,要花费大量的人力、物力、财力和精力,对工程建设会带来不利甚至是严重的影响。

三、索赔的技巧

索赔技巧因人和客观环境条件而异,常用的技巧有以下几种:

索赔的技巧

1. 及时发现索赔机会

有经验的承包商,在投标报价时应考虑将来可能发生索赔问题,仔细研究招标文件中合同条款和要求,勘察施工现场,探索可能索赔的机会,在报价时要考虑索赔的需要。在进行单价分析时,应列入生产效率,把工程成本与投入资源的效率结合起来。

2. 口头变更指令要及时得到确认

监理工程师常常乐于用口头指令变更,如果承包商不对监理工程师的口头指令予以书面确认,就进行变更工程的施工,此后,有的监理工程师矢口否认,拒绝承包人的索赔要求,使承包人有苦难言。

3. 商签好合同协议

在商签合同过程中,承包商应对明显把重大风险转嫁给承包商的合同条件提出修改的要求,对其达成修改的协议应以"谈判纪要"的形式写出,作为该合同文件的有效组成部分,要对业主开脱责任的条款特别注意。

4. 及时发出"索赔通知书"

一般合同规定,索赔事件发生后的一定时间内,承包人必须送出"索赔通知书",过期无效。

5. 索赔计价方法和款额要适当

索赔计算时采用"附加成本法"容易被对方接受,因为这种方法只计算索赔事件引起的计划外的附加开支,计价项目具体,使经济索赔能较快得到解决。另外索赔计价不能过高,要价过高容易让对方发生反感,使索赔报告束之高阁,长期得不到解决。另外还有可能让业主准备周密的反索赔计划,以高额的反索赔对付高额的裁赔,使索赔工作更加复杂化。

6. 索赔事件论证要充足

承包合同通常规定,承包人在发出"索赔通知书"后,每隔28日,应报送1次证据资料,在索赔事件结束后的28日内报送总结性的索赔计算及索赔论证,提交索赔报告。索赔报告要论据充分,计算合理。

7. 力争单项索赔,避免一揽子索赔

单项索赔事件简单,容易解决,而且能及时得到支付。一揽子索赔,问题复杂,金额大,不易解决,往往到工程结束后还得不到付款。

8. 坚持采用"清理账目法"

采用"清理账目法"指承包商在接受业主按某项索赔的当月结算索赔款时,对该项索赔款的余额部分以"清理账目法"的形式保留文字依据,以保留自己今后获得索赔款余额部分的权利。

因为索赔支付过程中,承包商和监理工程师对确定新单价和工程量方面经常存在不同意见。按合同规定,工程师有权确定分项工程单价,如果承包商认为工程师的决定不尽合理,而坚持自己的要求时,可同意接受工程师决定的"临时单价",或"临时价格"付款,先拿到一部分索赔款,对其余不足部分,则书面通知工程师和业主,作为索赔款的余额,保留自己的索赔权利,否则,等于同意并承认了业主对索赔的付款,以后对余额再无权追索,失去了将来要求付款的权利。

9. 力争友好解决,防止对立情绪

索赔争端是难免的,如果遇到争端不能理智协商讨论问题,使一些本来可以解决的问题悬而未决。承包商尤其要头脑冷静,防止对立情绪,力争友好解决索赔争端。

10. 注意同监理工程师搞好关系

监理工程师是处理解决索赔问题的公正的第三方,注意同工程师搞好关系,争取工程师的公正裁决,竭力避免仲裁或诉讼。

思 政 案 例

案例8-2【因发包方原因工程未完工的,能否进行索赔?】

案例背景: 2021年9月,某开发公司与某施工企业经过招投标程序就项目工程签订《建设工程施工合同》,将项目工程发包给某施工企业,工程价款采用固定价格合同方式确定。合同签订后,施工企业进场施工。在施工中,开发公司多次发布停工令,要求停工,施工企业于2022年12月撤场,合同无法继续履行。之后,双方对于工程量造价予以了确认,施工企业陆续收到开发公司工程款共计2000余万元。但剩余的工程款开发公司却迟迟没有支付,施工企业为索要剩余工程款,遂诉至法院要求置业公司支付剩余价款的同时,确认对案涉工程享有建设工程价款优先受偿权。

案例分析:《建设工程司法解释一》第三十九条规定未竣工的建设工程质量合格,承包人请求其承建工程的价款就其承建工程部分折价或者拍卖的价款优先受偿的,人民法院应予支持。案涉工程因开发公司违约导致停工,工程未完工、未交付,双方亦未进行结算,应付工程款之日应为起诉之日即2023年4月8日。施工企业作为案涉工程的承包人,其主张开发公司欠付的工程款在其承建工程部分折价或者拍卖的价款中优先受偿符合上述规定,应予支持。

思政要点: 建设工程合同纠纷中优先受偿权的认定是一个重要且复杂的问题。从2002年至今,关于优先受偿权的司法解释多有变动。起算点从建设工程竣工或约定竣工之日变更为应当给付工程款之日;行使权利期限从六个月延长至十八个月,大大缓解了因建设工程结算周期长,流程复杂,经常会出现工程难以完成结算而致使承包人无法如期行使优先受偿权的情况。本案以起诉之日作为优先受偿权的起算点,切实维护了相关主体的权益,发挥了司法的保障作用,合同各方主体应遵守合同履行规范,践行诚信履约原则。

任务三 建设工程施工索赔的计算

索赔的计算

一、工期索赔

工期延误又称为工程延误或进度延误，是指工程实施过程中任何一项或多项工作的实际完成日期迟于计划规定的完成日期，从而可能导致整个合同工期的延长。工期延误对合同双方一般都会造成损失。工期延误的后果是形式上的时间损失，实质上会造成经济损失。

1. 工期延误的分类

(1) 按照工期延误的原因划分

① 因业主和工程师原因引起的延误

如业主未能及时交付合格的施工现场；业主未能及时交付施工图纸或工程师未能及时审批图纸、施工方案、施工计划等；业主未能及时支付预付款或工程款等。

② 因承包商原因引起的延误

如施工组织不当，出现窝工或停工待料等现象；质量不符合合同要求而造成返工；资源配置不足；开工延误等。

③ 不可控制因素引起的延误

如人力不可抗拒的自然灾害导致的延误、特殊风险如战争或叛乱等造成的延误、不利的施工条件或外界障碍引起的延误等。

(2) 按照索赔要求和结果划分

① 可索赔延误

可索赔延误是指非承包商原因引起的工程延误，包括业主或工程师的原因和双方不可控制的因素引起的索赔。根据补偿的内容不同，可以进一步划分为以下三种情况：只可索赔工期的延误；只可索赔费用的延误；可索赔工期和费用的延误。

② 不可索赔延误

不可索赔延误是指因承包商原因引起的延误，承包商不应向业主提出索赔，而且应该采取措施赶工，否则应向业主支付误期损害赔偿。

(3) 按照延误工作所在的工程网络计划的线路划分

按照延误工作所在的工程网络计划的线路性质，工程延误划分为关键线路延误和非关键线路延误。

由于关键线路上任何工作（或工序）的延误都会造成总工期的推迟，因此，非承包商原因造成关键线路延误都是可索赔延误。而非关键线路上的工作一般都存在机动时间，其延误是否会影响到总工期的推迟取决于其总时差的大小和延误时间的长短。如果延误时间少于该工作的总时差，业主一般不会给予工期顺延，但可能给予费用补偿；如果延误时间大于该工作的总时差，非关键线路的工作就会转化为关键工作，从而成为可索赔延误。

（4）按照延误事件之间的关联性划分

① 单一延误

单一延误是指在某一延误事件从发生到终止的时间间隔内,没有其他延误事件的发生,该延误事件引起的延误称为单一延误。

② 共同延误

当两个或两个以上的延误事件从发生到终止的时间完全相同时,这些事件引起的延误称为共同延误。共同延误的补偿分析比单一延误要复杂一些。当业主引起的延误或双方不可控制因素引起的延误与承包商引起的延误共同发生时,即可索赔延误与不可索赔延误同时发生时,可索赔延误就将变成不可索赔延误,这是工程索赔的惯例之一。

③ 交叉延误

当两个或两个以上的延误事件从发生到终止只有部分时间重合时,称为交叉延误。由于工程项目是一个较为复杂的系统工程,影响因素众多,常常会出现由多种原因引起的延误交织在一起的情况,这种交叉延误的补偿分析更加复杂。

比较交叉延误和共同延误,不难看出,共同延误是交叉延误的一种特例。

2. 工期索赔的依据

工期索赔,一般是指承包商依据合同对由于非自身的原因而导致的工期延误向业主提出的工期顺延要求。承包商向业主提出工期索赔的具体依据主要有:合同约定或双方认可的施工总进度规划,合同双方认可的详细进度计划,合同双方认可的对工期的修改文件,施工日志、气象资料,业主或工程师的变更指令,影响工期的干扰事件,受干扰后的实际工程进度等。

3. 工期索赔的计算

（1）直接法

如果某干扰事件直接发生在关键线路上,造成总工期的延误,可以直接将该干扰事件的实际干扰时间（延误时间）作为工期索赔值。

（2）比例分析法

如果某干扰事件仅仅影响某单项工程、单位工程或分部分项工程的工期,要分析其对总工期的影响,可以采用比例分析法。

① 若已知部分工程的延误时间,则计算公式为

$$工期索赔值 = \frac{受干扰部分的工程合同价}{原整个工程合同总价} \times 该部分工程受干扰工期拖延时间$$

② 若已知额外增加工程量的价格,则计算公式为

$$工期索赔值 = \frac{增加的工程量或额外工程的价格}{原合同总价} \times 原合同总工期$$

比例计算法简单方便、易于理解,但不适用于变更工程施工顺序、加速施工、删减工程量等事件的索赔。

（3）网络分析法

在实际工程中,影响工期的干扰事件可能会很多,每个干扰事件的影响程度可能都不一样,有的直接在关键线路上,有的不在关键线路上。多个干扰事件的共同影响结果究竟是多少可能引起合同双方很大的争议,采用网络分析方法是比较科学合理的方法。其思路是:假设工程按照双方认可的工程网络计划确定的施工顺序和时间施工,当某个或某几个干扰事

件发生后,网络中的某个工作或某些工作受到影响,使其持续时间延长或开始时间推迟,从而影响总工期,则将这些工作受干扰后的新的持续时间和开始时间等代入网络中,重新进行网络分析和计算,得到的新工期与原工期之间的差值就是干扰事件对总工期的影响,也就是承包商可以提出的工期索赔值。

网络分析方法通过分析干扰事件发生前和发生后网络计划的计算工期之差来计算工期索赔值,可以用于各种干扰事件和多种干扰事件共同作用所引起的工期索赔。

二、费用索赔

1. 费用索赔计算的基本原则

(1)实际损失原则

费用索赔都以赔补偿实际损失为原则,在费用索赔计算中它体现在如下几个方面。

① 实际损失即为干扰事件对承包商工程成本和费用的实际影响,这个实际影响即可作为费用索赔值。按照索赔原则,承包商不能因为索赔事件而受到额外的收益或损失,索赔对业主不具有任何惩罚性质。实际损失包括两个方面:一是直接损失即承包商财产的直接减少。在实际工程中常常表现为成本的增加和实际费用的超支。二是间接损失即可能获得的利益的减少。例如,由于业主拖欠工程款使承包商失去这笔款的存款利息收入。

② 所有干扰事件引起的实际损失以及这些损失的计算都应有详细的具体的证明,在索赔报告中必须出具这些证据,没有证据索赔要求是不能成立的。实际损失以及这些损失计算的证据通常有:各种费用支出的账单,工资表、工资单,现场用工、用料、用机的证明,财务报表,工程成本核算资料,甚至还包括承包商同期企业经营和成本核算资料等。监理工程师或业主代表在审核承包商索赔要求时常常要求承包商提供这些证据并全面审查。

③ 当干扰事件属于对方的违约行为时,如果合同中有违约条款按照合同法原则先用违约金抵充实际损失,不足的部分再赔偿。

(2)合同原则

费用索赔计算方法必须符合合同的规定。赔偿实际损失原则并不能理解为必须赔偿承包商的全部实际费用超支和成本的增加。在实际工程中许多承包商常常以自己的实际生产值、实际成生效率、工资水平和费用开支水平来计算索赔值,他们认为这即为赔偿实际损失原则。这是一种误解。这样常常会过高地计算索赔值而使整个索赔报告被对方否定。在索赔值的计算中还必须考虑以下几个因素:

① 扣除承包商自己责任造成的损失即由于承包商自己管理不善、组织失误等原因造成的损失应由他自己负责。

② 符合合同规定的赔补偿条件,扣除承包商应承担的风险。任何工程承包合同都有承包商应承担的风险条款,对风险范围内的损失由承包商自己承担。如某合同规定合同价格是固定的,承包商不得以任何理由增加合同价格,如市场价格上涨、货币价格浮动、生活费用提高、工资提高、调整税法等。在此范围内的损失是不能提出索赔的。此外超过索赔有效期提出的索赔要求无效。

③ 合同规定的计算基础。合同既是索赔的依据又是索赔值计算的依据,合同中的人工费单价、材料费单价、机械费单价、各种费用的取值标准和各分部、分项工程合同单价都是索赔值的计算基础。当然有时按合同规定可以对它们做调整,例如,由于社会福利费增加造成

人工工资提高而合同规定可以调整即可以提高人工费单价。

④ 有些合同对索赔值的计算规定了计算方法、计算公式、计算过程等。

（3）合理性原则

① 符合规定的或通用的会计核算原则。索赔值的计算是在成本计算和成本核算基础上通过计划和实际成本对比进行的。实际成本的核算必须与计划成本、报价成本的核算有一致性而且符合通用的会计核算原则。例如，采用正确的成本项目的划分方法、各成本项目的核算方法、工地管理费和总部管理费的分摊方法等。

② 符合工程惯例即采用能被业主、调解人、仲裁人认可的在工程中常用的计算方法。

（4）有利原则

如果选用不利的计算方法会使索赔值计算过低使自己的实际损失得不到应有的补偿或失去可能获得的利益。通常索赔值中应包括如下几个方面的因素。

① 承包商所受的实际损失。它是索赔的实际期望值也是最低目标。如果最后承包商通过索赔从业主处获得的实际补偿低于这个值则导致亏本。有时承包商还希望通过索赔弥补自己其他方面的损失，如报价低、报价失误、合同规定风险范围内的损失、施工中管理失误造成的损失等。

② 对方的反索赔。在承包商提出索赔后对方常常采取各种措施反索赔以抵销或降低承包商的索赔值。例如，在索赔报告中寻找薄弱环节以否定其索赔要求抓住承包商工程中的失误或问题向承包商提出罚款、扣款或其他索赔以平衡承包商提出的索赔。业主的管理人员、监理工程师或业主代表需要反索赔的业绩和成就感故而会积极地进行反索赔。

③ 最终解决中的让步。对重大的索赔特别是对重大的一揽子索赔在最后解决中承包商常常必须作出让步，即在索赔值上打折扣以争取对方对索赔的认可，争取索赔的早日解决。

这几个因素常常使得索赔报告中的费用赔偿要求与最终解决即双方达成一致的实际赔偿值相差甚远。承包商在索赔值的计算中应考虑这几个因素而留有余地，索赔要求应大于实际损失值，这样最终解决才会有利于承包商。不过也应该提出理由，不能被对方轻易察觉。

2. 索赔费用的构成

费用索赔是承包人由于非自身原因的影响而蒙受经济损失。按照合同规定提出要求补偿损失的行为。

（1）人工费

索赔费用中的人工费是指完成合同之外的额外工作所花费的人工费用；由于非承包人责任的工效降低所增加的人工费用；超过法定工作时间加班劳动的人工费用；法定人工费增长以及非承包人责任的工程延期导致的人员窝工费和工资上涨费等。主要包括生产工人的基本工资、工资性质的津贴、辅助工资、劳保福利费、加班费、奖金等。

（2）材料费

材料费的索赔包括由于索赔事项材料实际用量超过计划用量而增加的材料费；由于客观原因材料价格大幅度上涨而增加的费用；由于非承包人责任的工程延期导致的材料价格上涨和超期储存费用。主要包括材料原价、采保费、包装费、运输费以及合理的损耗费用。但由于承包人管理不善，造成材料损坏失效的，不能列入索赔计价。

（3）施工机械使用费

可采用机械台班、机械折旧费、设备租赁费等几种形式。施工机械使用费的索赔包括由于完成额外工作增加的机械使用费；由于非承包人责任的工效降低增加的机械使用费；由于发包人或监理人的原因导致机械停工的窝工费。窝工费的计算，如是租赁设备，一般按实际租金和调进调出费的分摊计算；如是承包商自有设备，一般按台班折旧费计算，而不能按台班费计算，因为台班费中包括了设备使用费。

（4）分包费用

分包费用索赔是指分包人的索赔费，一般也包括人工费、材料费、机械使用费的索赔。分包人的索赔应如数列入承包人的索赔款内。

（5）管理费

① 现场管理费。索赔款中的现场管理费是指承包人完成额外工程、索赔事项工作以及工期延长期间的现场管理费，包括管理人员工资，办公、通信、交通费等。

② 总部管理费，索赔款中的总部管理费主要指的是工程延期期间所增加的管理费。包括总部职工工资，办公大楼、办公用品、财务管理、通信设施以及总部领导人员赴工地检查指导工作等的开支。

（6）利息

在索赔金额的计算中，经常包括利息。利息的索赔通常在下列情况中发生：延期付款的利息、增加投资的利息、错误扣款的利息。

（7）利润

一般来讲，由于工程范围的变更、文件有缺陷或技术性错误、业主未能提供现场等引起的索赔，承包商可以列入利润。但对于工程暂停的索赔，由于利润通常是包括在各项实施工程内容的价格之内的，而延长工期并未影响某些项目的实施，也未导致利润减少。

3. 索赔费用的计算

（1）总费用法

总费用法基本上是在总索赔的情况下才采用的计算索赔费用的方法。也就是说当发生多次索赔事件以后，这些索赔事件的影响相互纠缠，无法区分，则重新计算出该工程项目的实际总费用，再从这个实际总费用中减去中标合同中的估算总费用，就得到了要求补偿的索赔金额，即

$$索赔金额＝实际总费用－合同价中估算的总费用$$

（2）分项计算法

分项计算法是以每个索赔事件为对象，按照承包人为某项索赔工作所支付的实际费用为根据，向业主提出经济补偿的方法。每一项索赔费用应计算由于该索赔事件的影响，导致承包人发生的超过原计划的费用，也就是该项工程施工中所发生的额外的人工费、材料费、机械费，以及相应的管理费，有些还可以列入应得的利润。

分项计算法可以分为以下 3 步。

① 分析每个或每类索赔事件所影响的费用项目。这些费用项目一般与合同价中的费用项目一致，如直接费、管理费、利润等。

② 用适当方法确定各项费用，计算每个费用项目受索赔事件影响后的实际成本或费用，与合同价中的费用项目对比，求出各项费用超出原计划的部分。

③ 将各项费用汇总,即得到总索赔费用。

也就是说在直接费(人工费、材料费和施工机械使用费之和)超出合同中原有部分的额外费用部分的基础上,再加上管理费(工地管理费和总部管理费)和应得的利润,即是承包人应得的索赔费用。这部分实际发生的额外费用客观地反映了承包人的额外开支或者实际损失,是承包人经济索赔的证据资料。

思 政 案 例

案例8-3【合同无效且满足索赔条件,承包人有权向发包人进行索赔吗?】

案例背景:2016年4月1日A公司作为案涉工程的发包人,与承包人B签订建设工程施工合同。同期案涉工程由周某某组织人员、设备、材料具体施工,施工过程中,因项目建设手续不全等原因造成多次停工。2018年3月1日由工程质量监督站对A公司和B公司下发暂缓施工整改通知单,理由是无规划许可证、无施工许可证、无施工合同等。

案例分析:法院认为,周某某承认当时知道案涉工程没有取得许可证,也明知自己不具备施工资质,判决认定周某某对实际履行的建设工程施工合同无效应承担责任并无不当,但是,案涉工程停窝工损失的发生有发包人的原因,并非全因合同无效导致。根据鉴定意见对停窝工损失发生原因的记载,发包人对损失的发生负有责任。周某某明知自身不具备案涉工程施工资质,明知案涉工程没有取得许可证、未签订合同而进场施工,导致案涉合同无效、工程被暂缓施工整改,周某某对由此产生的损失存在一定过错。综合考虑导致案涉工程损失发生的过错以及本案实际,停窝工损失以各方分担为宜,由A公司、B公司负担70%,周某某负担30%。

思政要点:实践中,承包人主张停窝工损失索赔的法律依据为《民法典》第七百九十八条、第八百零三条、第八百零四条,以及发承包双方的合同约定。在处理此类纠纷的过程中,应首先考虑施工合同效力对承包人提出相关索赔的影响。结合法律规定及本案例的分析,建设工程施工合同无效或解除,并不影响承包人向发包人主张停窝工损失的索赔的权利基础,无论施工合同的效力如何,在满足索赔条件的前提下,承包人仍有权向发包人主张相应损失。从本典型案例中可以看出,合同各方主体要满足法律资格要求,各方主体均应提升合同履约职业素养。

▶ 任务四 反索赔 ◀

一、反索赔的概念

反索赔是指反驳、反击对方提出的索赔,不让对方提出的索赔成功或者全部成功。索赔管理的任务不仅在于对已产生损失的追索,也包括对将产生或可能产生损失的防止。追索损失主要通过索赔手段进行,防

索赔与合同管理的关系

止损失主要通过反索赔手段进行。

在工程项目实施过程中，发包人与承包人之间、总承包人与分承包人之间、承包人与材料或设备供应商之间等都可能发生双向索赔或反索赔。索赔和反索赔是进攻和防守的关系，在合同实施过程中，承包人必须能攻善守，攻守结合。

二、反索赔的内容

工程实施中，一旦出现干扰事件，合同双方均会企图推卸自己的合同责任，并企图进行索赔，若不能进行有效的反索赔，同样会有损失，所以反索赔与索赔有同样重要的地位。

反索赔的目的是防止损失发生，其内容主要包括以下两方面：

1. 防止对方提出索赔

在合同实施中应积极防御，防止己方不要被索赔，这是合同管理的主要任务。积极防御通常应做到以下几点：

（1）遵守合同，防止违约。通过加强施工管理，尤其是合同管理，使工程按合同的规定进行，这样就不会发生索赔，合同双方没有争执，这是最佳的合作效果。

（2）积极应对索赔，做好两手准备。工程施工过程中，常会遇到各种干扰事件而发生索赔。索赔事件一旦发生，就应积极着手应对，收集证据，一方面做索赔处理，另一方面准备反击对方的索赔。

（3）先发制人，提出索赔。通常，工程中发生的干扰事件于双方都有责任，在处理时，应先发制人，尽快提出索赔。

2. 反击对方的索赔要求

施工合同履行中，遇到索赔事件后，为减少损失，必须反击对方的索赔要求。工程实践中，常用反索赔的方法如下：

（1）通过提出的索赔要求对抗对方的索赔要求，最终使双方都做让步，互不支付。仔细研究分析，找出对方的薄弱环节、抓住对方的失误，提出索赔，使双方都做让步，即"以攻对攻"，这是常用的反索赔手段。

在实际工程中，发包人常用"以攻对攻"措施对待承包人的索赔要求，达到少支付或不支付的目的。发包人对承包人常采取的"以攻对攻"方法如下：

① 工程质量反索赔。找出工程中的质量问题而加重处罚，以对抗承包人的索赔要求。

② 履约担保反索赔。找出承包人不履行合同的行为，进而提出索赔要求。

③ 预付款担保反索赔。对承包人不按期归还预付款的违约行为提出索赔要求。

④ 拖延工期反索赔。发包人对承包人补偿拖期完工而给发包人造成经济损失，进而提出索赔要求。

⑤ 保修期内的反索赔。工程保修期内，因承包人原因出现工程质量问题，且其在规定时间内未予维修，则发包人可就此造成的损失向承包人提出索赔。

⑥ 承包人未遵循监理工程师指示的反索赔。承包人未能按照监理工程师的指示完成应由其自费进行的缺陷补救工作，出现移走或者调换不合格的材料或重新做好的情形，发包人可提出索赔。

⑦ 不可抗力的反索赔。对在不可抗力引发风险事件之前已经被监理工程师认定为不合格的工程费用，发包人可提出索赔。

（2）反驳对方的索赔报告，找出对方索赔报告中不符事实情况（如计算不准），以减轻赔偿责任。反驳对方的索赔报告，通常可以从以下几方面入手：

① 索赔事件真实性分析。不真实、不肯定、没有根据或仅出于猜测的事件是不能提出索赔的。

② 干扰事件影响及责任分析。可通过施工计划和施工状态对干扰事件的影响进行分析，进而分析干扰事件的责任。对于干扰事件和损失责任在于索赔者方、合同双方或其他责任方时，不应由本方付赔偿或全部赔偿责任。

③ 索赔理由分析。反索赔和索赔一样，要找到对本方有利的法律条文，或找到对对方不利的法律条文，使其索赔理由不充分，来否定或部分否定对方的索赔要求。

④ 证据分析。证据不足、证据不当或仅有片面的证据，索赔是不成立的。

在实际工程中，这两种方法都很重要，常常同时使用，索赔和反索赔同时进行，索赔报告中既有索赔，也有反索赔；反索赔报告中既有反索赔，也有索赔。

三、反索赔的程序

1. 合同的总体分析

在接到对方索赔报告后，应着手仔细研究合同，以分析、评价对方索赔要求的理由和依据，找出对己有利点和对其不利点，重点分析与对方索赔报告中提出问题有关的合同条款。

2. 事态调查反索赔也需以事实为依据

通过调查干扰事件的起因、经过、持续时间、影响范围等真实、详细的情况，对照索赔报告由对干扰事件的描述和所附证据，找出不合理点或失实点，以备反驳。

3. 三种状态分析

在事态调查的基础上，可做如下分析工作。

（1）合同状态的分析

合同状态的分析是指在不考虑任何干扰事件的影响下，仅对合同签订时的情况和依据进行分析，包括合同条件、当时的工程环境、实施方案、合同报价水平，这是对方索赔和索赔值计算的依据。

（2）可能状态的分析

可能状态的分析是指在合同状态分析的基础上，对对方有理由提出索赔的可能干扰事件进行分析。通常，在工程施工中，干扰事件不可避免，使得合同状态难以保持。对干扰事件的分析，常从以下两方面入手：一是干扰事件的责任由谁承担；二是不在合同规定对方应承担的风险范围内，符合合同规定的索赔补偿条件是什么。

（3）实际状态的分析

实际状态的分析是指对实际的合同实施状况进行分析。按照实际工程量、生产效率、劳动力安排、价格水平、施工方案等，确定实际的工期和费用支出。

通过上述分析可以全面评价合同及合同实施状况，评价双方合同责任的完成情况；对对方有理由提出索赔的部分进行总概括；分析出对方有理由提出索赔的干扰事件有哪些及索赔的大约值或最高值；对对方的失误和风险范围进行具体指认，以此作为谈判中的攻击点；针对对方的失误做出进一步分析，以准备向对方提出索赔。

4. 对索赔报告进行全面分析

对索赔报告进行全面分析,可采用索赔分析评价表对索赔要求、索赔理由进行逐条详细分析评价,分别列出对方索赔报告中的干扰事件、索赔理由、索赔要求,提出本方的反驳理由、证报、处理意见或对策等。

5. 起草并向对方递交反索赔报告

反索赔报告也是正规的法律文件。在调解或仲裁中,对方的索赔报告和本方的反索赔报告应一起递交给调解人或仲裁人。反索赔报告的基本要求与索赔报告相似,主要内容包括以下几项。

(1) 合同总体分析结果简述

(2) 合同实施情况简述和评价

包括对方索赔报告中的问题和干扰事件,并陈述事实情况;前述三种状态的分析结果;对双方合同任务完成情况和工程施工情况的评价等。重点放在推卸本方对对方索赔报告中提出的干扰事件的合同责任。

(3) 反驳对方的索赔要求

按具体的干扰事件,逐条反驳对方的索赔要求,详细分析本方的反索赔理由和证据。

(4) 提出索赔

对经合同分析和三种状态分析得出的对方违约责任,提出本方的索赔要求。通常,可在反索赔报告中提出索赔,也可另外出具本方的索赔报告。

(5) 总结

反索赔的全面总结通常包括以下内容。

① 对合同总体分析做简要概括。

② 对合同实施情况做简要概括。

③ 对对方索赔报告做总评价。

④ 对本方提出的索赔做概括。

⑤ 对双方要求进行比较,即对索赔和反索赔最终分析结果进行比较。

⑥ 提出解决意见。

(6) 附各种证据

反索赔报告中应附上所述的事件经过、理由、计算基础、计算过程和计算结果等证明材料。

思 政 案 例

案例 8-4【必须招标项目未招标,施工合同是否有效?】

案例背景:某教育局为加快某小学建设进度,未履行招投标手续即与某建筑公司针对案涉工程建设项目签订了原则性、框架性的土建及安装工程施工备忘录。某建筑公司组织工人进场施工并于2023年基本完工,但因各项手续不完善,双方当事人始终未能对案涉工程价款结算达成一致意见,遂引发纠纷诉至法院,某建筑公司请求某教育局支付欠付的工程款及利息。

案例分析：一审判决某教育局支付某建筑公司工程欠款及相应利息。一审判决后，双方未上诉。法院认为，案涉工程系政府投资建设的公用事业项目，关乎社会公共利益及公众安全，属于必须进行招标的建设工程项目。发包人未经过招投标程序即与承包人签订施工合同，违反了《招标投标法》效力性强制性规定，合同应属无效。但建设工程已经实际投入使用，某建筑公司请求支付工程价款的，依法应予支持。

思政要点：合同的效力是合同对当事人所具有的法律拘束力，是基于对国家利益、社会公共利益的保护而对当事人的合意进行法律上的评价。与一般的民商事合同相较，因施工安全和工程质量极大地关乎社会公共利益，建设工程施工合同须受《中华人民共和国建筑法》《中华人民共和国招标投标法》等法律规制，受建设行政主管部门规章制度的严格监管，对于合同效力的认定应当更为严格和谨慎。因此，无论当事人是否对施工合同的效力提出主张或者抗辩，是否产生争议，法院都应当主动审查施工合同的效力并在判决书中明确载明。本案例是一起典型的必须进行招标而未招标导致合同无效的案件，法院依职权主动认定建设工程施工合同的效力，既划分了合同主体权利义务，也平衡和维护了社会公共利益。

▶ 技能训练 ◀

任务解析

任务1

1. 任务目标

通过工作任务实训，理解索赔的程序与技巧，能够根据具体工程案例，开展索赔工作。

2. 工作任务

某项目经过招标，建设单位选择了甲、乙施工单位分别承担 A、B 标段工程的施工，并按照《建设工程施工合同(示范文本)》分别和甲、乙施工单位签订了施工合同。建设单位与乙施工单位在合同中约定，B 标段所需的部分设备由建设单位负责采购。乙施工单位按照正常的程序将 B 标段的安装工程分包给丙施工单位。在施工过程中，发生了如下事件：

事件1：建设单位在采购 B 标段的锅炉设备时，设备生产厂商提出由自己的施工队伍进行安装更能保证质量，建设单位便与设备生产厂商签订了供货和安装合同并通知了监理单位和乙施工单位。

事件2：总监理工程师根据现场反馈信息及质量记录分析，对 A 标段某部位隐蔽工程的质量有怀疑，随即指令甲施工单位暂停施工，并要求剥离检验。甲施工单位称：该部位隐蔽工程已经专业监理工程师验收，若剥离检验，监理单位需赔偿由此造成的损失并相应延长工期。

事件3：专业监理工程师对 B 标段进场的配电设备进行检验时，发现由建设单位采购的某设备不合格，建设单位对该设备进行了更换，从而导致丙施工单位停工。因此，丙施工单位致函监理单位，要求补偿其被迫停工所遭受的损失并延长工期。

问题：

1. 在事件 1 中，建设单位将设备交由厂商安装的做法是否正确？为什么？

2. 在事件 1 中，若乙施工单位同意由该设备生产厂商的施工队伍安装该设备，监理单位应该如何处理？

3. 在事件 2 中，总监理工程师的做法是否正确？为什么？试分析剥离检验的可能结果及总监理工程师相应的处理方法。

4. 在事件 3 中，丙施工单位的索赔要求是否应该向监理单位提出？为什么？对该索赔事件应如何应处理。

任务 2

1. 任务目标

通过工作任务实训，掌握索赔计算的依据，能够进行工期与费用索赔计算

2. 工作任务

根据以下案例背景，进行索赔计算。

某建筑公司（乙方）于某年 4 月 20 日与某厂（甲方）签订了修建建筑面积为 3 万 m^2 工业厂房（带地下室）的施工合同。乙方编制的施工方案和进度计划已获工程师批准，双方约定采取单价合同计价。

该工程的基坑开挖土方量为 4 500 m^3，假设直接费单价为 4.2 元/m^3，综合费率为直接费的 20%。

该基坑施工方案规定：土方工程采用租赁一台斗容量为 1 m^3 的反铲挖掘机（租赁费 450 元/台班）。

甲、乙双方合同约定 5 月 11 日开工，5 月 20 日完工。

在基坑开挖实际施工中发生以下事件：

事件 1：因租赁的挖掘机大修，晚开工 2 天，造成人员窝工 10 个工日。

事件 2：施工工程中，因遇软土层，接到工程师 5 月 15 日停工的指令，进行地质复查，配合用工 15 个工日，窝工 5 个工日（降效系数 0.6）。

事件 3：5 月 19 日接到工程师于 5 月 20 日复工令，同时提出基坑开挖深度加深 2m 的设计变更通知单，因此增加土方开挖量 900 m^3。

事件 4：5 月 20 日—5 月 22 日，因下百年一遇大暴雨迫使基坑开挖暂停，造成人员窝工 10 个工日。

事件 5：5 月 23 日用 30 个工日修复冲坏的永久道路，5 月 24 日恢复挖掘工作，最终基坑 5 月 30 日挖坑完毕。

上部结构施工过程中出现以下事件：

事件 1：原定于 6 月 10 日前由甲方负责供应的材料因材料生产厂所在地区出现沙尘暴，材料 6 月 15 日运至施工现场，致使施工单位停工。影响人工 100 个工日，机械台班 5 个，乙方据此提出索赔。

事件 2：6 月 12 日至 6 月 20 日乙方施工机械出现故障无法修复，6 月 21 日起乙方租赁的设备开始施工，影响人工 200 个工日，机械台班 9 个。乙方据此提出索赔。

事件3:6月18日至6月22日按甲方改变工程设计的图纸施工,增加人工150工日,机械台班10个。乙方据此索赔。

事件4:6月21日至6月25日施工现场所在地区由于台风影响致使工程停工,影响人工140个工日,机械台班8个。乙方据此索赔。

问题:

1. 列表说明基坑开挖过程中事件1至事件5工程索赔理由及工期、费用索赔的具体结果(其中人工费用单价23元/工日,增加用工所需的管理费为增加人工费的30%)。

2. 说明上部结构施工中乙方提出的工程索赔要求是否正确?正确的索赔结果是什么?(注:其中人工费单价60元/日,机械使用费400元/台班,降效系数0.4)

▶ 专题实训7:索赔报告的编制与递交实训 ◀

实训目的

实训资料

1. 拆分建设工程施工索赔的知识点,结合项目案例和实训手册,使学生掌握建设工程施工索赔的概念和分类,掌握索赔程序与计算;

2. 模拟开始施工索赔,使学生熟悉索赔文件的编制方法,会运用施工索赔的策略与技巧,能够开展施工索赔。

实训任务及要求

任务1　施工索赔的判定

(1) 分析干扰事件发生原因,明确索赔意向;

(2) 分析合同文件等资料,整理索赔证据,确定索赔依据。

任务2　索赔意向通知书的编制与递交

(1) 编制索赔意向通知书;

(2) 在合同规定时间内,提交索赔意向通知。

任务3　索赔报告的编制与递交

(1) 索赔工期与费用计算;

(2) 编制索赔报告;

(3) 在合同规定时间内,提交索赔报告。

任务4　索赔结果的确认

(1) 完成索赔报告的审查;

(2) 确认索赔结果。

实训准备

1. 硬件准备：多媒体设备、实训电脑、实训指导手册。
2. 软件准备：建设工程交易管理服务平台、工程招投标沙盘模拟执行评测系统。

实训总结

1. 教师评测：评测软件操作，学生成果展示，评测学生学习成果。
2. 学生总结：小组组内讨论 10 分钟，写下实训心得，并分享讨论。

▷ 项目小结 ◁

　　在工程项目管理中，索赔管理是最高层次的、综合性的管理工作，涉及工程合同管理、进度管理、成本管理、质量管理、信息管理等各方面。本项目主要介绍了建设工程施工索赔的概念、基本特征、分类、原因、作用等，并对索赔程序与技巧、索赔的计算及反索赔进行分析。

［在线答题］·项目 8
建设工程施工索赔

项目 9 国际工程招投标与 FIDIC 合同简介

 **知识目标**

1. 了解国际工程招投标的概念与特点；
2. 熟悉国际工程招投标的程序；
3. 熟悉 FIDIC 组织与合同体系；
4. 掌握 FIDIC 合同条件及其适用范围；
5. 了解 FIDIC 合同范本最新动向。

 **能力目标**

1. 能够处理国际工程招投标中的常见问题；
2. 能够了解 FIDIC 合同体系及其适用范围。

 **素质目标**

1. 以党的二十大精神为指引，推进高水平对外开放，稳步扩大规则、规制、管理、标准等制度型开放，加快建设贸易强国，推动共建"一带一路"高质量发展，维护多元稳定的国际经济格局和经贸关系；

2. 合作共赢、机遇共享，必须坚持法治化发展的道路，做好国内法律制度和国际法律制度的对接，构建国际法体系以维护我国合法权益。

 **思维导图**

```
FIDIC 组织和合同体系
FIDIC 工程合同条件及其适用范围                                        概念
FIDIC 咨询服务合同及其适用范围 ── FIDIC 合同简介 ── 国际工程招投标 ── 国际工程招    特点
FIDIC 合同范本最新动向                           与FIDIC合同简介      投标概述    方式
                                                                   程序
```

案例导入

　　肯尼亚某机场项目是三边工程,投标阶段仅几张图纸和可行性研究报告,采用 EPC 固定总价合同,标书要求执行欧洲及当地规范。某承包商在工程量的估算上,没有充分研究欧洲及当地设计规范,也没有调查该国同类项目的工程量经验数据,仅凭国内设计经验就完成了工程量的估算,造成多项工程量与实际严重不符。如钢筋工程,投标时 130 kg/m²,取 1.2 的系数,但实际钢筋量达 240 kg/m²,仅直接费的损失就达百万美金,而且无法索赔。另外,在设计标高上与业主沟通不力,造成与二期跑道标高(其他承包商)的矛盾,造成长期停工。在解决方案达成一致重新开工后,却面临材料特别是钢结构的大幅涨价及当地货币的贬值等问题,由于合同中没有相应调价条款而蒙受了损失。

　➢ 思考:1. 什么是国际工程招投标?

　　　　　2. 在国际工程招投标过程中,需要注意哪些问题?

▶ 任务一　国际工程招投标概述 ◀

一、国际工程的概念

　　国际工程指的是从咨询、融资、采购、承包、管理以及培训等各个阶段的参与者来自不止一个国家,并且按照国际上通用的工程项目管理模式进行管理的工程。既包括我国公司去海外参与投资和实施的各项工程,又包括国际组织和国外的公司到中国来投资和实施的工程。

思政 · 国际工程招投标

二、国际工程招投标的概念

　　国际工程招投标是指发包方通过国内和国际的新闻媒体发布招标信息,所有有兴趣的投标人均可参与投标竞争,通过评标比较优选确定中标人的活动。

　　国际工程指的是从咨询、融资、采购、承包、管理以及培训等各个阶段的参与者来自不止一个国家,并且按照国际上通用的工程项目管理模式进行管理的工程。国际工程项目管理模式主要有以下七种。

　　1. DBB 模式

　　即设计—招标—建造(Design-Bid-Build)模式,是最传统的一种工程项目管理模式。该管理模式在国际上最为通用,世行、亚行贷款项目及以国际咨询工程师联合会(FIDIC)合同条件为依据的项目多采用这种模式。最突出的特点是强调工程项目的实施必须按照设计—招标—建造的顺序方式进行,只有一个阶段结束后另一个阶段才能开始。

　　2. CM 模式

　　即建设—管理(Construction-Management)模式,又称为阶段发包方式,就是在采用快速路径法进行施工时,从开始阶段就雇用具有施工经验的 CM 单位参与到建设工程实施过程中来,以便为设计人员提供施工方面的建议且随后负责管理施工过程。这种模式改变了

过去那种设计完成后才进行招标的传统模式,采取分阶段发包,由业主、CM单位和设计单位组成一个联合小组,共同负责组织和管理工程的规划、设计和施工,CM单位负责工程的监督、协调及管理工作,在施工阶段定期与承包商会晤,对成本、质量和进度进行监督,并预测和监控成本和进度的变化。

3. DBM模式

即设计—建造模式(Design-Build Method),就是在项目原则确定后,业主只选定唯一的实体负责项目的设计与施工,设计—建造承包商不但对设计阶段的成本负责,而且可用竞争性招标的方式选择分包商或使用本公司的专业人员自行完成工程,包括设计和施工等。在这种方式下,业主首先选择一家专业咨询机构代替业主研究、拟定拟建项目的基本要求,授权一个具有足够专业知识和管理能力的人作为业主代表,与设计—建造承包商联系。

4. BOT模式

即建造—运营—移交(Build-Operate-Transfer)模式。BOT模式是20世纪80年代在国外兴起的一种将政府基础设施建设项目依靠私人资本的一种融资、建造的项目管理方式,或者说是基础设施国有项目民营化。政府开放本国基础设施建设和运营市场,授权项目公司负责筹资和组织建设,建成后负责运营及偿还贷款,协议期满后,再无偿移交给政府。BOT方式不增加东道主国家外债负担,又可解决基础设施不足和建设资金不足的问题。

5. PMC模式

即项目承包(Project Management Contractor)模式,就是业主聘请专业的项目管理公司,代表业主对工程项目的组织实施进行全过程或若干阶段的管理和服务。由于PMC承包商在项目的设计、采购、施工、调试等阶段的参与程度和职责范围不同,因此PMC模式具有较大的灵活性。总体上,PMC有三种基本应用模式:

(1)业主选择设计单位、施工承包商、供货商,并与之签订设计合同、施工合同和供货合同,委托PMC承包商进行工程项目管理。在这种模式中,PMC承包商作为业主管理队伍的延伸,代表业主对工程项目进行质量、安全、进度、费用、合同等管理和控制。这种情况一般称为工程项目管理服务,即PM(Project Management)模式。

(2)业主与PMC承包商签订项目管理合同,业主通过指定或招标方式选择设计单位、施工承包商、供货商(或其中的部分),但不签合同,由PMC承包商与之分别签订设计合同、施工合同和供货合同。

(3)业主与PMC承包商签订项目管理合同,由PMC承包商自主选择施工承包商和供货商并签订施工合同和供货合同,但不负责设计工作。在这种模式下,PMC承包商通常保证项目费用不超过一定限额(即总价承包或限额承包),并保证按时完工。

6. EPC模式

即设计—采购—建造(Engineering-Procurement-Construction)模式,在我国又称之为"工程总承包"模式。在EPC模式下,工作均由EPC承包单位来完成;业主不聘请监理工程师来管理工程,而是自己或委派业主代表来管理工程;承包商承担设计风险、自然力风险、不可预见的困难等大部分风险。

7. Partnering模式

即合伙(Partnering)模式,是在充分考虑建设各方利益的基础上确定建设工程共同目标的一种管理模式。它一般要求业主与参建各方在相互信任、资源共享的基础上达成一种短期或长期的协议,通过建立工作小组相互合作,及时沟通以避免争议和诉讼的产生,共同解决建设工程实施过程中出现的问题,共同分担工程风险和有关费用,以保证参与各方目标和利益的实现。

三、国际工程招投标的特点

1. 择优性

对工程业主来说,招标就是择优。对于建筑工程,优胜主要表现在以下几个方面:

（1）最优技术。包括现代的施工机具设备和先进的施工技术和科学的管理体系等。

（2）最佳质量。包括良好的施工记录和保证质量的可靠措施等。

（3）最低价格。包括单位价格合理和总价最低等。

（4）最短周期。保证按期或提前完成所要求的全部工程任务。

国际工程招投标的过程就是一个多目标系统选优的过程。通常在实践中,在以上四个方面都获得优胜是比较难的,业主通过招标,从众多的投标者中进行评选,按业主自己所要求的侧重面来确立评选标准,既综合上述各方面的优劣,又从其突出的侧重面进行衡量,最后确定中标者。

2. 平等性

只有在平等的基础上竞争,才能分出真正的优劣,因此,招标通常都要求制订统一的条件,这就是编制统一的招标文件。要求参加投标的承包商严格按照招标文件的规定报价和递交投标书,以便业主进行对比分析,作出公平合理的评价。特别是国际工程公开招标,通过公开发布公告,公开邀请投标人,公开开标宣读投标人名称、国别、投标报价、降价申明、交货期或工期、交货方式或移交方式,使得所有合格投标者机会均等。

3. 限制性

在国际工程招投标中,有固定的规则和条件、一系列的时间和程序表、固定的招标组织人和必要的技术专家、固定的场所。业主可以根据自己的意图来确定其优胜条件和选择承包商,承包商也可以根据自身的选择来确定是否参加该项工程的投标。但是,一旦进入招标和投标程序,双方都要受到一定的限制,特别是采取"公开招标"的方式时,它将受到公共的、社会的甚至国家法规的限制。

四、国际工程招投标方式

工程招标一般可以分为公开招标、邀请招标(又称有限招标、指名竞争等)和议标(又称谈判招标)三种。

1. 公开招标

公开招标又称无限竞争性招标,是指招标机构通过新闻媒体发布招标公告,凡具备相应资质并符合条件的承包商不受地域和部门限制,均可申请投标。其主要特点是:

（1）必须发出公开招标通知,且不限制招标通知的传播范围,使尽可能多的承包商得到招标信息。

（2）不限制投标人的数量,任何对招标感兴趣的承包商均可参加。

（3）开标必须以公开的形式进行,以使投标人了解报价情况。

（4）选择合适的中标人后，不但要通知中标人，还要以适当的方式向其他投标人宣布投标结果。

公开招标的优点是招标方可以在较广泛的范围内选择承包商，有利于取得最佳的工程方案，而各投标人可以充分发挥自己在技术、资金、管理等方面的优势参与竞争，体现了公平竞争的原则。

缺点是投标人数量多，评标工作量较大，容易造成招标的时间长、费用高。这种方式国际上一般多应用于政府工程或规模较大的工程。

2. 邀请招标

邀请招标即有限招标，也称有限竞争性招标或指名竞争，是指业主或招标机构向预先选择的若干家具备相应资质、符合投标条件的承包商发出邀请函，将招标工程情况、工作范围和实施条件等做出简要说明，请他们参与投标竞争。其主要特点是：

（1）招标的通知不用公开的广告形式，或由于招标项目的特殊性，或出于减少招标机构的负担和招标成本。

（2）只有接受邀请的承包商才是合法投标人。

（3）被邀请参加投标的承包商数量较少，但一般不应少于 3 家。

英国的《土木工程承包招标投标指南》规定为 4—8 家；德国的《建筑工程招标一般规定，DIN1960》规定为 3—8 家，而日本则规定为 10 家左右。

邀请招标的优点是简化了招标程序，可节约招标费用和节省招标时间；缺点是招标竞争性较差，有可能漏掉某些有竞争力的承包商。

3. 议标

议标即谈判招标，是一种非竞争性招标，是指招标单位与几家具备相应资质、符合投标条件的承包商，分别就承包工程的有关事宜进行协商，最终与某一家达成协议，签订合同。从严格意义上讲，议标属于谈判协商方式，不属于招投标的范畴，但由于它自身的特点，在某些方面可以把它看成是前两种方式的补充，在国外，都严格限制其应用范围。议标的主要特点是招标程序简单，但由于其竞争性差，往往导致合同条件和价格有利于承包商。

各个国家针对不同情况在相应的法律上对议标范围都做了非常明确严格的限定。美国、奥地利、比利时等国家的法律规定，采用议标一般情况下也必须引入竞争机制，都必须事先公布招标通告，中标结果确定后也应该发布通告，让其他投标人知道中标结果以便让其询问，或向政府司法部门提出异议或诉讼。

五、国际工程招投标程序

国际工程承包是一种较复杂的国际经济技术合作方式，作为一种跨国的经济活动，工程资金金额较大、技术性较强、对工期质量也有较高要求，一般都要求通过公开的竞争性招标来优选承包商，特别是世界银行、亚洲开发银行贷款项目在国际上逐渐形成了一套招标程序的国际惯例。

国际工程招投标主要包含以下几个步骤：

1. 刊登资格预审广告

（1）通过资格预审，排除不具备招标要求能力的投标人参加投标，这不但可以减少评标工作量，更主要的是避免误选不合格的投标人，给工程建设带来难以估量的风险。为不合格的投标人节省参加投标的费用；

（2）使业主对投标人的法律地位、商业信誉、技术水平、管理经验、经济和财务状况等有个比较全面、准确的了解，从而在其中选出合格的投标人；

（3）使潜在投标人对工程情况、招标条件有比较全面的了解，衡量自己是否具备投标资格，从而为是否参加资格预审、投标和施工作出决策。

资格预审广告应刊登在国内外有影响的、发行面比较广的报纸或刊物上。中国的世行贷款国际招标项目的资格预审广告应刊登在《中国日报》和联合国《发展论坛》上。

2. 资格预审

资格预审文件的主要内容：资格预审通知、资格预审申请人须知、资格预审申请人填写的调查表，包括：资格预审申请书、一般情况表、财务数据表、工作经验记录表、拟用于本工程的设备、拟派往本工程的人员表、现场组织计划、分包人、联营体资料等。

3. 发行招标文件

在对申请资格预审的投标者所提交的资格预审书进行审查后，业主即向已通过资格预审的投标者发出招标邀请，出售招标文件。招标文件主要内容如下：投标邀请函、投标者须知、投标表格及附件、合同条款、技术规范、合同协议书的格式、工程的范围、工程量清单、工程进度表、图纸、投标及履约保函等。

4. 现场考察和招标文件补遗

在投标人购买招标文件后（一般为一个月左右），业主方组织投标人考察项目现场，目的是让投标人在研究招标文件时了解现场的实际情况。采取合适的投标报价策略。

按照业主方安排的日期和时间，由业主方负责组织，投标人自费参加现场考察，在规定的日期之前提出书面质疑，由业主以信函方式或标前会议方式，向所有投标人颁发招标文件补遗，包括对质疑的解答。

5. 投标

向投标者发售的投标文件主要包括：

卷一　投标者须知

合同条款：一般条款、特定条款

卷二　技术规范（包括图纸清单）

卷三　投标表格和附件；投标保证书；工程量表；附录。

卷四　图纸

还包括开标前发布的投标文件修正附件和标前会议的会议纪要。

投标人应在招标文件规定的投标截止日期前，将填报好的投标文件按要求密封，签字后送交业主指定地点，业主方专人签收保存，开标前不得启封。逾期送达或送到非指定地点，则视为废标被退回。

递交投标文件的同时，还应按招标文件规定格式递交投标保证书。

6. 开标

在规定的开标日期和时间（一般是投标文件截止日期和地点），由招标机构当众宣布并记录所有递交的投标标书（包括投标人名称、报价、备选方案、是否递交投标保证等）。

7. 评标

评审标书由业主组建的评标委员会进行。主要工作是审查每份投标文件是否完全符合招标文件的规定和要求,是否按要求签署并提交投标保函及要求的各种文件,是否对招标文件实质上的响应,有无重大偏差、保留和遗漏。

不符合要求的投标文件将被业主拒绝。

当投标书实质性响应,无重大偏差时,业主可以接受此标书,要求投标人在合理时间内提交必要的资料和文件(不涉及报价),做出书面的澄清或修正。

业主方综合考虑了投标文件的报价、技术方案和其他方面情况后,最终确定一家承包商为中标者。除特殊情况外,业主应将合同授予投标文件符合要求且评标后的投标报价最低者。

8. 授予和签订合同

确定中标人后,业主要与其进行深入谈判,签订合同协议书谅解备忘录,双方签字确认后,即可发出中标函。中标函中应明确合同价格。

业主向中标人发出中标函的同时,应寄去招标文件中提供的合同协议书格式。中标人收到上述文件后,应在规定时间(28d)内派出全权代表与业主签署合同协议书。

中标人在收到中标通知书后的时限(28d)内,应按招标文件规定的格式和金额,向业主提交一份履约保证。

中标人与业主签订了合同协议书并提交履约保证之后,业主退还投标保证,招投标工作完成。然后,业主可通知所有未中标者并退还他们的投标保证。

思 政 案 例

案例 9-1【招投标"走出去"战略:开放合作,机遇风险并存】

案例背景: 2009 年 9 月,波兰 A2 高速公路开始招标,中国海外工程有限公司(下称中海外),与国内四家公司组成的联合体以 4.4 亿美元的价格中标 A、C 两个标段(约 49 公里),几乎比其他公司的报价低一半,连波兰政府预算的 28 亿兹罗提(约合 10 亿美元)的一半都不到。中海外在没有事先仔细勘探地形及研究当地法律、经济、政治环境的情况下,就与波兰公路管理局签下总价锁死的合约,以致成本上升、工程变更及工期延误都无法从业主方获得补偿,加之管理失控、沟通不畅及联合体内部矛盾重重,最终不得不撂荒走人。中海外在该项目中的主要问题如下,第一,对东道国投资环境未做充分了解,试图用"低价"战略获取项目;第二,缺乏合同观念;第三,风险意识淡薄,风险控制机制不完善。

2011 年 6 月 13 日,中海外宣布放弃 A2 高速公路项目,导致公路无法按期完工。为此波兰公路管理局对中海外及其联合体的索赔估算为 7.41 亿兹罗提(约合 17.51 亿元人民币元),同时禁止联合体四家公司 3 年内参与波兰市场的公开招标。并且要准备在中国起诉中海外联合体,索赔 2 亿欧元。

案例延伸: 本项目背景处于波兰经济复苏时期以及 2012 年欧洲杯带来的建筑业热潮期。当时,波兰国内一些原材料价格和大型机械租赁费大幅上涨,砂子的价格从 8 兹罗提/吨飙升至 20 兹罗提/吨。挖掘设备的租赁价格也同时上涨了 5 倍以上。而当中海外以原材料、人工、汇率等成本骤升为由向波兰公路管理局提出对中标价格进行相应调整时,波兰公路管理局依据合同以及波兰《公共采购法》等相关法律规定,拒绝了中海外调整中标价格的要求。事实上,波兰《公共采购法》为了避免不正当竞争,而禁止承包商在中标后对合同金额进行"重大修改"。

　　思政要点:本案作为一个典型案件,反映了我国大型中央建筑企业失守合同签约审查和管理,企业法务能力不适应"走出去"战略的真实情况;我们国家在国家招投标领域,对外投资机遇和风险并存,要抓住机遇,把控风险,避免国家资产损失。如何把握机遇规避风险,需要各大企业不断提升自身综合能力。习近平总书记在党的二十大报告中强调,"中国坚持对外开放的基本国策,坚定奉行互利共赢的开放战略","推进高水平对外开放"。

任务二　FIDIC 合同条件简介

一、FIDIC 组织和合同体系

1. FIDIC 组织简介

　　FIDIC 于 1913 年由比利时、法国和瑞士的咨询工程师协会在比利时根特创立,后将总部移至瑞士洛桑,后来又将其总部设立在日内瓦。1959 年,澳大利亚、加拿大、南非和美国等加入 FIDIC。目前,已经有 100 多个国家和地区成为 FIDIC 的会员,中国于 1996 年正式加入该组织。FIDIC 一直致力于实现国际工程承包市场的健康发展。其下辖七个专业委员会和两个专业人士组织(商业惯例委员会"BPC"、能力建设委员会"CBC"、合同委员会"CC"、职业道德管理委员会"IMC"、会员委员会"MemC"、风险与质量管理委员会"RC"、可持续发展委员会"SDC"、FIDIC 争端裁决员组织"FBA"、培训师组织"FBT"),分别负责会员管理、良好商业惯例推广、能力建设、合同编制、咨询行业职业道德以及风险与责任方面的工作。

2. FIDIC 合同体系

　　国际上编制出版工程合同范本的专业机构很多,主要有美国建筑师学会(AIA)、英国土木工程师(ICE)和国际咨询工程师联合会(FIDIC)。AIA 成立于 1857 年,是美国主要的建筑师专业协会,制定并发布了 AIA 系列合同条件,在美洲地区具有较大的影响力。英国的 ICE 创建于 1818 年,其编写的《ICE 合同条件(工程量计量模式)》以及近年来新编制的 NEC/ECC 合同范本系列在世界范围内产生了较大的影响,尤其在英联邦国家和地区。传统的《ICE 合同条件》也是早期 FIDIC 合同条件制定的基础,但在国际工程市场上,影响力最大、使用最广泛的标准合同范本仍是 FIDIC 系列合同范本。FIDIC 是最具权威的国际咨询工程师组织,它有力地推动着全球工程咨询服务业向着高质量、高水平的方向发展。

　　60 多年来,FIDIC 形成了一套比较完整的合同体系,并一直在补充、修改、更新原来的范本,如图 9-1 所示。根据合同的性质,FIDIC 出版的合同范本包括两大类:一类是工程合同范本,即用于业主与承包商之间以及承包商与分包商之间的合同范本;另一类是工程咨询服务合同范本,主要用于咨询服务公司与业主之间以及咨询服务公司之间等签订的咨询服务协议或合作协议。

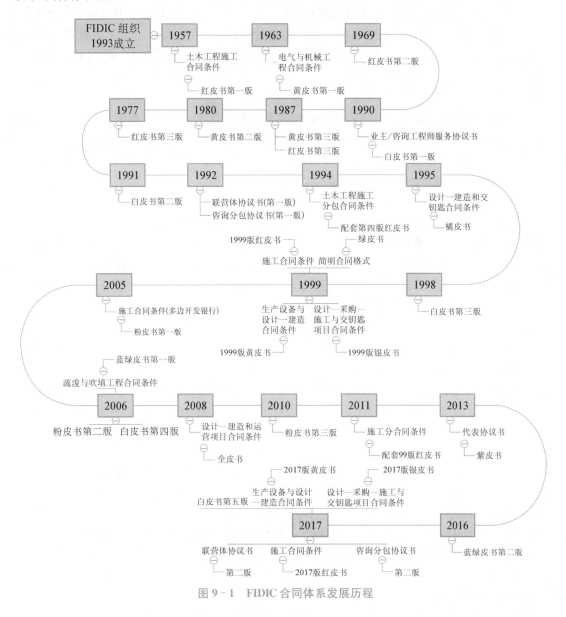

图 9 - 1　FIDIC 合同体系发展历程

二、FIDIC 工程合同条件及其适用范围

2017 年 12 月 FIDIC 正式发布了与 1999 版相对应的三本合同条件的第二版。2017 版三本合同条件各自的应用范围、业主与承包商的职责和义务,尤其是风险分配原则与 1999 版基本保持一致;合同条件的总体结构基本不变,但通用合同条件将索赔与争端区分开,并增加了争端预警机制。与 1999 版相比,2017 版系列合同条件的通用合同条件在篇幅上大幅增加,融入了更多项目管理理念,相关规定更加详细和明确,更具可操作性;2017 版系列合同条件加强和拓展了工程师的地位和作用,同时强调工程师的中立性;更加强调在风险与责任分配及各项处理程序上业主和承包商的对等关系。

1.《施工合同条件》

《施工合同条件》(2017版"红皮书")。该文件主要适用于由业主或其代表—工程师设计的建筑或工程项目,主要采用单价合同。在这种合同形式下,通常由工程师负责监理,由承包商按照雇主提供的设计施工,可以包含由承包商设计的土木、机械、电气和构筑物等部分。

2.《生产设备和设计—建造合同条件》

《生产设备和设计—建造合同条件》(2017版"黄皮书")。该文件推荐用于电气和(或)机械设备供货和(或)其他工程的设计与施工,通常采用总价合同。由承包商按照业主的要求,设计和提供生产设备和(或)其他工程,包括土木、机械、电气和建筑物的任何组合,进行工程总承包。也可以对部分工程采用单价合同。

3.《设计采购施工(EPC)/交钥匙工程合同条件》

《设计采购施工(EPC)/交钥匙工程合同条件》(2017版"银皮书")。该文件适用于以交钥匙方式提供的工厂或类似设施的加工或动力设备、基础设施项目或其他类型的开发项目,采用总价合同。这种合同条件下由承包商承担项目实施的全部责任,项目的最终价格和目标工期具有更大程度的确定性即由承包商进行所有的设计、采购和施工,最后提供一个设施配备完整、可以投产运行的项目。

4.《简明合同格式》

《简明合同格式》(2017版"绿皮书")。该文件适用于投资金额较小的建筑或工程项目。根据工程的类型和具体情况,这种合同格式也可用于投资金额较大的工程,特别是较简单的或重复性的或工期短的工程。在此合同格式下,一般都由承包商按照业主或其代表提供的设计实施工程,但对于部分或完全由承包商设计的土木、机械、电气和(或)构筑物的工程,此合同格式也同样适用。

5.《施工合同条件(多边开发银行版)》

2005年,FIDIC与世界银行等国际金融组织合作编制了专门用于国际多边金融组织出资的建设项目的合同范本,即《施工合同条件(多边开发银行版)》,简称"粉皮书",并分别于2006年和2010年进行调整修改。《施工合同条件(多边开发银行版)》主要以1999版《施工合同条件》为基本框架编写而成。在结构上,遵循FIDIC标准的合同格式和布局,包括通用条件、专用条件以及各种担保、保证、保函和争端裁决委员会(DAB)协议书的标准文本。在内容上,引入了多边开发银行专用的FIDIC施工合同条件,增加了银行的角色,更加强调HSE的管理。在适用范围上,《施工合同条件(多边开发银行版)》主要供多边开发银行贷款项目中业主负责设计的施工项目使用。在计价方式上,总体上采用单价合同的计价方式。在管理模式上,业主雇用工程师,由工程师为业主管理合同的实施。在风险分担上,仍然是承包商友好型,总体对承包商有利,被认为是"亲承包",业主负责设计工作。

整体上看,《施工合同条件(多边开发银行版)》具有自身特色,主要体现在以下三方面:

(1)合同条件编排更合理、更结构化,如淡化了原来的"投标书附录"中的内容,而将大部分内容纳入了"专用合同条件";同时将"专用合同条件"分为"A部分"与"B部分",增强了其使用性,其中A部分为"合同数据",B部分为在通用合同条件基础上补充的"专用条件"。

(2)措辞及相关规定更符合多边开发银行贷款项目的做法,如增加了银行贷款项目中的常用词,例如将"投标书"一词由"Tender"变为"Bid"。

（3）程序上更严密，更具有操作性，如对 1999 版《施工合同条件》中未明确的利润具体额度进行了规定，对履约保函的调整额度进行了明确的规定，对工程师更换的相关问题做出了明确的规定。

6.《疏浚与吹填工程合同条件》

FIDIC 于 2006 年发布了第一版《疏浚与吹填工程合同条件》（2006 版"蓝绿皮书"）。2016 年，FIDIC 发布第二版《疏浚与吹填工程合同条件》（2016 版"新蓝绿皮书"），由 FIDIC 和 ADC（国际疏浚公司协会）共同合作完成。两版《疏浚与吹填工程合同条件》在结构上均遵循 FIDIC 标准合同条件格式，分为通用合同条件和专用合同条件两部分；在内容上，均在 1999 版《施工合同条件》的基础上，结合疏浚与吹填项目的特点与发展趋势，例如变更程序简化、疏浚工程无缺陷责任期等。从适用范围来看，两版《疏浚与吹填工程合同条件》均适用于各类疏浚与吹填工程以及附属工程。从计价方式来看，两版《疏浚与吹填工程合同条件》均采用单价合同的方式。从管理模式来看，两版《疏浚与吹填工程合同条件》规定业主雇用工程师对工程项目进行管理。从风险分担来看，两版《疏浚与吹填工程合同条件》规定除了业主可以负责设计外，部分或全部设计工作也可以由承包商负责，这在一定程度上加大了承包商的风险范围。然而，两版《疏浚与吹填工程合同条件》也存在差异，第二版合同条件在第一版合同条件的基础上增加了争端裁决的适应性规则。

7.《设计—建造和运营项目合同条件》

为适应国际承包形势的发展，FIDIC 于 2008 年出版了《设计—建造和运营项目合同条件》（简称"金皮书"）。该合同条件是基于国际基础设施开发的需要，在 1999 版《生产设备和设计—建造合同条件》的基础上，加入了有关运营和维护的要求和内容编制而成，主要区别是承包商在工程竣工后，按照约定的期间，运营一段时间，并收取相应的运营费。其最大的优势是对项目全寿命周期成本进行优化，简化项目程序、保证质量，具有广阔的应用前景。该合同在实践上与 EPC＋OM 类似，在某些国家也被认为属于 PPP 模式的一种具体形式。在结构上，《设计—建造和运营项目合同条件》主要包括通用合同条件、专用合同条件和各类协议书等范本，后附争端谈判协议书的一般条款和争端评判委员会成员的程序性规则，基本遵循了 1999 版 FIDIC 系列合同条件的格式和布局。在内容上，在 1999 版《生产设备和设计—建造合同条件》和 1995 版《设计—建造/交钥匙合同条件》的基础上进行大量修改，其中改进最多是处理及解决争端的条款，同时引入了新的条款来处理潜在争端，索赔及争端程序从严掌握，并包含了新条款推广"避免争端"，着手解决当事人不履行 DAB 裁决时如何处理的难题。此外，《设计—建造和运营项目合同条件》还对"争端"和"通知"下了定义修改了"风险"和"保险"条款，并不再使用"不可抗力"这个术语。

8.《施工分包合同条件》

2011 年出版与 1999 版《施工合同条件》配套的《施工分包合同条件》。在适用范围上，《施工分包合同条件》和 1999 版《施工合同条件》配套使用，也可以稍加修改用于任何分包项目。在计价方式上，采用单价合同，承包商按照计量的实际工程量向分包商进行支付。在管理模式上，分包商不直接接受工程师的指示，但享有对主合同的知情权，分包商受到工程师和承包商的监督和管理。在风险分担上，风险均摊，对分包商友好。《施工分包合同条件》具有以下特点：

（1）对分包合同进行了定义；

（2）建立解决分包合同争端的争端裁决委员会的机制；

（3）规定除了承包商对其设计承担满足使用功能的义务外，分包商在分包合同中也应该承担相同的设计任务；

（4）引入了"承包商的指示"概念，规定分包商不仅应按照分包合同的规定实施、完成分包工程，还需要按照承包商的指示实施和完成分包工程项目，换句话说，其更加注重平衡承包商和分包商之间的权利和义务。

三、FIDIC 咨询服务合同条件及其适用范围

1990 年，FIDIC 正式出版了《业主/咨询工程师服务协议书》，简称"白皮书"。随后于 1991 年、1998 年以及 2006 年，FIDIC 对第一版"白皮书"进行修订和增补。为适应市场发展需要，《业主/咨询工程师服务协议书》第五版于 2017 年正式推出。1992 年，FIDIC 正式出版第一版《联营体协议书》，第二版《联营体协议书》于 2017 年正式出版推出。1992 年，FIDC 出版第一版《咨询分包协议书》，2017 年，FIDIC 对该协议书进行修订，参照第五版《业主/咨询工程师服务协议书》出版了第二版《咨询分包协议书》。2004 年，FIDIC 出版《代表协议书测试版本》，2013 年，在该试用版的基础上进行修正，FIDIC 正式推出了供咨询工程师雇用项目所在国的当地代表时所使用的代表协议书范本，即《代表协议书》（简称"紫皮书"）。《业主/咨询工程师服务协议书》《联营体协议书》《咨询分包协议书》和《代表协议书》共同构成了 FIDIC 的系列咨询服务协议书。

1.《业主/咨询工程师服务协议书》

《业主咨询工程师服务协议书》（简称"白皮书"），最早问世于 1990 年，随后于 1991 年、1998 年以及 2006 年，FIDIC 对第一版"白皮书"进行修订和增补，分别出版了第二版、第三版以及第四版。为适应市场发展需要，《业主/咨询工程师服务协议书》第五版于 2017 年正式推出。整体来看，《业主咨询工程师服务协议书》在建设项目业主同咨询工程师签订服务协议时参考使用，以及工程师提供项目的投资机会研究、可行性研究、工程设计、招标评标、合同管理、生产准备以及运营等设计建设全过程的各种咨询服务内容。2017 版《业主咨询工程师服务协议书》在结构上由两个部分组成：第一部分是协议书标准条件，即通用合同条件；第二部分是专用合同条件，即由于具体环境及情况的不同需要做出必要的变更。在内容上，该协议书对客户和工程咨询单位的职责、义务、风险分担和保险等方面做出了明确的规定，增加了友好解决争端等条款，更好地适应了当前工程市场的需要。相比于前几版，2017 版《业主咨询工程师服务协议书》（第五版）将"服务暂停和协议终止"从"开工、竣工、变更和终止"中独立，并将"义务"条款单独列出。

2.《联营体协议书》

1992 年，FIDIC 正式出版第一版《联营体协议书》。第二版《联营体协议书》于 2017 年正式出版。联营体分为法人型联营体和合同型联营体，合同型联营体又分为投资入股型和协作型两种。就适用范围而言，《联营体协议书》适用于合同型联营体。就利润分配而言，规定联营体应按照其所缴纳的资本在注册资本中所占的直接比例分享联营体的利润。就管理模式而言，经营管理机构作为联营体的最高运作机构，负责联营体的日常管理，除对联营体董事会负责外，其为独立自主的机构。就风险分担方式而言，联营体成员之间根据出资比

例,即根据其所缴纳的资本在注册资本中所占的直接比例,对风险和损失进行分担。此外,联营体任何一方的全部或任何部分权益在未经他方当事人书面同意的情况下,不得以任何方式转让。《联营体协议书》不仅为联营体成员之间如何减轻风险和避免争端作出指导,而且为各方义务和行为的履行提供执行框架。

相比于 1992 年第一版《联营体协议书》,2017 版《联营体协议书》对沟通机制支持产权等进行定义,将"工作绩效"改变为"服务绩效""可分割性"改变为"强制性",语言更加通俗,便于用户使用。

3.《咨询分包协议书》

FIDIC 最早于 1992 年出版第一版《咨询分包协议书》。2017 年,FIDIC 对《咨询分包协议书》进行修订,出版第二版《咨询分包协议书》。2017 版《咨询分包协议书》是在第五版"白皮书"的基础上,经过实质性修改编制而成的,适用于在《业主/咨询工程师服务协议书》指导下的咨询分包服务。相比 1992 年第一版《咨询分包协议书》,其在合同条款上做出了较大修改,条款从九条增加到十条,条款数量增加;另一方面,条款的描述上存在较大差异,同时对咨询分包服务的变更做出了更加详细的规定。

4.《代表协议书》

2004 年,FIDIC 出版《代表协议书测试版本》。2013 年,FIDIC 在该试用版的基础上进行修正,正式推出了供咨询工程师雇用项目所在国的当地代表时所使用的代表协议书范本,即《代表协议书》(2013 版,简称"紫皮书")。在结构上,《代表协议书》遵循 FIDIC 标准合同范本格式,包括通用条款、专用条款、合同协议书及其附录以及指南四个部分。相比于测试版,2013 版《代表协议书》中提出"反腐败"词,并用大量语句对代表的反腐败要求进行描述,这不仅是国际环境的发展趋势和发展要求,同时也是职业道德底线的体现。另外,《代表协议书》继承了 FIDIC 合同范本平等公平的原则,就代表协议支付方式作出规定,咨询工程师收到相关委托人的支付款项时,才向代表支付报酬,这种款到即付合同(Pay-When-Paid)的支付对咨询工程师的利益给予了很好的保护,体现了咨询公司对风险的分担。总体来说,《代表协议书》为工程咨询公司开展咨询业务提供了新的合作方式和资源配置方式。

四、FIDIC 合同范本最新动向

1. 对 1999 年版系列合同范本修订工作计划

根据惯例,FIDIC 一般 10 年左右根据国际市场的发展,对其出版的范本进行修订。截至 2016 年底,1999 版红皮书、黄皮书、银皮书以及绿皮书四本彩虹族系列合同范本已出版长达 17 年。2017 年初,FIDIC 发布了《生产设备和设计—建造合同条件》征求意见稿

根据 FIDIC 合同委员会专家认为对 1999 版彩虹族合同的修订依据主要包括:

(1) FIDIC 合同的用户反馈;

(2) 2008 年 FIDIC 编写 DBO 合同的经验;

(3) 2010 年编写 MDB 合同条件协调版时所积累的经验;

(4) FIDIC 合同委员会特别顾问的建议;

(5) 最新的国际工程发展动向以及良好实践做法;

(6) 国际商会(ICC)的总体反馈;

(7) 法院判决等。

2. 其他新型合同范本编写计划

除了对 1999 年版彩虹族合同修订外，FIDIC 同时正在计划或编制以下合同范本，以满足国际工程市场的需要：

（1）编制新的《设计—建造分包合同》(New Design-Build Subcontract)，与新黄皮书设计—建造合同配套使用；

（2）编制新的《隧道作业与地下工程合同》(New Tunneling and Underground Works)，专门用于对地质敏感的工程项目；

（3）编制新的《运营—设计—建造—运营合同》(Operate-Design-Build-Operate Contract，简称 ODBO)，用于已有旧项目改扩建和运营，构成现有适用于新项目的 DBO 合同的姊妹篇。

除了上述合同之外，FIDIC 也正在考虑是否单独编制下列合同范本：

（1）《离岸风电项目合同》(Contract for Off-Shore Wind Projects)；

（2）《可再生产业合同》(Contract for Renewable Industry)；

除合同范本外，FIDIC 还计划编制一些相关支撑 FIDIC 合同范本的文件，如：《基于网络的 FIDIC 术语词汇表》《FIDIC 合同黄金准则》等。

回顾 FIDIC 合同范本 60 年的发展历程，可以看出其具有以下特点：

（1）合同模式紧跟国际工程市场的变化而不断更新和修订；

（2）管理组织也不再是只有"工程师"来代表业主管理合同。

（3）随工程师角色的演变，争端解决引入了争端裁决委员会(DAB)，从靠"自决"转向"他决"；

（4）合同编制虽然努力保持法律上的严谨性，但越来越趋向"项目管理化"，重视服务于项目管理专业人员，而不单单是律师等法务人员；

（5）风险分担由"理论公平"到关注"应用现实"，在不同的合同范本中采用不同的风险分担模式，应用于不同的项目类型；

（6）越来越重视程序的严谨性、完整性以及合同双方遵守程序的对称性；合同编排结构更加逻辑化，语言更简明。

经过国际工程市场 60 年的应用检验，虽然在实践中发现了一些不足，但总体来看，FIDIC 合同范本显示出了强大的生命力以及对国际工程市场的巨大影响力。

思政案例

案例 9-2【"走出去"不适应国外法律，加强国际工程法律素养】

案例背景：沙特麦加轻轨项目，原本是一条让整个伊斯林世界振奋的标志性工程，连接麦加禁寺和阿拉法特山，全长 18.25 公里，时速最高达 360 公里。它的投资建设是为了避免 2004 年麦加朝觐时 362 人死于踩踏事故的悲剧重演。从商业角度看，总造价 17.7 亿美元的这一项目堪称近年中东基础设施建设风潮的标志。

2009 年 2 月，中国铁建股份有限公司(下称中国铁建)成为圣城轻轨的总承包商，中铁十八局是具体承建公司。2010 年 9 月 23 日，离竣工还有 3 个月时，十八局董事长因工期延误在麦加被解职。在此情况下,中国铁建为全力确保工期进度,增加投入了大量人力、物力和财力,项目成本大大超出预期。工程完成后,作为上市公司的中国铁建公告称,麦加轻轨项目将给其带来 41.53 亿元人民币的巨额亏损,几近其全年利润的一半。中国铁建解释亏损是由于开工后业主不断提出新的功能需求、指令性设计变更、增加工程量、地下管网建设和征地拆迁严重滞后等六大原因,导致项目工作量和成本投入大幅增加,计划工期被严重延迟。又由于中铁十八局合同履约管理水平低下,在施工中没有及时加强合同履约的签证索赔的过程管理,没有积累相应的资料,导致工程的签证索赔未起到增加工程量和工期顺延的实际效果。

延伸阅读:在我国"一带一路"发展战略前提下"走出去"承包工程,不同于传统的"经援"或"援外"工程项目,其更主要的本质特征符合国际工程承包激烈竞争的市场规律,项目承发包双方均应适用跨国承包工程通用的 FIDIC 合同。"走出去"的建筑企业必须尊重并建立一套适应当地制度、法律、文化的企业管理制度。这是国内建筑企业在国际市场做大、做强、做久的必由之路,也是建筑企业从跨国经营到跨国公司的必经之路。

思政要点:这是一个大型中央建筑企业疏于合同履约管理,工程签证和索赔根本不适应国际工程承包市场客观需求所导致的典型案件。在这一过程中,建筑企业必须首先熟悉项目所在国的法律制度,避免触及红线,并且为企业自身合作经营增强保护罩。只有做到这一点,建筑企业的核心竞争力才能得到提高和增强。

党的二十大报告指出,"推进高水平对外开放,稳步扩大规则、规制、管理、标准等制度型开放,加快建设贸易强国,推动共建'一带一路'高质量发展,维护多元稳定的国际经济格局和经贸关系。"这些论述为我们推进招投标领域对外开放和投资工作指明了前进方向、提供了根本遵循。

▶ 技能训练 ◀

任务解析

任务 1

1. 任务目标

通过技能训练环节,理解国际工程招投标的概念、特点、方式、程序等知识点,对国际工程招投标有个全面了解,并能够分析国际工程招投标中的简单问题。

2. 工作任务

2009 年 2 月 10 日,中铁建与沙特城乡事务部签订《沙特麦加萨法至穆戈达莎轻轨合同》,合同总价 17.7 亿美金,项目采用"EPC＋O&M"总承包模式,中铁建公司负责项目设计、采购、施工、系统安装调试以及从 2010 年起的三年运营和维护。按 2010 年 9 月 30 日中国铁建公告显示,该项目合同预计亏损 39.99 亿元,加上财务费用 1.54 亿元,总的亏损预计为 41.53 亿元人民币。

仔细阅读上述案例,并完成以下问题:

（1）通过分析案例背景，阐述本案例中项目亏损的原因有哪些？

（2）通过本工程案例的分析，对国际工程投标有怎样的启示？

任务 2

1. 任务目标

通过技能训练环节，熟悉 FIDIC 相关知识，对国际工程招投标有个全面了解，并能够区别 FIDIC《施工合同条件》（2017 版）与国内《建设工程施工合同（示范文本）》（2017 版）的区别。

2. 工作任务

（1）由任课教师提供 FIDIC《施工合同条件》（2017 版）与国内《建设工程施工合同（示范文本）》（2017 版）；

（2）分组讨论，每组 5—6 人，每组选出一名组长；

（3）每组讨论完成后，形成讨论结果，并进行汇报。

▶ 项目小结 ◀

随着经济的不断发展，工程招投标已经不局限于国内市场，国际工程的招投标也逐渐地成熟起来，需要熟悉国际工程招投标各个环节。FIDIC 合同条件是国际上公认的标准合同范本之一。由于 FIDIC 合同条件的科学性和公正性而被许多国家的雇主和承包商接受，又被一些国家政府和国际性金融组织认可，被称之为国际通用合同。

［在线答题］·项目 9
国际工程招投标与 FIDIC 合同简介

参考文献

［1］《房屋建筑和市政工程标准施工招标资格预审文件》编制组.中华人民共和国房屋建筑和市政工程标准施工招标资格预审文件（2010 年版）［M］.北京：中国建筑工业出版社,2010.

［2］《房屋建筑和市政工程标准施工招标文件》编制组,中华人民共和国房屋建筑和市政工程标准施工招标文件（2010 年版）［M］.北京：中国建筑工业出版社,2010.

［3］中华人民共和国住房和城乡建设部,中华人民共和国国家质量监督检验检疫总局.GB－50500－2013 建设工程工程量清单计价规范［S］.北京：中国计划出版社,2013.

［4］中华人民共和国住房和城乡建设部,中华人民共和国国家工商行政管理总局.GF－2017－0201 建设工程施工合同（示范文本）［S］.北京：中国建筑工业出版社.2017

［5］中华人民共和国.民法典［M］.北京：中国法制出版,2020.

［6］宋春岩.建设工程招投标与合同管理［M］.北京：北京大学出版社,2019.

［7］张红梅.建筑工程招投标与合同管理［M］.北京：机械工业出版社,2019.

［8］危道军.工程项目承揽与合同管理［M］.北京：高等教育出版社,2018.

［9］沈中友.工程招投标与合同管理［M］.北京：机械工业出版社,2019.

［10］胡六星,陆婷.建设工程招投标与合同管理［M］.北京：清华大学出版社,2019.

［11］张晓岩.工程招投标与合同管理［M］.武汉：华中科技大学出版社,2019.

［12］张加瑄.工程招投标与合同管理［M］.北京：中国电力出版社,2019.

［13］王宇静,杨帆.建设工程招投标与合同管理［M］.北京：清华大学出版社,2018.

［14］李海凌,王莉.建设工程招投标与合同管理［M］.北京：机械工业出版社,2018.

［15］刘树红,王岩.建设工程招投标与合同管理［M］.北京：北京理工大学出版社,2017.

［16］成虎,张尚,成于思.建设工程合同管理与索赔［M］.南京：东南大学出版社,2020.

［17］吴修国.工程招投标与合同管理［M］.上海：上海交通大学出版社.2019.

［18］刘冬峰,颜彩飞,李虎.建设工程招投标与合同管理［M］.南京：南京大学出版社,2018.

［19］王淋,庞辉.工程项目招标与投标［M］.北京：中国质检出版社,2018.

［20］孙敬涛.建设工程招投标与合同管理［M］.天津：天津大学出版社,2018.

［21］陈勇强,吕学文,张水波.FIDIC2017 版系列合同条件解析［M］.北京：中国建筑工业出版.2019.

［22］文真,张瀚兮,曾康燕.建筑工程招投标与合同管理［M］.北京：北京理工大学出版社,2023.

［23］张欣.建设工程招投标与合同管理［M］.北京：中国建筑工业出版.2022.

［24］李启明.土木工程合同管理［M］.北京：中国建筑工业出版.2023.